TRAITÉ

DU

CALCUL INTÉGRAL,

POUR SERVIR DE SUITE

A L'ANALYSE DES INFINIMENT-PETITS

DE M. LE MARQUIS DE L'HÔPITAL;

Par M. DE BOUGAINVILLE, le jeune,

A PARIS,

Chez H. L. GUÉRIN & L. F. DELATOUR,
rue Saint Jacques, à Saint Thomas d'Aquin.

M. DCC. LIV.
Avec Approbation & Privilege du Roi.

A MONSEIGNEUR
LE COMTE
D'ARGENSON,
MINISTRE
ET SECRÉTAIRE D'ÉTAT
DE LA GUERRE,
HONORAIRE DE L'ACADÉMIE DES SCIENCES,

MONSEIGNEUR,

Il n'appartient qu'à ceux qui Vous reſſemblent, d'aſpirer au titre glorieux de Protecteurs des Sciences, parce que ſeuls capables de les chérir en Hommes de goût, & de les apprécier en

*Hommes d'Etat, ils mettent une partie de leur gloire à les rendre floriſſantes. Le grand Ecrivain dont les découvertes nous inſtruiſent, & le Miniſtre éclairé dont l'eſtime bienfaiſante anime nos efforts, ont la même part à nos progrès & le même droit à notre reconnoiſſance. C'eſt ſous Vos yeux, M*ONSEIGNEUR*, *que je ſuis entré dans la carriere des Sciences : je dois Vous offrir les premiers fruits de mes travaux. S'ils ſont utiles, comme j'oſe l'eſpérer, ils ſont dignes de Vous ; & l'hommage que je Vous en fais ne l'eſt pas moins, puiſqu'il eſt ſincere & déſintéreſſé. Un motif perſonnel ſe joint cependant aux ſentimens qui me l'ont dicté : c'eſt le deſir d'inſpirer aux Lecteurs un préjugé favorable à mon Ouvrage, en le faiſant paroître ſous les auſpices d'un Nom cher à la Littérature, & fait pour paſſer à la poſtérité.*

Je ſuis avec un profond reſpect,

MONSEIGNEUR,

Votre très-humble & très-obéiſſant
Serviteur, DE BOUGAINVILLE.

PRÉFACE.

LE Calcul ou la Géométrie des Infiniment-Petits a deux branches, *le Calcul diffé-rentiel* & *le Calcul intégral*. Le premier eſt l'art de trouver les grandeurs infiniment petites qui ſont les élémens ou les différences des grandeurs finies : le ſecond eſt l'art de retrouver, par le moyen des grandeurs infiniment petites, les grandeurs finies auxquelles elles appartiennent. Le Calcul différentiel deſcend du fini à l'infiniment petit ; l'intégral remonte de l'infiniment petit au fini : le premier décompoſe, pour ainſi dire, une quantité ; le dernier la rétablit. Mais ce que l'un a décompoſé, l'autre ne le rétablit pas toujours ; ſoit que tout ne ſoit pas intégrable, ſoit que l'art n'ait pu parvenir encore à intégrer tout ce qui peut l'être.

En 1684. Leibnitz donna dans les Actes de Leipſic les regles du Calcul différentiel ; & trois ans après, Newton publia ſon Livre *des Principes Mathématiques de la Philoſophie naturelle*, preſque entiérement fondé ſur ce même Calcul. Il ſe trouve ſeulement entre Leibnitz & Newton une petite différence pour

la dénomination du calcul & pour la caracté-
riſtique * des quantités qui en ſont l'objet.
L'expreſſion de Leibnitz eſt admiſe par-tout,
excepté en Angleterre ; & elle paroît en effet
plus commode.

Leibnitz, en donnant les regles du Calcul
différentiel, en cacha les démonſtrations. M^{rs}
Bernoulli les découvrirent auſſi-tôt, & les pu-
blierent. S'étant depuis attachés au nouveau
calcul, ils y ont fait des progrès rapides ; ils
l'ont même enrichi conſidérablement par les
différentes méthodes qu'ils ont inventées, &
par les uſages auxquels ils ont appliqué ces
méthodes.

Mais ces découvertes ſemées dans différens
Livres ne formoient point un tout. M. le
Marquis de l'Hôpital réſolut d'en faire un

---

* *Nota.* Ce que Leibnitz nomme *différence*, Newton le nomme
fluxion : ainſi ce que le premier
appelle *Calcul différentiel*, le ſecond
l'appelle *Calcul des fluxions.* Newton
nomme auſſi *fluente* ce que Leibnitz
nomme *intégrale*, & *Calcul des
fluentes* ce que ce dernier nomme
Calcul intégral. A l'égard de la ca-
ractériſtique, Newton pour marquer qu'une variable x flue ou eſt
différentiée, met un point au-
deſſus, de la maniere ſuivante $\dot{x}$.
Pour marquer une ſeconde différence, il met deux points ; pour
une troiſieme, trois points ; &
ainſi de ſuite $\dot{x}$, $\ddot{x}$, $\dddot{x}$, &c.
Leibnitz ſe ſert de la lettre d qu'il
place au devant de la changeante
différentiée, & il la répete autant
de fois qu'il y a d'unités dans le
degré de la différence. Ainſi dx,
ddx ou d^2x, $dddx$ ou d^3x, &c.
marquent les différences premiere, ſeconde, troiſieme, &c.
de x.

corps, & de les dévoiler en même temps fans réferve. En 1696. il publia l'*Analyfe des Infiniment-petits* qui contient les regles du Calcul différentiel & les applications dont il eft fufceptible. Le grand nom de l'Auteur dans les Mathématiques, l'accueil univerfel fait à fon Ouvrage, les applaudiffemens qu'il a reçus, & les progrès dont la Géométrie lui eft redevable, me difpenfent d'en faire l'éloge.

Quelques années après la mort de Newton, parut fon Traité des *Fluxions* ou du Calcul différentiel, qu'il avoit compofé en latin & achevé en 1671. En 1736. les Anglois en donnérent une traduction dans leur langue; & l'illuftre M. de Buffon l'a depuis traduit en françois. On lit à la tête de fa traduction une Préface, dans laquelle eft détaillée l'hiftoire de la difpute qui s'éleva, au fujet de l'invention du Calcul de l'infini, entre Leibnitz & Newton, c'eft-à-dire, entre Leibnitz & l'Allemagne d'une part, & l'Angleterre de l'autre : car Newton laiffant agir pour lui fa nation, & fur-tout fa renommée, demeura fimple fpectateur. M. de Buffon n'entreprend point de décider une queftion qui partage encore aujourd'hui l'Europe ; mais il met fon lecteur en état de prononcer.

Le Traité des Fluxions brille par-tout de
ces traits de génie qui caractérifent l'invention.
Les regles y font démontrées avec clarté ; les
applications nombreufes qu'on fait de ces regles
prouvent la fécondité de la méthode, & enfei-
gnent l'art de s'en fervir. Mais ce qui ne laiffe
rien à défirer, c'eft que les regles y ont pour
bafe une Méthaphyfique folide & lumineufe.
Le Calcul infinitéfimal de Newton eft indé-
pendant de la réalité des quantités infiniment
petites ; réalité que l'Auteur n'admet nulle part
comme un principe néceffaire. La fuppofition
qu'il en fait, n'eft qu'une hypothefe momen-
tanée pour abréger le procédé & le rendre
plus fimple. Il ne fait autre chofe qu'appliquer
le calcul à la méthode d'exhauftion des An-
ciens, c'eft-à-dire, à la méthode de trouver les
limites des rapports. Auffi ce grand Philofo-
phe ne différentie-t-il jamais des quantités,
mais des équations ; parce que toute équation
exprime un rapport entre deux indéterminées ;
& qu'ainfi différentier une équation, c'eft
trouver les limites du rapport entre les diffé-
renees finies des deux indéterminées renfer-
mées dans l'équation.

Faute d'être parti de ce principe, Leibnitz
effrayé des difficultés que faifoient contre les

grandeurs

grandeurs infiniment petites, Rolle & les autres ennemis des nouveaux calculs, réduifit fes infiniment petits à n'être que des *incomparables*, dans le même fens que l'on diroit que notre globe eft *incomparablement* plus petit qu'une fphere dont la diftance du foleil à Sirius feroit le demi-diametre. C'étoit ruiner l'exactitude géométrique des calculs : c'étoit détruire d'une main ce qu'il avoit élevé de l'autre. Il fouffrit même que quelques Savans, à la tête defquels étoit Niewentit, admiffent fimplement les infiniment-petits du premier ordre, & rejettaffent tous ceux d'un ordre plus élevé ; ce qui néanmoins eft un des principaux fondemens du Calcul différentiel.

Quoi qu'il en foit au refte, de l'Inventeur de ce calcul, les Géometres en trouveront les regles dans le Traité des Fluxions de Newton & dans l'Analyfe des Infiniment-petits de **M.** le Marquis de l'Hôpital ; & à l'exception d'une branche de ce calcul dont nous parlerons plus bas, ils n'auront rien à défirer fur cette matiere, après la lecture de ces Ouvrages.

A l'égard du Calcul intégral, Newton en avoit laiffé entrevoir quelques regles dans fon livre des *Principes*. Il les étendit enfuite & les développa dans l'Ouvrage qui a pour titre :

b

de Quadraturâ curvarum, publié pour la premiere fois en 1704. à la suite de son Traité d'Optique. On y trouve des méthodes générales pour intégrer certaines différentielles, des formules calculées d'après ces méthodes, l'usage de ces formules pour construire des tables d'intégrales, & enfin des tables même toutes construites.

Tous les grands Géometres ont travaillé depuis à l'envi sur cette matiere, dont l'importance & la difficulté étoient pour eux de puissans motifs. Les Bernoulli qui sont presque en droit de prétendre à la gloire de l'invention, & par la promptitude avec laquelle ils ont saisi quelques rayons de cette Science qui s'échappoient à peine, & par l'usage qu'ils en ont fait, donnerent de nouvelles méthodes d'intégration, qui se trouvent dans le recueil de leurs Ouvrages & dans les Actes de Leipsic. Il y a même une partie essentielle de la nouvelle Analyse, qui appartient toute entiere à l'illustre Jean Bernoulli : c'est le Calcul différentiel & intégral des quantités logarithmiques & exponentielles ; quantités auxquelles Newton & Leibnitz ne paroissoient pas avoir pensé. Cotes enrichit encore le Calcul intégral de plusieurs belles méthodes dans un Ouvrage intitulé :

Harmonia menſurarum ; ouvrage qui vient d'être traduit , éclairci & augmenté par le ſavant D. Charles Walmeſley , Bénédictin Anglois. *

Le premier Traité élémentaire de Calcul intégral ſe trouve dans l'Analyſe démontrée du P. Reyneau , publiée en 1708. Il y donne les principales méthodes connues de ſon temps ; il en démontre même quelques-unes qui ne l'avoient pas été par leurs Auteurs. Mais depuis ce temps les méthodes ſe ſont beaucoup multipliées : d'ailleurs le P. Reyneau eſt tombé dans quelques erreurs aſſez conſidérables.

En 1730. parut un Ouvrage de M. Stone, intitulé : *Analyſe des Infiniment-petits , comprenant le Calcul intégral dans toute ſon étendue.* Le titre de ce livre promet beaucoup : mais malheureuſement l'ouvrage ne répond point au titre ; il eſt bon même d'avertir les commençans, qu'ils pourroient être induits en erreur par des paralogiſmes qui s'y rencontrent en aſſez grand nombre. Je me contenterai d'en citer un exemple : *On ne peut trouver* , dit l'Auteur dès la premiere page de ſon livre , *les Intégrales exprimées par des*

---

* Son Livre a pour titre : *Analyſe des meſures des rapports & des angles , ou réduction des intégrales aux logarithmes & aux arcs de cercle.*

fractions & par des quantités sourdes, qu'en faisant disparoître dans les unes leur dénominateur complexe & dans les autres leur signe radical ; ce qui se fait par le moyen d'une serie infinie. Cette proposition est évidemment fausse. Il suffit pour en être convaincu, de savoir les premiers principes du Calcul différentiel. Ils nous apprennent que toute fraction finie a pour différentielle une fraction, & qu'une quantité composée de radicaux les conserve aussi dans sa différentielle. On trouvera donc dans ces deux cas des intégrales finies, sans avoir besoin de recourir aux series infinies.

Qu'il me soit permis de remarquer ici que souvent on abuse de ces series. La théorie des Suites est importante, utile, nécessaire même en certains cas. Elle a précédé la découverte des nouveaux calculs qui ne peuvent s'en passer quelquefois ; & c'est le supplément le plus heureux que l'on ait trouvé à l'imperfection des méthodes. Mais le calcul des Suites ne donnant que par approximation les valeurs cherchées, & d'ailleurs étant long, pénible, & quelquefois fautif dans la pratique, il me semble qu'on ne doit l'employer qu'avec beaucoup de réserve & de précaution.

Enfin de tous les Ouvrages où l'on s'eſt
propoſé de traiter le Calcul intégral , le plus
eſtimable , au jugement des connoiſſeurs , eſt
celui de Mlle Agneſi , intitulé : *Inſtituzioni
analitiche all'uſo d'ella gioventú Italiana.*
Ainſi l'Italie qui a été le berceau de l'Algebre,
a produit auſſi l'ouvrage le plus étendu que
nous ayons ſur la nouvelle Analyſe. L'illuſtre
Académicienne dans la partie de ſon livre deſtinée au Calcul intégral , ſuit un ordre qui
répand un grand jour ſur cette matiere : elle
explique & démontre très-clairement différentes méthodes, & fait voir par-tout une grande
ſcience du calcul & beaucoup d'adreſſe pour
le manier. Cependant ſon ouvrage n'eſt pas
complet ; & l'on peut encore regarder le Livre
de M. le Marquis de l'Hôpital comme la premiere moitié d'un grand tout qui en attend une
ſeconde.

En effet , depuis que l'Ouvrage de Mlle
Agneſi a paru, les Mémoires des Académies
des Sciences de Paris , de Berlin , de Petersbourg, de Londres, ſe ſont remplis d'excellens
morceaux ſur le Calcul intégral. Mrs Daniel
Bernoulli, Euler , Clairault , Fontaine , d'A-
lembert , & un petit nombre d'autres Géometres qui empêchent aujourd'hui l'Europe de

regretter ceux du siecle passé , se sont fort
attachés à cette partie importante de la Géométrie. Non contens de se servir de cet Art
sublime dans toutes leurs découvertes, ils ont
perfectionné l'Art même par des méthodes
également fécondes & élégantes.

Ainsi ceux qui veulent apprendre le Calcul
intégral , sont obligés d'étudier un grand
nombre de pieces détachées qui se trouvent
éparses dans différens livres que souvent ils ne
connoissent pas, ou qu'ils sont hors d'état de
consulter. Cet obstacle joint à la difficulté même de la matiere peut rebuter pour toujours,
ou au moins arrêter dans leur course , de bons
esprits dont les progrès seroient avantageux à
la Géométrie. Ajoutons que les inventeurs des
méthodes écrivant ordinairement pour les Savans , ne songent pas toujours à se mettre à
la portée de ceux qui commencent.

Il étoit donc à souhaiter qu'on recueillît &
qu'on rassemblât dans un seul Traité les différens morceaux sur le Calcul intégral , disper-
sés dans les ouvrages particuliers & dans les
Mémoires des Académies ; qu'on fît un choix
des méthodes essentielles & générales ; qu'on les
présentât sous un point de vue facile à saisir ;
qu'on rétablît les propositions intermédiaires

que fuppriment affez fouvent les inventeurs pour ne donner que des réfultats ; que l'on conduifift enfin les commençans pas à pas & comme par la main dans les routes embarraf-fées de ce labirinthe.

Je n'aurois pas ofé former un tel projet, fi je n'y avois été encouragé par les confeils de quelques amis, dont les lumieres m'ont été d'un grand fecours. Sûr qu'ils ne m'abandonne-roient pas dans une entreprife peut-être au-deffus de mes forces , je fuis entré dans la carriere : c'eft au Public à juger des premiers pas que j'y fais.

J'ai mis à la tête de cet Ouvrage une In-troduction, dans laquelle j'ai expofé le Calcul différentiel des quantités logarithmiques & ex-ponentielles , qui ne fe trouve pas dans l'A-nalyfe des Infiniment-petits. J'ai été contraint à cette occafion d'entrer dans quelque détail fur les principales propriétés des logarithmes & de la logarithmique. Cette Introduction renferme encore une théorie abrégée des finus & des cofinus des angles , & des racines ima-ginaires des équations. Ces théorêmes m'ont été néceffaires pour ne rien fuppofer dont le lecteur n'eût fous fes yeux la démonftration.

Je divife enfuite l'Ouvrage en deux parties.

La premiere contient les regles du Calcul intégral des différentielles qui n'ont dans leur expreſſion qu'une ſeule variable avec des conſtantes quelconques. La ſeconde partie eſt deſtinée à expliquer les regles du Calcul intégral des quantités ou des équations différentielles qui renferment deux, trois, ou en général pluſieurs variables ; & auſſi le Calcul intégral des ſecondes, troiſiemes, &c. différences. Cette diviſion m'a paru la plus ſimple & la plus naturelle. Je ne donne aujourd'hui que la premiere partie ; la ſeconde la ſuivra de près. Je pourrois même, ſi le Public me paroît le déſirer, y joindre une troiſieme partie, qui contiendroit l'application du Calcul intégral aux plus beaux Problêmes de Géométrie, d'Aſtronomie, de Méchanique & de Phyſique.

Pour remplir le plan de ce Traité, j'ai fait enſorte de n'oublier aucune des méthodes connues juſqu'à préſent. Je les ai placées dans l'ordre où elles m'ont paru ſe prêter le plus grand jour, allant des plus ſimples aux plus compoſées. A la ſuite de l'expoſition de chaque méthode j'ai ajouté un, deux ou pluſieurs exemples généraux, afin de ne laiſſer aux commençans aucune difficulté ſur l'application des principes. Dans les endroits où l'on

ne

ne peut se passer de calculs longs & pénibles,
(& ces endroits se rencontrent assez fréquemment,) j'ai fait les calculs tout au long, mar-
chant de conséquences en conséquences, sans
en supprimer aucune ; bien convaincu que le
mérite principal d'un ouvrage élémentaire, est
la clarté. En un mot, j'ai tâché qu'il ne restât
plus à cette matiere que la difficulté qui en est
absolument inséparable. Je prends mon lecteur
au sortir de l'Analyse des Infiniment-petits de
M. le Marquis de l'Hôpital, & je suppose
qu'il a les connoissances nécessaires pour entendre cet Ouvrage.

Les sources dans lesquelles j'ai puisé, sont
le *Traité de la quadrature des Courbes* de
Newton ; l'*Analyse démontrée* du P. Reyneau
d'où j'ai tiré plusieurs méthodes, en avertissant
des méprises qui lui sont échappées ; les Ouvrages de Jean Bernoulli ; le Traité de *l'Analyse
des mesures des rapports & des angles*, &c.
de D. Charles Walmesley ; l'Ouvrage de Mlle
Agnesi ; les Mémoires des Académies des
Sciences de Paris, de Berlin & de Petersbourg ;
& enfin quelques Mémoires de M. d'Alembert
qui ne sont point imprimés, & qu'il a bien
voulu me communiquer. Je lui dois trop pour
ne pas saisir cette occasion de lui témoigner

publiquement ma reconnoiſſance , mais je n'entreprendrai point de faire ſon éloge : mes louanges n'ajouteroient pas à ſa réputation : il peut s'en repoſer ſur ſes ouvrages , ſur l'Europe & la Poſtérité.

Je finirai par avertir que rien n'eſt à moi dans cet Ouvrage , ſi ce n'eſt l'ordre que j'ai tâché de mettre dans les différentes méthodes , & la forme que je leur donne , & qui ſervira peut-être à les faire entendre. Je ſerai trop récompenſé de mon travail , ſi je puis me flatter de contribuer aux progrès des jeunes Géometres. La gloire des inventeurs eſt plus brillante ſans doute ; mais ſeroit-on Citoyen , ſi l'on ne préféroit la ſatisfaction d'être utile à l'honneur d'être admiré ?

EXTRAIT DES REGISTRES
de l'Académie Royale des Sciences,
Du 17. Janvier 1753.

NOUS Commiſſaires nommés par l'Académie, avons examiné un Ouvrage de Monſieur *de Bougainville* le jeune, qui a pour titre : *Traité du Calcul intégral pour ſervir de ſuite à l'Analyſe des Infiniment-petits de M. le Marquis de l'Hôpital.*

Cet Ouvrage eſt diviſé en deux parties : la premiere traite de l'intégration des différentielles à une ſeule variable; & c'eſt la ſeule que l'Auteur publie quant à préſent : la ſeconde doit avoir pour objet l'intégration des équations & des quantités différentielles à pluſieurs variables, & de différens ordres; elle doit, ſuivant le projet de M. de Bougainville, ſuivre de près la premiere.

L'Auteur donne dans ſa préface l'hiſtoire abrégée du Calcul différentiel & intégral, & les principes ſur leſquels eſt appuyée la métaphyſique de ce Calcul, métaphyſique que pluſieurs Auteurs ont mal entendue. Il parle enſuite des différens ouvrages & mémoires qui ont été publiés ſur le Calcul intégral, & dans leſquels il a puiſé; & il finit par préſenter à ſes lecteurs le plan général du Traité qu'il met au jour, & dont nous rendons compte.

A la tête de l'Ouvrage eſt une introduction qui contient différentes recherches néceſſaires pour l'intelligence des problêmes de Calcul intégral. Dans cette introduction M. de Bougainville, après quelques notions préliminaires, explique d'abord le Calcul différentiel des quantités logarithmiques, qui manque dans l'*Analyſe des Infiniment-petits*; & quoique cette matiere ſoit déja traitée dans pluſieurs ouvrages, M. de Bougainville l'a expliquée d'une maniere

c ij

qui la lui rend propre , & qui en donne des idées très-nettes.

Il paſſe de-là au Calcul différentiel des quantités expo-nentielles , branche féconde du calcul des logarithmes. Il expoſe avec beaucoup de netteté tout ce qu'on peut defirer ſur cet article, & y joint des remarques qui font concevoir clairement la nature de ces quantités.

Enſuite viennent pluſieurs propoſitions ſur les ſinus, coſinus, tangentes & fécantes des arcs de cercle : elles ſervent à démontrer le fameux théorême de M. *Côtes*, ſi utile dans l'intégration des fractions rationelles, & con-duiſent à une théorie encore plus étendue des racines ima-ginaires des équations. Cette théorie difficile, mais d'au-tant plus néceſſaire qu'elle manque dans les livres ordi-naires d'Algebre, & que le Calcul intégral ne fauroit s'en paſſer, eſt expliquée avec beaucoup de détail & de pré-ciſion.

La premiere partie de l'Ouvrage débute par l'intégration des différentielles de la forme la plus ſimple : l'Auteur après en avoir donné la regle, l'applique à différens cas qui paroiſſent plus compoſés, développe & réſout les diffi-cultés qui peuvent s'y rencontrer quelquefois, & paroît avoir prévu tout ce qui peut embarraſſer les commençans.

Il remarque enſuite que l'art du Calcul intégral con-ſiſte à réduire par différentes transformations une diffé-rentielle donnée à cette premiere forme, la plus ſimple de toutes. En conféquence il détaille les différentes trans-formations dont on peut faire uſage , en montre l'art & la méthode , indique celles de ces transformations qu'on emploie le plus fréquemment, & rend cet emploi fenſible par des exemples choiſis.

De-là, M. de Bougainville paſſe à la théorie de l'addi-tion des conſtantes : il entre à cette occaſion dans des détails qui nous ont paru inſtructifs , utiles & nouveaux à certains égards.

Ces recherches font fuivies de la méthode pour l'intégration des différentielles binomes & trinomes : l'Auteur
en faifant ufage , comme il en avertit , du travail du P.
Reyneau , remarque les fautes où il eft tombé en traitant
cette matiere , & les expofe dans tout le détail & avec
toute la clarté qu'exigent le nom de l'Auteur & l'importance du fujet.

Il vient enfuite à l'intégration des fractions rationelles ,
& nous croyons pouvoir affurer qu'il ne laiffe rien à défirer
fur cette partie fi effentielle & fi étendue du Calcul
intégral , que M. *Bernoulli* n'avoit donnée qu'imparfaitement
dans les Mémoires de l'Académie 1702. L'Auteur expofe
d'une maniere fenfible ce qui manquoit au travail de M.
Bernoulli , & développe avec beaucoup de netteté & de
méthode , les moyens que différens Géometres ont ima-
ginés pour fuppléer à ce défaut.

Il fait connoître l'ufage de fa théorie , non-feulement
en montrant comment on integre une fraction rationelle
quelconque , mais en faifant voir de plus comment on
réduit à la forme de fractions rationelles plufieurs différentielles qui n'ont point cette forme ; & c'eft ici fur-tout
qu'il fait ufage des transformations expliquées plus haut.

M. de Bougainville vient enfuite à l'intégration des
différentielles qui fuppofent la rectification de l'ellipfe & de
l'hyperbole , ainfi que des différentielles qui dépendent de
la quadrature des courbes du troifieme ordre : matiere
qu'il traite avec la même étendue que les précédentes ,
& avec la même exactitude.

Enfin il explique & augmente confidérablement les
recherches très-abrégées que M. *Newton* a données dans
fa Quadrature des Courbes , fur la quadrature de celles
dont les équations ont trois ou quatre termes ; & il termine
la premiere partie dont nous rendons compte , par l'intégration des différentielles qui contiennent des quantités
exponentielles & logarithmiques , & de celles qui font
affectées de plufieurs fignes d'intégration.

L'Auteur a joint à toutes ces recherches un Chapitre sur les Series, qui termine cette premiere partie de son Ouvrage. Dans ce Chapitre il donne tous les principes, & même tous les détails, néceſſaires pour ſe mettre au fait des feries & de leurs uſages; il enſeigne la maniere de les former, les moyens de reconnoître leur convergence ou leur divergence; & enfin leur uſage dans le Calcul intégral, & principalement dans la Quadrature du Cercle, & la conſtruction des Logarithmes.

Cet Ouvrage nous paroît remplir le déſir où les Géometres étoient depuis long-temps d'avoir un Traité ſur le Calcul intégral qui renfermât & expliquât clairement tout ce qui a été fait ſur cette matiere, & qu'on ne pouvoit juſqu'ici ſe rendre familier qu'en recherchant avec beaucoup de peine différens morceaux épars dans un grand nombre d'Ouvrages, & ſouvent même difficiles à entendre par le peu de détail dans lequel les Auteurs ſont entrés. M. de Bougainville ſupplée à ce que ces Auteurs n'ont point fait, & joint à cet avantage celui de préſenter dans un même corps, & ſous un même point de vue tous les principes & toutes les méthodes du Calcul intégral, de faire ſentir l'eſprit & l'art de ces méthodes, & de les détailler avec beaucoup d'ordre, d'intelligence & de clarté. Nous ne doutons point que la ſeconde partie, à laquelle nous ſavons que l'Auteur travaille aſſidûment, ne ſoit attendue avec beaucoup d'impatience par tous les lecteurs de celle-ci qui nous paroît très-digne de l'approbation de l'Académie & de l'impreſſion. *Signé*, N I C O L E ; D'A L E M B E R T.

Je ſouſſigné certifie le préſent Extrait conforme à ſon original. & au jugement de la Compagnie. A Paris, ce vingt-neuvieme jour de Mars de l'année mil ſept cent cinquante-quatre.

GRANDJEAN DE FOUCHY,
Secretaire perpétuel de l'Acad. Royale des Sciences.

AVERTISSEMENT.

Dans le courant de l'impreſſion nous nous ſommes apperçus d'une faute qui s'eſt gliſſée à l'Article VI. de l'Introduction ; nous allons la corriger ici & même éclaircir cet article qui pourroit arrêter les commençans.

Page 6. ligne 5. au lieu de $n + r$ *le nombre de termes qu'il y a depuis 3 juſqu'à 8, & du reſte de l'Article, liſez,* $n + r$ le nombre de termes qu'il y a depuis m juſqu'à 8, on aura, comme l'on ſait par la théorie des progreſſions géométriques, $m = 3^{\frac{1}{n}}$. Donc en prenant les logarithmes des deux membres de cette équation, on aura $\frac{1}{n} l 3$, ou $\frac{1}{n}$ pour le logarithme de m. On aura de même $8 = m^{n+r}$; donc $(n+r).lm$, ou $(n+r).\frac{1}{n}$ ſera le logarithme de 8.

TRAITÉ

TRAITÉ
DU
CALCUL INTÉGRAL,
Servant de Suite
A L'ANALYSE
DES INFINIMENT-PETITS
DE M. LE MARQUIS DE L'HOPITAL.

INTRODUCTION.

CHAPITRE PREMIER.

Définition du sujet, Division de l'Ouvrage, &
Explication de quelques Signes dont on se
servira dans la suite.

I.

Dᴇ́ꜰɪɴɪᴛɪᴏɴ. L'Aʀᴛ de trouver les grandeurs infiniment petites qui sont les différences ou
les élémens des grandeurs finies, se nomme *le Calcul*
différentiel. M. le Marquis de l'Hopital, dans son Livre inti-

Ce que c'est
que *le Calcul*
intégral.

A

tulé *Analyſe des infiniment petits*, a donné les regles de ce Calcul, & a montré les uſages auxquels on le peut appliquer. L'art de remonter des grandeurs infiniment petites aux grandeurs finies dont elles ſont la différence, c'eſt-à-dire de trouver ces grandeurs finies, s'appelle *le Calcul Intégral*; & la quantité finie dont une quantité différentielle eſt l'élément ou la partie infiniment petite, s'appelle *l'Intégrale* de cette différentielle.

I I.

Diviſion de l'Ouvrage.

Nous diviſerons ce Traité du Calcul intégral en deux parties.

Dans la premiere nous donnerons les méthodes d'intégrer les différentielles qui n'ont qu'une changeante.

La ſeconde aura pour objet l'intégration des différentielles qui contiennent deux, ou un plus grand nombre de variables.

Tel eſt le plan de ce Traité. Pour le remplir, nous établirons, avec le plus d'ordre qu'il nous ſera poſſible, les différentes méthodes ſur leſquelles eſt fondé le Calcul intégral, & nous leur donnerons la plus grande généralité dont elles ſeront ſuſceptibles, auſſi-bien qu'aux exemples qui en ſeront l'application.

I I I.

Explication de quelques Signes dont on ſe ſervira dans ce Traité.

Nous allons placer ici l'explication de quelques termes & de quelques ſignes qui reviendront fréquemment dans cet Ouvrage.

1°. Le figne $\int$ mis devant une quantité différentielle, indique l'intégrale de cette quantité. Ainfi $\int d x$ défigne l'intégrale de $d x$; $\int d x \times \sqrt{4p+9x}$, l'intégrale de $d x \sqrt{4p+9x}$, & ainfi des autres. Ce figne $\int$ s'énonce par le mot de *fomme*; par exemple $\int d x \sqrt{4p+9x}$ s'énonce ainfi, *fomme* de $d x \sqrt{4p+9x}$, parce que l'intégrale de $d x \sqrt{4p+9x}$ eft en effet la fomme des élémens, ou quantités infiniment petites $d x \sqrt{4p+9x}$.

2°. Un point entre deux quantités indique une multi-plication, auffi-bien que le figne $\times$. Ainfi $a y \cdot b$, exprime $a y$ multiplié par b, auffi-bien que $a y \times b$. Il en eft de même de $(x x+f x+g) \cdot (x x+h x+i)$ &c. Nous nous fervirons indifféremment de ces deux fignes de multiplica-tion.

3°. Lorfqu'une grandeur complexe eft élevée à une puif-fance dont l'expofant eft entier ou fractionnaire, pofitif, ou négatif, on dit que cette grandeur eft *fous le figne*. Si elle n'eft élevée à aucune puiffance, elle eft dite *hors du figne*. Ainfi dans $(a b d x+2 b x d x) \cdot (a a x+c x x)^{\pm\frac{1}{2}}$ $a a x+c x x$ eft fous le figne $\pm\frac{1}{2}$, & $a b d x+2 b x d x$ eft hors du figne.

4°. $l x$ fignifie le logarithme de x; $l(a a+x x)$, celui de $a a+x x$: $l l x$ exprime le logarithme du logarithme de x, & ainfi de fuite : $(l x)^{\pm m}$ fignifie le logarithme de x, élevé à la puiffance dont l'expofant eft $\pm m$. Il faut bien diftinguer $(l x)^{\pm m}$ de $l(x)^{\pm m}$ qui fignifie le lo-garithme de la quantité x élevée à la puiffance $\pm m$.

A ij

$(lx^n)^{\pm m}$ veut dire le logarithme de x^n, c'eſt-à-dire de x élevée à la puiſſance n, lequel logarithme eſt lui-même élevé à la puiſſance $\pm m$.

5°. On appelle fonction d'une quantité variable x, une autre quantité dans laquelle cette variable x ſe trouve mêlée de quelque maniere que ce ſoit avec ou ſans conſtantes. Ainſi toutes les quantités ſuivantes ſont des fonctions de x, $x^3 + x^2$; $V\left\{\frac{a^3 + x^2}{b^4 + x^4}\right\}$; $\int dx \, V(a^4 x + b^3 x^2)$; $a x^3 lx$; & ainſi de pluſieurs autres.

On appelle fonction de deux variables xy, une quantité dans laquelle ces deux variables ſe trouvent mêlées de quelque maniere que ce ſoit avec ou ſans conſtantes : telles ſont $xy - xx$; $V(axy + byx)$, &c.

I V.

AVERTISSEMENT. Comme on ne trouve point dans l'Analyſe des infiniment petits le calcul différentiel des quantités logarithmiques & exponentielles, nous allons le donner ici, afin que le lecteur n'ait rien à déſirer ſur cette matiere. Nous expoſerons enſuite & démontrerons quelques propoſitions ſur les Sinus, ſur les Co-ſinus & ſur les Imaginaires, qui nous ſont néceſſaires dans la ſuite de ce Traité. Outre qu'il auroit été incommode de les démontrer à l'endroit même où nous en aurons beſoin, parce que la chaîne des matieres en auroit été interrompue, le lecteur ne ſera peut-être pas fâché de les trouver ici toutes réunies en un ſeul corps.

CHAPITRE II.

Calcul différentiel des quantités logarithmiques.

V.

Les Logarithmes font une fuite de nombres en progreffion arithmétique quelconque, répondans à une fuite de nombres en progreffion géométrique quelconque. Tout fyftême de logarithmes eft arbitraire, c'eft-à-dire qu'on peut fuppofer telle qu'on veut la progreffion arithmétique dont il s'agit. On fuppofe feulement pour plus de fimplicité que le logarithme de l'unité eft zéro.

Qu'on prenne, par exemple, la fuite de nombres en progreffion géométrique,

$$1 : 3 : 9 : 27 : 81 \quad \&c.$$

& la fuite de nombres en progreffion arithmétique,

$$0 \cdot s \cdot 2s \cdot 3s \cdot 4s \quad \&c.$$

s repréfentant un nombre quelconque, & 0 étant le logarithme de l'unité ; s fera le logarithme de 3, $2s$ celui de 9, & ainfi de fuite.

VI.

Il y a plus : cette fuite donnera non-feulement le logarithme d'un nombre quelconque de la progreffion triple, mais encore le logarithme au moins approché d'un nombre quelconque qui ne fe trouve pas dans cette progreffion.

Par exemple, ſi on demande le logarithme de 8, il ne s'agit que de former une progreſſion géométrique continue dans laquelle ſe trouvent 1, 3, 8, 9. Soit m le ſecond terme de cette progreſſion, n le nombre de termes qu'il y a depuis m juſqu'à 3, $n+r$ le nombre de termes qu'il y a depuis m juſqu'à 8, on aura, comme l'on ſait par les élémens de la théorie des logarithmes, $\frac{1}{n}$ pour le logarithme de m, & $(n+r).\frac{1}{n}$ pour le logarithme de 8.

VII.

Maniere de dreſſer une Table de logarithmes.

On peut donc en ſuivant ce que nous venons d'expoſer, c'eſt-à-dire, en imaginant une progreſſion arithmétique quelconque dont le premier terme ſoit zéro, & dont les termes répondent à ceux d'une progreſſion géométrique quelconque de nombres entiers, on peut, dis-je, dreſſer une table qui repréſente les logarithmes de tous les nombres naturels depuis l'unité juſqu'à l'infini. Ces tables ſont du plus grand uſage pour faciliter les opérations arithmétiques. Par leur moyen les multiplications & les diviſions ſe réduiſent, comme l'on ſait, à des additions & à des ſouſtractions.

VIII.

Quels ſont les Logarithmes dont ſe ſervent les Géometres.

Dans les tables de logarithmes dont ſe ſervent aujourd'hui les Géometres, & qui ſont celles de Briggs, on ſuppoſe que la progreſſion géométrique eſt 1, 10, 100 &c. & la progreſſion arithmétique 0, 1, 2 &c. ou, ce qui revient au même 0, 1.000000, 2.000000 &c. en mettant autant de zéros qu'on veut après 1, 2 &c. pour représenter ces nombres en parties décimales, & pour avoir plus exactement & sous la forme de nombres entiers les logarithmes intermédiaires.

I X.

Telle est la théorie des logarithmes. En conséquence de cette théorie, les Géometres ont imaginé une courbe *B M N V* qu'ils ont nommé *Logarithmique*, dont la propriété principale est que les ordonnées *A B*, *P M*, *Q N*, &c. étant en progression géométrique, les abscisses correspondantes o, *A P*, *A Q*, &c. sont en progression arithmétique.

Définition de la Logarithmique.

Fig. 1.

X.

Il est donc évident que si on imagine menées à cette courbe un nombre infini d'ordonnées en progression géométrique, les portions d'abscisses correspondantes seront égales entre elles. Car de ce que o, *A P*, *A Q*, &c. sont en progression arithmétique, il s'enfuit que $AP = PQ$, &c.

X I.

D'après la propriété fondamentale de la logarithmique, il est aisé d'avoir son équation.

PROBLEME. Trouver l'équation de la logarithmique.

SOLUTION. Soient tirées dans la logarithmique *B M N V* les ordonnées $VT = y$, $NQ = z$, $MP = t$, $AB = u$, & tant d'autres qu'on voudra en progression géométrique, répondantes aux abscisses *x* en progression arithmétique. Je mene à une distance infiniment proche de

Maniere de trouver l'équation de la Logarithmique.

Fig. 1.

VT, l'ordonnée vt; à la même distance de NQ, l'ordonnée aussi infiniment proche nq; & ainsi de suite. On voit que chaque portion d'abscisse, renfermée entre deux ordonnées infiniment proches, sera la même, & pourra par conséquent être désignée par dx, ensorte que $Tt = dx$, & $Qq = dx$. Or puisque $Tt = Qq$, on a par la propriété de la logarithmique $VT : vt :: NQ : nq$; donc *subtrahendo* $Vk : VT :: Ne : NQ$, c'est-à-dire $dy : y :: dz : z$. Donc la raison de dy à y sera constante, c'est-à-dire qu'on pourra égaler $\frac{dy}{y}$ à une constante. Mais dx est constante; on aura donc $\frac{dy}{y} = \frac{dx}{a}$ (a est une constante quelconque.) C'est l'équation de la logarithmique.

XII.

Démonstration de quelques propriétés principales de cette courbe.

COROLLAIRE. Donc la sous-tangente de la logarithmique est constante, c'est-à-dire qu'elle est la même pour tous les points de la logarithmique. Car l'équation précédente $\frac{dy}{y} = \frac{dx}{a}$ donne $\frac{y\,dx}{dy} = a$; or $\frac{y\,dx}{dy}$ est l'expression de la sous-tangente, comme il est prouvé dans l'analyse des infiniment petits, Sect. II. donc la sous-tangente est constante.

XIII.

THÉOREME. Je dis maintenant que soit dans une même logarithmique, soit dans deux logarithmiques différentes, les ordonnées étant prises en même rapport, les portions d'abscisses correspondantes sont entre elles comme les sous-tangentes.

DÉM.

DEM. 1°. Dans la même logarithmique $mMn'N'$, si $MP : mp :: N'Q' : n'q'$, on aura $Pp : Q'q' :: T'p : Vq'$. Car alors les portions d'abfciffes Pp & $Q'q'$ font égales, & la fous-tangente eft la même. Donc, &c. Fig. 2.

2°. Dans deux logarithmiques différentes $mMn'N'$ & nN, fi on a $MP : mp :: NQ : nq$, on aura $Pp : Qq :: T'p : Tq$. Car en fuppofant d'abord que mp eft l'ordonnée infiniment proche de MP, & de même que nq eft infiniment proche de NQ, on aura par l'hypothefe $MP : mp :: NQ : nq$, donc *fubtrahendo* $Ms : mp :: Nr : nq$: Mais $Ms : mp :: Pp : T'p$, & $Nr : nq :: Qq : Tq$; donc $Pp : T'p :: Qq : Tq$, ou $Pp : Qq :: T'p : Tq$. Donc les deux portions d'abfciffes infiniment petites Pp, Qq feront entre elles en raifon des fous-tangentes, c'eft-à-dire en raifon conftante. Menant une 3e. ordonnée infiniment proche de MP & de NQ, & faifant les mêmes proportions, on trouvera le même réfultat. Or par les propriétés des progreffions, fi on a $a : b :: c : d$, & $e : f :: c : d$, $g : h :: c : d$ &c. on aura $a + e + g$ &c : $b + f + h$ &c :: $c : d$. Donc la fomme des portions infiniment petites d'abf-ciffes dans une des logarithmiques, fera à la fomme des portions infiniment petites d'abfciffes dans l'autre logarith-mique, comme la fous-tangente de la premiere de ces logarithmiques eft à la fous-tangente de la feconde. Donc fi on prend dans deux logarithmiques différentes des or-données en même rapport, les portions d'abfciffes corref-pondantes feront entre elles comme les fous-tangentes. Donc, &c. Fig. 2. & 3.

B

XIV.

Corollaire. Il eſt aiſé de voir maintenant que dans quel-que logarithmique que ce ſoit, le logarithme du rapport d'une ordonnée quelconque à une autre ordonnée ſera ou pourra être ſuppoſé égal au nombre qui eſt déſigné par le rapport de l'abſciſſe correſpondante à la ſous-tangente. Car pourvu que le rapport des ordonnées ſoit le même, ſoit dans une même logarithmique, ſoit dans deux logarithmiques différentes, le rapport de l'abſciſſe à la ſous-tangente ſera le même.

X V.

Fig. 1.   Si l'on prend maintenant AB égal à la ſous-tangente PR, on trouvera qu'en ſuppoſant $PM = 10\,AB$, $\frac{AP}{PR}$ logarithme de $\frac{PM}{AB}$ ſera $= 2.30258509$, &c. Ce logarithme ſe trouve par le moyen d'une formule que nous expliquerons dans la premiere Partie de cet Ouvrage (Art. 338.)

Donc en général quel que ſoit le rapport de AB à PR, ſi on prend $PM = 10\,AB$, on aura $\frac{AP}{PR} = 2.30258509$, &c.

Donc en faiſant $PR = 1$, on aura $AP = 2.30258509$.

Donc (Théor. précédent) quelque part qu'on prenne AB & PM, ſoit dans la même logarithmique, ſoit dans deux logarithmiques différentes, pourvu que $PM = 10\,AB$, on aura toujours $\frac{PR}{AP} = \frac{1}{2.30258509} = 0.43429448$. Donc $PR = AP \times 0.43429448$.

Donc en ſuppoſant, comme on le fait dans les tables,

que le logarithme AP du nombre 10, c'est-à-dire de $\frac{PM}{AB}$ est 1.00000, c'est-à-dire est égal à l'unité, on aura la valeur de la sous-tangente $PR = 0.43429448$.

X.VI.

Telle est la logarithmique de Briggs, qui est celle des tables dont se servent les Géometres. Neper a imaginé une autre espece de logarithmes. On nomme ces logarithmes, hyperboliques; parce que dans la logarithmique de Neper (fig. 1.) on suppose $AB = PR$, & que cette logarithmique peut être tracée par la quadrature de l'hyperbole équilatere, rapportée aux asymptotes, en prenant la premiere abscisse pour l'unité.

Cette proposition se démontre de la façon suivante. Soit l'hyperbole AKF dont l'équation est $y = x^{-1}$, soient aussi les droites . . . . , $AB = 1$

$$B\,C = x$$
$$C\,c = d\,x$$
$$CK = x^{-1} = y$$

L'espace élémentaire de l'hyperbole ou $KCck$ sera par conséquent $y\,dx$, ou $\frac{dx}{x}$ en mettant pour y sa valeur $\frac{1}{x}$. L'espace entier hyperbolique $ABCK$, ou la somme des espaces élémentaires $KCkc$ est donc $\int \frac{dx}{x}$. Donc la logarithmique peut se construire par la quadrature de l'hyperbole précédente. C'est-à-dire qu'en supposant l'hyperbole quarrable on construiroit la logarithmique, en lui donnant les mêmes ordonnées qu'à l'hyperbole, & prenant les abscisses

B ij

de la logarithmique correspondantes , égales aux efpaces hyperboliques divifés par la ligne conftante $AB = 1$.

XVII.

Au refte toutes les logarithmiques peuvent être prifes pour la logarithmique des tables , en fe fervant d'une ordonnée quelconque AB pour repréfenter l'unité dans la fuite des nombres naturels , & de AP , ou du logarithme de $PM = 10\,AB$ pour repréfenter l'unité dans la fuite des logarithmes , unité qu'on n'eft pas obligé de fuppofer $= AB$; mais dans la logarithmique des tables on fuppofe pour plus de facilité l'origine A tellement placée , qu'en faifant $AP = AB$, on ait $PM = 10\,AB$; au lieu que pour la table des logarithmes de Neper , on fuppofe l'origine A telle que la fous-tangente $PR = AB$, comme nous l'avons déja dit.

XVIII.

Les principes que nous venons d'expofer fur les logarithmes fuffifent pour entendre ce que nous allons dire fur leur calcul différentiel.

Regle fondamentale du calcul différentiel des quantités logarithmiques.

L'équation de la logarithmique $\frac{dy}{y} = \frac{dx}{a}$, fe réduit à $\frac{dy}{y} = dx$, en prenant la fous-tangente a pour l'unité. Or de-là on tire cette regle générale pour la différentiation des quantités logarithmiques.

La différence du logarithme d'une quantité quelconque x, *eft égale à la différence de cette quantité divifée par la quantité même* $d.\,lx = \frac{dx}{x}$.

Ainſi la différence du logarithme de $1 + x$ eſt $+ \frac{dx}{1+x}$:
celle du logarithme de $+ xy$ eſt $+ \frac{xdy \pm ydx}{+xy}$ en ſuppo-
fant la ſous-tangente de la logarithmique égale à l'unité ,
& ainſi des autres plus compoſées.

X I X.

Par cette regle on trouve $d \cdot lax = \frac{adx}{ax} = \frac{dx}{x}$. Il s'en-
fuit donc de-là , dira-t-on , que $lx = lax$. Il eſt aiſé de
prouver que cette conſéquence n'eſt point abſurde , quoi-
qu'elle ne ſuive pas néceſſairement de ce que $\frac{adx}{ax} = \frac{dx}{x}$.
Soit la logarithmique $BMNV$ dans laquelle je fais $AB = b$ Fig. 1.
$$PM = ab$$
$$QN = x$$
$$TV = ax$$

on aura $ax : x :: a : 1$; & $ab : b :: a : 1$: Donc $ax : x ::$
$ab : b$: donc $TQ = PA$. Maintenant qu'eſt-ce que le
logarithme de $QN (x)$? c'eſt le logarithme du rapport de
x à une ordonnée que l'on prend pour l'unité ; donc ſi on
prend $AB (b)$ pour l'unité par rapport à x, on aura $lx =$
$l \frac{x}{b} = QA$. Si l'on prend auſſi la même ordonnée AB
pour l'unité par rapport à $TV (ax)$, on aura $lax = l \frac{ax}{b}$
$= TA = QA + TQ$. Donc dans ce cas $lax = lx +$
une conſtante R. Mais ſi on prend $PM (ab)$ pour l'unité
par rapport à ax, on aura $lax = l \frac{ax}{ab} = TP =$ (à cauſe
de $TQ = PA$) QA. Donc dans ce cas la conſtante
$R = 0$. Donc de ce que $\frac{adx}{ax} = \frac{dx}{x}$, il s'enſuit ſeulement
que $lax = lx + R$; R étant une conſtante qui peut
dans certaines ſuppoſitions être $= 0$.

X X.

Il y a certains logarithmes dont la différentielle ne se présente pas au premier coup d'œil : mais on les différentie aisément en se servant de substitutions simples.

Soit proposé, par exemple, de différentier $l \cdot l x$; je suppose $l x = y$, ce qui me donne (Art. précédent) $\frac{d x}{x} = dy$, & $l \cdot l x = l y$, & $d (l \cdot l x) = \frac{d y}{y}$. Mettant pour y sa valeur, & pour dy la sienne, on aura $d (l \cdot l x) = \frac{d x}{x \, l \, x}$.

X X I.

Si la proposée est $(l x)^m$, on supposera $(l x)^m = y^m$; d'où je tire $l x = y$; $\frac{d x}{x} = dy$; $d (l x)^m = m y^{m-1} \, dy$. Donc en mettant pour y & pour dy leurs valeurs, la différentielle cherchée est $m (l x)^{m-1} \frac{d x}{x}$.

X X I I.

Qu'on demande à présent la différentielle de $(l x^n)^m$, je ferai $x^n = z$; la proposée deviendra $(l z)^m$ dont la différentielle est, comme nous venons de le voir, $m (l z)^{m-1} \frac{d z}{z}$; mais z (hyp.) $= x^n$, & $d z = n x^{n-1} \, d x$; donc la différentielle cherchée est $m n (l x^n)^{m-1} \times \frac{x^{n-1} \, d x}{x^n} = m n \, (l x^n)^{m-1} \frac{d x}{x}$.

X X I I I.

Soit encore cherchée la différentielle de $(l \cdot l x)^m$, il faudra supposer $l x = y$: cette supposition donne les équations fuivantes , $\frac{dx}{x} = y$; $l.lx = ly$; $(l.lx)^m = (ly)^m$; donc $d(l.lx)^m = m(ly)^{m-1}\frac{dy}{y}$, & en fubftituant pour y & pour dy leurs valeurs, on a $m.(l.lx)^{m-1}\frac{dx}{x.lx}$. C'eft la différentielle cherchée.

XXIV.

Enfin fi je veux différentier $\left[l.(lx)^m\right]^n$, je fuppoferai $(lx)^m = y^m$, d'où il fuit que $lx = y$, & que $\frac{dx}{x} = dy$. J'aurai auffi en fuivant la même fuppofition $\left[l.(lx)^m\right]^n = (ly^m)^n$. Or la différentielle de $(ly^m)^n$, par ce que nous avons vu précédemment eft $mn.(ly^m)^{n-1}\frac{dy}{y}$; & en mettant pour y & dy leurs valeurs en x, cette quantité devient $mn\left(l.(lx)^m\right)^{n-1}\frac{dx}{xlx} = $ la différence de $\left[l.(lx)^m\right]^n$.

Telles font les méthodes générales pour la différentiation des quantités logarithmiques ; je paffe aux exponentielles.

CHAPITRE III.

Calcul différentiel des Quantités exponentielles.

XXV.

Es quantités exponentielles font celles qui font élevées à une puiffance dont l'expofant eft variable. Telle eft, par exemple, a^x. Telles font encore y^x, $a^x y$, $a^x + y^x$.

M. Bernoulli avoit auſſi nommé ces quantités *parcourantes*, parce qu'elles parcourent, pour ainſi dire, toutes les dimenſions poſſibles ; puiſque leur expoſant étant indéterminé, cet expoſant peut être ſuppoſé égal à tel nombre qu'on voudra, poſitif ou négatif, entier ou rompu, commenſurable ou incommenſurable.

Les équations compoſées en tout ou en partie de quantités de cette eſpece, ſe nomment *équations exponentielles*, & les courbes dont ces équations expriment la nature, ſe nomment *courbes exponentielles*.

XXVI.

Ces quantités ſont de différens degrés.

Les quantités exponentielles ſont de différens degrés.

Les quantités exponentielles du premier degré, ſont celles où l'expoſant de la quantité eſt une indéterminée ſimple, comme a^y, b^x, z^t, en ſuppoſant que y, x, t ſont des quantités ſimplement indéterminées.

Une quantité exponentielle du ſecond degré eſt celle dont l'expoſant eſt lui-même une exponentielle du premier, comme a^{y^x}, & ainſi de ſuite. En général une quantité exponentielle d'un degré quelconque a pour expoſant une exponentielle du degré précédent.

Il faut appliquer ces principes aux équations & aux courbes exponentielles. Quand une équation eſt compoſée d'exponentielles de différens degrés, alors cette équation & la courbe qu'elle déſigne, prennent leur nom de l'exponentielle du degré le plus élevé.

XXVII.

XXVII.

Ces quantités tiennent, pour ainſi dire, un milieu entre les *algébriques* & les *tranſcendentes*. Elles ont de commun avec les algébriques, qu'elles ne renferment aucune grandeur infiniment petite, & avec les tranſcendentes, qu'elles ne peuvent être repréſentées par aucune conſtruction géométrique ordinaire.

XXVIII.

On peut rapporter à ce genre, ou plutôt à un genre intermédiaire entre les courbes algébriques & les exponentielles, celles que M. Leibnitz nomme *interſcendentes*. Ce ſont celles dans l'équation deſquelles on trouve quelques termes avec des expoſans irrationels, comme dans l'équation $y^{\sqrt{2}} + y = x$.

On nomme exponentielles imaginaires les quantités dont l'expoſant eſt imaginaire telles que $c^{z\sqrt{-1}}$, ou $c^{x+y\sqrt{-1}}$.

XXIX.

REMARQUE. Des propriétés des logarithmes expliquées dans le Chapitre précédent, on peut déduire les deux propoſitions ſuivantes.

1°. On change une équation exponentielle en une autre qui contient les logarithmes des quantités de la premiere. Ainſi ſoit $a^x = b^y$: ces grandeurs étant égales, leurs logarithmes ſont égaux; donc $l(a^x) = l(b^y)$. Or par la propriété des logarithmes, le logarithme de a^x eſt

D'une équation exponentielle on en tire une logarithmique.

C

$x l a$, & le log. de b^y est $y l b$. Donc $x l a = y l b$; donc l'équation $a^x = b^y$ conduit à cette équation plus simple $x l a = y l b$. De même de l'équation $a^{x^z} = b^{y^u}$, on tire d'abord celle-ci $x^z l a = y^u l b$; & cette derniere donnera $z l x + l . l a = u l y + l . l b$; & ainsi des autres.

2°. On tire une équation exponentielle d'une équation logarithmique. Ainsi de $x l x = l a$, on déduit $x^x = a$. Cette opération s'appelle repasser des logarithmes aux nombres.

X X X.

De même si on a l'équation $l y = x$, supposant $1 = l c$, c'est-à-dire que c est un nombre dont le logarithme est l'unité, on aura $l y = x \times 1$, ou $l y = x l c$, d'où l'on tire $y = c^x$. C'est par là que l'équation de la logarithmique que nous avons trouvé être $\frac{dy}{y} = dx$, devient $y = c^x$.

Cette expreſſion veut dire que si on nomme b, la sous-tangente, a l'ordonnée que l'on prend pour l'unité, c l'ordonnée à laquelle répond une abſciſſe $= b$, on aura $\frac{y}{a} = \frac{c^{\frac{x}{b}}}{a^{\frac{x}{b}}}$, équation qui se change en $y = c^x$, en faisant $a = b = 1$.

Pour démontrer que l'équation $y = c^x$ est la même que $\frac{y}{a} = \frac{c^{\frac{x}{b}}}{a^{\frac{x}{b}}}$, remettons pour l'équation $y = c^x$ son équation logarithmique $l y = x l c$. On remarquera que dans cette équation y, x, & c expriment des lignes. Cependant $l y$ exprime un nombre : car il n'y a que les nombres qui ayent des logarithmes. Ainfi dans cette expreffion ly, y doit être cenfée divifée par une ligne, afin que ly repréfente véritablement le logarithme d'un nombre. Or cette ligne ne peut être ici que l'ordonnée a que l'on prend pour l'unité. Car nous avons vu plus haut que le logarithme numérique de l'ordonnée d'une logarithmique, n'eft proprement autre chofe que le logarithme de cette ordonnée divifée par celle que l'on prend pour l'unité. Ainfi au lieu de ly, on peut écrire $l\frac{y}{a}$. Par la même raifon, au lieu de lc on écrira $l\frac{c}{a}$. On aura donc $l\frac{y}{a} = x\, l\frac{c}{a}$. Mais l'équation dans cet état n'eft point homogene. Il faudra donc divifer x par quelque ligne conftante. Or je dis que cette ligne ne peut être que la fous-tangente b. Car $l\frac{c}{a}$ eft égal à l'unité, puifqu'on a fuppofé que c étoit l'ordonnée dont l'unité eft le logarithme. On aura donc $l\frac{y}{a} = x$: or cette équation revient à celle-ci, $l\frac{y}{a} = \frac{x}{b}$ par l'Art. 14. puifque le logarithme d'une ordonnée eft égal à l'abfciffe divifée par la fous-tangente. Donc l'équation de la logarithmique fera $l\frac{y}{a} = \frac{x}{b}\, l\frac{c}{a}$ & en repaffant aux nombres $\frac{y}{a} = \dfrac{c^{\frac{x}{b}}}{a^{\frac{x}{b}}}$.

XXXI.

Pour trouver maintenant les différentielles des quantités exponentielles, la feule regle fuivante fuffit. *La différentielle d'une quantité, eft cette quantité même multipliée par la différence de fon logarithme.*

Cette regle n'a pas befoin de démonftration. Car la

différence de x, eſt $\frac{x\,dx}{x} = dx$, ce que l'on fait d'ailleurs.

XXXII.

Suivant cette regle la différence de c^x eſt $c^x\,dx\,lc$, ou $c^x\,dx$, en prenant c pour le nombre dont le logarithme eſt l'unité. Car le logarithme de c^x eſt $x\,lc$, dont la différence eſt $dx\,lc = dx$.

De même la différence de x^y eſt $x^y\,dy\,lx + x^{y-1}\,y\,dx$.

XXXIII.

Pour trouver encore autrement la différentielle de c^x, ſoit $c^x = z$, on aura $x\,lc = lz$, ou $x = lz$; donc $dx = \frac{dz}{z}$, ou $z\,dx = dz$: ou en mettant pour z ſa valeur, $c^x\,dx = dz$.

Si on veut différentier x^y, on fera $x^y = z$, ce qui donne $y\,lx = lz$; donc en différentiant $dy\,lx + \frac{y\,dx}{x} = \frac{dz}{z}$ & $z\,dy\,lx + \frac{z\,y\,dx}{x} = dz$; donc enfin mettant pour z ſa valeur, on a $x^y\,dy\,lx + x^{y-1}\,y\,dx = dz$.

Il eſt bon de remarquer à cette occaſion que $c^{lx} = x$. Car ſoit $c^{lx} = z$, on aura $l(c^{lx}) = lz$ ou $lx\,lc = lz$; donc $lx = lz$, donc $x = z$. Donc $c^{lx} = x$.

XXXIV.

Voila donc deux manieres de différentier une quantité exponentielle. La premiere eſt la plus aiſée, lorſque la quantité dont l'expoſant eſt indéterminé eſt conſtante.

Ainſi qu'on demande la différence de $\dfrac{c^{z\sqrt{-1}} + c^{-z\sqrt{-1}}}{2}$;

je la trouverai tout de suite par la premiere regle premiere méthode.

$$\frac{c^{t\sqrt{-1}}\,dz\sqrt{-1} - c^{-t\sqrt{-1}}\,dz\sqrt{-1}}{2},$$

& (à cause que

$$dz\sqrt{-1} = -\frac{dz}{\sqrt{-1}} \Big) ,\ \text{elle est} -dz\left(\frac{c^{t\sqrt{-1}} - c^{-t\sqrt{-1}}}{2\sqrt{-1}}\right).$$

La seconde méthode est plus commode, lorsque la quan- Autre exemple de la seconde méthode.
tité dont l'exposant est indéterminé, est elle-même une
indéterminée. Ainsi pour avoir la différence de x^{y^t}, je suppose $x^{y^t} = t$, ce qui me donne $y^t\,lx = lt$. Je différentie, & j'ai $y^t\frac{dx}{x} + lx\,d(y^t) = \frac{dt}{t}$: ou par l'article
précédent, $d(y^t) = y^t\,dz\,ly + y^{t-1}\,z\,dy$, donc $\frac{dt}{t} =$
$y^t\frac{dx}{x} + y^t\,dz\,lx\,ly + y^{t-1}\,z\,dy\,lx$; ou enfin en mettant
pour t sa valeur, on a $dt = x^{y^t}\,y^t\,x^{-1}\,dx + x^{y^t}\,y^t\,dz$
$lx\,ly + x^{y^t}\,y^{t-1}\,z\,dy\,lx$. Il en sera de même pour les
différentielles d'un degré plus élevé.

X X X V.

Si on avoit une exponentielle multipliée par une autre,
la différentiation feroit aussi aisée. Par exemple, si on avoit
$x^y\,z^u$, la différentielle de cette proposée feroit $z^u \times d(x^y)$
$+ x^y \times d(z^u)$. Or nous avons appris à différentier chacun
de ces deux membres.

On prendra de même la différence d'une équation composée ou en tout ou en partie d'exponentielles, comme
$a^y + x^t = b + z^u$. Il ne s'agira pour cela que de différentier séparément par les méthodes précédentes chaque
partie des deux membres de l'équation.

CHAPITRE IV.

Propositions sur les Sinus, Co-sinus, Tangentes, & Secantes.

XXXVI.

Intégration de quelques différentielles nécessaire pour la suite.

NOus avons vu (Art. XVIII.) que la différentielle de $y = l x$ est $dy = \frac{dx}{x}$. Donc réciproquement l'intégrale de $dy = \frac{dx}{x}$ est $y = l x$; & en changeant cette équation logarithmique en une exponentielle, (Art. XXIX. N°. 2.) elle devient $x = e^{y}$, e représentant ici le nombre dont le logarithme est l'unité.

XXXVII.

La différence de $l\,(x + \sqrt{xx - 1})$ est (Art. XVIII.)

$$\frac{dx + \frac{x\,dx}{\sqrt{xx-1}}}{x + \sqrt{xx-1}} = \frac{dx\sqrt{xx-1} + x\,dx}{(x + \sqrt{xx-1}) \times \sqrt{xx-1}} = \frac{dx}{\sqrt{xx-1}}.$$

Donc réciproquement l'intégrale de $\frac{dx}{\sqrt{xx-1}}$ est $l\,(x + \sqrt{xx-1})$.

XXXVIII.

On trouvera de même que l'intégrale de $\frac{dx\sqrt{-1}}{\sqrt{1-xx}}$ est $l\,(x\sqrt{-1} + \sqrt{1-xx})$. En effet prenant la différentielle logarithmique de $x\sqrt{-1} + \sqrt{1-xx}$, on trouve

$$\frac{dx\sqrt{-1} - \frac{x\,dx}{\sqrt{1-xx}}}{x\sqrt{-1} + \sqrt{1-xx}} = \frac{dx\sqrt{-1} \times \sqrt{1-xx} - x\,dx}{(x\sqrt{-1} + \sqrt{1-xx}) \times \sqrt{1-xx}}$$

$$= \frac{dx\sqrt{-1} \times \sqrt{1-xx} + x\sqrt{-1} \times dx\sqrt{-1}}{(x\sqrt{-1} + \sqrt{1-xx}) \times \sqrt{1-xx}} = \frac{dx\sqrt{-1}}{\sqrt{1-xx}}.$$

De cette maniere on aura aussi $\int \frac{-dx}{\sqrt{xx-1}} = -l\left(x + \sqrt{(xx-1)}\right)$ ou $l\ \frac{1}{x+\sqrt{xx-1}}$. La preuve en est la même que pour les exemples précédens.

XXXIX.

Proposítions sur les Sinus, &c. démon-trées par la Synthese.
Fig. 5.

LEMME 1. Le co-sinus d'un angle quelconque est le sinus de son complément. Ainsi le co-sinus de l'arc AL est $CD = LK$ sinus de LB, complément de cet arc AL. Cela est clair par les élémens de la Géométrie.

X L.

LEMME 2. La tangente d'un angle est égale au sinus de cet angle divisé par son co-sinus, en supposant le rayon $= 1$.

DÉMONST. Soit l'angle DCB dont DK est le sinus, CK le co-sinus, BE la tangente. Le rayon $CB = 1$. A cause des triangles semblables CKD & CBE, on a $CK : KD :: CB : BE$. Donc $\frac{BE}{CB} = \frac{KD}{CK}$. Mais $CB = 1$. Donc, &c.

Fig. 6.

X L I.

LEMME 3. Le sinus d'un angle étant x, pour le rayon $= 1$, la différence de l'angle est $\frac{dx}{\sqrt{1-xx}}$.

DÉMONST. Soit l'angle ACB dont le sinus $EB = x$; menant du centre C les lignes Cb & eb infiniment proches, & abaissant du point B la petite perpendiculaire Bd,

Autres Pro-positions sur les Sinus, &c. démontrées analytique-ment.
Fig. 7.

on aura $db = dx$. Mais les triangles femblables BEC &
Bdb donnent $EC\ (\sqrt{1-xx}) : CB\,(1) :: db\,(dx) :$
$Bb = \dfrac{dx}{\sqrt{1-xx}}$ qui eft la différence cherchée.

XLII.

LEMME 4. Le co-finus d'un angle étant x, fa diffé-
rence eft $\dfrac{-dx}{\sqrt{1-xx}}$, on fuppofe toujours le rayon $= 1$.

Fig. 8.

DEM. Soit MCB dont le co-finus $CP = x$, menant les lignes Cm & mp infiniment proches de CM & de PM, on
tirera la petite droite $Rm = Pp = -dx$, négative, parce
que le co-finus croiffant, l'angle diminue. Il faut prouver
que Mm différence de l'angle $MCB = \dfrac{-dx}{\sqrt{1-xx}}$, ce qui
eft évident. Car à caufe des triangles femblables MRm
& MCP, on a $MP : CM :: Rm : Mm$, c'eft-à-dire,
$\sqrt{1-xx} : 1 :: -dx : \dfrac{-dx}{\sqrt{1-xx}}$.

XLIII.

LEMME 5. La tangente d'un angle étant x, & le
rayon 1, la différence de cet angle eft $\dfrac{dx}{1+xx}$.

Fig. 9.

DEM. Prenons l'angle ACD dont la tangente $AB = x$,
$Bb = dx$. Dd eft la différence de cet angle. Or on a
$CB = \sqrt{1+xx}$; l'angle ABC ne différant de l'angle
BbC que d'un infiniment petit Bb, ils font cenfés égaux ;
donc les triangles CAB, & bmB font femblables. On a donc
$CB : CA :: Bb : Bm$, c'eft-à-dire $\sqrt{1+xx} : 1 :: dx :$
$\dfrac{dx}{\sqrt{1+xx}} = Bm$. Mais Bm étant infiniment petit, CB & Cm

ne

ne différent entre eux que d'un infiniment petit ; & d'ailleurs l'arc Dd étant aussi infiniment petit peut être regardé comme une petite droite perpendiculaire à Cd. Donc les triangles CBm, & CDd font femblables : donc on a CB $(\sqrt{1+xx}) : CD\,(1) :: Bm \left(\dfrac{dx}{\sqrt{1+xx}}\right) : Dd = \dfrac{dx}{1+xx}$.

COROLL. Donc la différence d'un angle dont la tangente eft $\frac{b}{a}$, & le rayon 1, $= \dfrac{adb - bda}{aa + bb}$, ce qui fe trouvera tout de fuite après ce que nous venons de dire, en mettant dans $\dfrac{dx}{1+xx}$ au lieu de x, $\frac{b}{a}$, & au lieu de dx, la différence de $\frac{b}{a}$, c'eft-à-dire $\dfrac{adb - bda}{aa}$.

XLIV.

LEMME 6. Les mêmes chofes étant fuppofées que dans le lemme précédent, & faifant la fecante $CB = z$, on trouvera que la différence de l'angle $ACD = \dfrac{dz}{z\sqrt{zz-1}}$.

COROLL. Si dans $\dfrac{dz}{z\sqrt{zz-1}}$, on fait $z = \frac{1}{u}$, on aura $dz = -\dfrac{du}{uu}$, $zz = \frac{1}{uu}$: on aura donc $\dfrac{dz}{z\sqrt{zz-1}} = \dfrac{-\frac{du}{uu}}{\frac{1}{u}\sqrt{\frac{1}{uu}-1}} = \dfrac{-du}{\sqrt{1-uu}}$, élément d'un angle dont le cofinus eft u. De là il s'enfuit que le cofinus u eft en raifon inverfe de la fecante z, puifque $u = \frac{1}{z}$; & c'eft en effet ce qu'on fait d'ailleurs par la Géométrie élémentaire.

D

XLV.

Théorèmes fur la même matiere, dans lefquels on fait ufage des quantités exponentielles.

THÉORÈME 1. Le finus x d'un angle $z = \dfrac{e^{z\sqrt{-1}} - e^{-z\sqrt{-1}}}{2\sqrt{-1}}$.

DÉMONST. On a (Art. XLI.) $dz = \dfrac{dx}{\sqrt{1-xx}}$: donc $dz\sqrt{-1} = \dfrac{dx\sqrt{-1}}{\sqrt{1-xx}}$. Or $\int \dfrac{dx\sqrt{-1}}{\sqrt{1-xx}} = $ (Art. XXXVIII.) $l(x\sqrt{-1} + \sqrt{1-xx})$: donc $z\sqrt{-1} = l(x\sqrt{-1} + \sqrt{1-xx})$. Donc en fuppofant e un nombre dont le logarithme eft l'unité, on a (Art. XXX.) $e^{z\sqrt{-1}} = x\sqrt{-1} + \sqrt{1-xx}$. Donc $e^{z\sqrt{-1}} - x\sqrt{-1} = \sqrt{1-xx}$; & en quarrant les deux membres $e^{2z\sqrt{-1}} - 2e^{z\sqrt{-1}} x\sqrt{-1} - xx = 1 - xx$, ou bien $e^{2z\sqrt{-1}} - 1 = 2e^{z\sqrt{-1}} x\sqrt{-1}$: donc $x\sqrt{-1} = \dfrac{e^{2z\sqrt{-1}} - 1}{2e^{z\sqrt{-1}}}$; & par conféquent $x\sqrt{-1} = \dfrac{e^{z\sqrt{-1}} - e^{-z\sqrt{-1}}}{2}$; donc enfin $x = \dfrac{e^{z\sqrt{-1}} - e^{-z\sqrt{-1}}}{2\sqrt{-1}}$.

XLVI.

THÉORÈME 2. Le cofinus $\sqrt{1-xx}$ d'un angle z, dont par conféquent le rayon eft l'unité, & le finus x, $= \dfrac{e^{z\sqrt{-1}} + e^{-z\sqrt{-1}}}{2}$.

DÉMONST. Puifque par le théorême précédent $e^{z\sqrt{-1}} = x\sqrt{-1} + \sqrt{1-xx}$, il s'enfuit que $e^{-z\sqrt{-1}} = \dfrac{1}{x\sqrt{-1} + \sqrt{1-xx}}$; or $\dfrac{1}{x\sqrt{-1} + \sqrt{1-xx}} = -x\sqrt{-1} + \sqrt{1-xx}$. (ce qui eft évident ; car en multipliant le di-

viseur $x\sqrt{-1}+\sqrt{1-xx}$ par le quotient supposé $-x$ $\sqrt{-1}+\sqrt{1-xx}$, le produit sera le dividende $= 1$).
Donc en mettant pour $-x\sqrt{-1}$ sa valeur $\sqrt{1-xx}$ $-e^{z\sqrt{-1}}$ tirée de la première équation, on aura $e^{-z\sqrt{-1}}$ $=2\sqrt{1-xx}-e^{z\sqrt{-1}}$. Donc $2\sqrt{1-xx}=e^{-z\sqrt{-1}}$ $+e^{z\sqrt{-1}}$; donc $\sqrt{1-xx}=\dfrac{e^{z\sqrt{-1}}+e^{-z\sqrt{-1}}}{2}$.

Toutes ces propositions bien entendues, venons aux problêmes suivants.

XLVII.

PROBLEME I. Soient α & ϵ deux angles dont les sinus soient appellés sin. α & sin. ϵ, on propose de trouver la valeur de sin. α × cos. ϵ.

SOLUTION. Nous venons de démontrer (Art. XLV.) que sin. $\alpha=\dfrac{e^{\alpha\sqrt{-1}}-e^{-\alpha\sqrt{-1}}}{2\sqrt{-1}}$, & (Art. suivant) que cos. $\epsilon=\dfrac{e^{\epsilon\sqrt{-1}}+e^{-\epsilon\sqrt{-1}}}{2}$. D'où l'on tire sin. α . cos. $\epsilon=$

$$\dfrac{e^{(\alpha+\epsilon)\sqrt{-1}}-e^{-(\alpha+\epsilon)\sqrt{-1}}+e^{(\alpha-\epsilon)\sqrt{-1}}-e^{(\epsilon-\alpha)\sqrt{-1}}}{4\sqrt{-1}}.$$

Or sinus $\alpha+\epsilon=\dfrac{e^{(\alpha+\epsilon)\sqrt{-1}}-e^{-(\alpha+\epsilon)\sqrt{-1}}}{2\sqrt{-1}}$. Donc

$$\dfrac{e^{(\alpha+\epsilon)\sqrt{-1}}-e^{-(\alpha+\epsilon)\sqrt{-1}}}{4\sqrt{-1}}=\tfrac{1}{2}\text{ sin. }\alpha+\epsilon. \text{ De même}$$

$$\dfrac{e^{(\alpha-\epsilon)\sqrt{-1}}-e^{(\epsilon-\alpha)\sqrt{-1}}}{4\sqrt{-1}}=\tfrac{1}{2}\text{ sin. }\alpha-\epsilon. \text{ Donc en}$$

réunissant ces deux valeurs, on aura

$$\dfrac{e^{(\alpha+\epsilon)\sqrt{-1}}-e^{-(\alpha+\epsilon)\sqrt{-1}}+e^{(\alpha-\epsilon)\sqrt{-1}}-e^{(\epsilon-\alpha)\sqrt{-1}}}{4\sqrt{-1}}$$

$= \frac{1}{2}$ sin. $\alpha + 6 + \frac{1}{2}$ sin. $\alpha - 6$. Donc enfin sin. $\alpha \times$ cos. $6 = \dfrac{\text{sin. } \alpha + 6}{2} + \dfrac{\text{sin. } \alpha - 6}{2}$.

XLVIII.

PROBLEME 2. Trouver la valeur de sin. $\alpha \times$ sin. 6.

SOLUTION. Sin. $\alpha \times$ sin. $6 = $ (Art. XLV.)

$$\left(\frac{e^{\alpha\sqrt{-1}} - e^{-\alpha\sqrt{-1}}}{2\sqrt{-1}} \right) \times \left(\frac{e^{6\sqrt{-1}} - e^{-6\sqrt{-1}}}{2\sqrt{-1}} \right) = \frac{e^{(\alpha+6)\sqrt{-1}} + e^{-(\alpha+6)\sqrt{-1}} - e^{(\alpha-6)\sqrt{-1}} - e^{(6-\alpha)\sqrt{-1}}}{-4}.$$

Or (Art. XLVI.) $\dfrac{e^{(\alpha+6)\sqrt{-1}} + e^{-(\alpha+6)\sqrt{-1}}}{-4} = -\frac{1}{2}$ cos. $\alpha + 6$: & de même $-\dfrac{e^{(\alpha-6)\sqrt{-1}} - e^{(6-\alpha)\sqrt{-1}}}{-4}$,

ou bien $\dfrac{e^{(\alpha-6)\sqrt{-1}} + e^{(6-\alpha)\sqrt{-1}}}{4} = \frac{1}{2}$ cos. $\alpha - 6$.

Donc les deux parties étant réunies, on aura sin. $\alpha \times$ sin. $6 = -\dfrac{\text{cos. } \alpha + 6}{2} + \dfrac{\text{cos. } \alpha - 6}{2}$.

COROLLAIRE 1. On prouvera de la même manière que cos. $\alpha . \times$ cos. $6 = \dfrac{\text{cos. } \alpha + 6}{2} + \dfrac{\text{cos. } \alpha - 6}{2}$.

XLIX.

COROLL. 2. On peut aussi conclure de là, 1°. que cos. $\alpha + 6 = $ cos. $\alpha \times$ cos. $6 - $ sin. $\alpha \times$ sin. 6. Car ce dernier membre de l'équation $= $ (Art. XLVII. & XLVIII.)

$$\frac{\text{cos. } \alpha + 6}{2} + \frac{\text{cos. } \alpha - 6}{2} + \frac{\text{cos. } \alpha + 6}{2} - \frac{\text{cos. } \alpha - 6}{2} = \text{cos. } \alpha + 6.$$

2°. Que sinus $\alpha + 6 = $ sin. $\alpha \times$ cos. $6 + $ sin. $6 \times$ cos. α, ce qui se prouvera comme l'article précédent.

L.

R E M A R Q U E 1. Il faut écrire $\frac{\text{cof.}\ \alpha - \zeta}{2}$, & non pas cof. $\frac{\alpha - \zeta}{2}$, parce que la premiere de ces expreſſions indique la moitié du cof. $\alpha - \zeta$, que l'on doit avoir ici, & que l'autre indique le coſinus de la moitié de $\alpha - \zeta$, qui feroit une expreſſion fautive. Cette remarque eſt de quelque importance pour ne ſe point tromper dans l'expreſſion des ſinus & coſinus.

L I.

C O R O L L. 3. Le dernier Corollaire nous donne une méthode bien ſimple pour trouver les ſinus & coſinus d'arcs doubles, triples, quadruples, &c. d'arcs donnés. Si l'on a, par exemple, le coſinus donné de l'arc $AM = c$, en ſuppoſant toujours le rayon $= 1$, on aura le ſinus de cet angle $= \sqrt{1 - cc}$. Si on cherche à préſent le coſinus de l'arc AD double de AM, on remarquera que le coſinus & le ſinus de l'arc DM égal à AM feront auſſi c, & $\sqrt{1 - cc}$; donc on trouvera (Art. XLIX.) le coſinus de l'arc $AD = 2cc - 1$. Si on cherche le ſinus du même arc double, on le trouvera de même $= 2c\sqrt{1 - cc}$.

Pour trouver le ſinus & le coſinus d'un arc quadruple, il faut prendre le coſinus & le ſinus de l'arc double, & enſuite ceux de l'arc double de ce ſecond; ce qui donnera, en faiſant les mêmes ſuppoſitions que ci-deſſus le coſinus de l'arc quadruple $= 8c^4 - 8cc + 1$, & le sinus du même arc $= 8c^3 - 4c\sqrt{1-cc}$, & ainsi de suite pour tous les arcs doubles d'arcs donnés.

L I I.

Par cette même méthode fondée sur le dernier Corollaire, on trouveroit avec autant de facilité, les cosinus & sinus d'arcs triples, quintuples, &c. d'arcs donnés. Ainsi en supposant toujours c le cosinus donné d'un arc, on trouvera que le cosinus & le sinus de l'arc double étant $2cc - 1$, & $2c\sqrt{1-cc}$, le cosinus de l'arc triple sera $(2cc - 1) \times c - 2c\sqrt{1-cc} \times \sqrt{1-cc} = 4c^3 - 3c$, & le sinus du même arc sera $= 2c\sqrt{1-cc} \times c + \sqrt{1-cc} \times (2cc - 1) = \overline{4cc - 1}\,\sqrt{1-cc}$, & ainsi de suite.

L I I I.

Donc si on nomme s, & c, les sinus & cosinus d'un arc quelconque moindre qu'un quart de cercle, & s'', s''', s^{iv}, &c. c'', c''', c^{iv}, &c. les sinus & cosinus des arcs double, triple, quadruple, &c. de cet arc, on formera la Table suivante.

Table des Sinus & Cosinus d'Arcs quelconques multiples d'un Arc donné.

	Cosinus	**Sinus.**
Cos. arc sim..	$c = c$	$s = \sqrt{1 - cc}$
Double	$c'' = 2cc - 1$	$s'' = 2c\sqrt{1 - cc}$
Triple.....	$c''' = 4c^3 - 3c$	$s''' = \overline{4c^2 - 1}\sqrt{1 - cc}$
Quadruple..	$c^{IV} = 8c^4 - 8c^2 + 1$	$s^{IV} = \overline{8c^3 - 4c}\sqrt{1 - cc}$
Quintuple..	$c^{V} = 16c^5 - 20c^3 + 5c$	$s^{V} = \overline{16c^4 - 12c^2 + 1}\sqrt{1 - cc}$
Sextuple...	$c^{VI} = 32c^6 - 48c^4 + 18c^2 - 1$	$s^{VI} = \overline{32c^5 - 32c^3 + 6c}\sqrt{1 - cc}$
Septuple...	$c^{VII} = 64c^7 - 112c^5 + 56c^3 - cc$	$s^{VII} = \overline{64c^6 - 80c^4 + 24c^2 - 1}\sqrt{1 - cc}$
	&c.	&c.

Dom Charles Walmesley , Bénédictin Anglois , dans son excellent Livre de l'*Analyse des Mesures* , parvient à cette même Table , mais par une méthode différente de celle qui nous y a conduits.

L I V.

REMARQUE 2. Il est bon d'observer ici, 1°. Que si on prend un angle LDB négativement, son sinus deviendra négatif sans changer de valeur, & qu'au contraire son cosinus restera positif , de sorte que sin. $- \alpha =$ $-$ sin. α & cos. $- \alpha =$ cos. α. Cette proposition, ainsi que les deux suivantes, se conçoit par la seule inspection d'une figure fort simple. Fig. 5.

2°. Que le sinus d'un angle augmenté de 360°, ou d'un multiple de la circonférence, ne change point de valeur ni de signe ; mais que s'il est augmenté de 180°, ou d'un multiple impair de 180°, ce finus deviendra négatif, auffi-bien que le cofinus , fans changer d'ailleurs de valeur. Ainfi fin. $\alpha + 180° = -$ fin. α, & cofin. $\alpha + 180° = -$ cof. α.

3°. Que fi on augmente un angle de 90°, le finus de cet angle ainfi augmenté fera égal à fon premier cofinus, & le nouveau cofinus fera égal au premier finus pris né-gativement ; d'où il fuit que fin. $\alpha + 90° =$ cof. α, & que cof. $\alpha + 90° = -$ fin. α.

L V.

Fig. 10.   COROLL. 4. Si l'arc AM eft plus grand qu'un quart de cercle , mais n'excede pas la demie circonférence , alors fon cofinus fera $- c$, & par conféquent il faut chan-ger dans la Table les fignes des termes où c fe trouve avec des dimenfions impaires.

L V I.

REMARQUE 3. Dans les équations précédentes on voit que la racine c a toujours autant de valeurs , que l'arc dont l'équation exprime le cofinus contient de fois celui dont la racine c eft le cofinus. Par exemple, c a cinq valeurs dans l'équation $c^v = 16 c^5 - 20 c^3 + 5 c$. Pour

Fig. 11.   trouver ces valeurs on décrira une circonférence $ACEA$ fur laquelle on prendra l'arc AL dont le cofinus $= c^v$, & l'arc AB qui foit la cinquieme partie de AL . Le cofinus de AB donne une des racines de l'équation ,

enfuite

enfuite en commençant au point B on divifera la circonférence en cinq parties égales BC, CD, DE, EF, FB, & les cofinus des arcs AC, AD, ADE, ADF donneront les autres valeurs de la racine c. D'où il fuit qu'en nommant C la circonférence, & A l'arc AL, l'équation $c^v = 16c^5 - 20c^3 + 5c$ donnera les cofinus des cinq arcs fuivants $\frac{A}{5}$, $\frac{C+A}{5}$, $\frac{2C+A}{5}$, $\frac{3C+A}{5}$, $\frac{4C+A}{5}$.

En voici la raifon. Le cofinus c^v de l'arc AL appartient non-feulement à cet arc AL, mais à tout autre arc terminé par les points A, L; c'eft-à-dire à l'arc $AL +$ la circonférence, à l'arc $AL +$ deux fois la circonférence, &c. Donc la racine c doit exprimer le cofinus de la cinquieme partie de chacun de ces arcs.

On voit auffi par la divifion du cercle, qu'il ne peut y avoir que ces cinq valeurs: car en procédant au-delà, on retrouveroit les mêmes racines. En effet le cofinus de $\frac{5C+A}{5}$ ou $C + \frac{A}{5}$ eft le même que le cofinus de $\frac{A}{5}$; le cofinus de $\frac{6C+A}{5}$, ou $C + \frac{C+A}{5}$ eft le même que le cofinus de $\frac{C+A}{5}$, &c.

LVII.

REMARQUE 4. Le cofinus c^v appartient non-feulement à l'arc AL, mais encore à fon complément AEL, ou $C - A$; & ce même cofinus appartient auffi à l'arc $C - A$ augmenté fucceffivement de C, $2C$, $3C$. Donc les racines c exprimeront encore les cofinus de $\frac{C-A}{5}$, $\frac{2C-A}{5}$, $\frac{3C-A}{5}$, &c. mais ces racines feront les mêmes qui ont été trouvées ci-devant. Car le cosinus de $\frac{C-A}{5}$ est le même que le cosinus de $\frac{4\,C+A}{5}$, parce que ces deux arcs ensemble font la circonférence entiere. De même le cosinus. de $\frac{2\,C-A}{5}$ est le même que celui de $\frac{3\,C+A}{5}$, &c. & ainsi de suite.

L V I I I.

Il en est de même pour toutes les autres équations aux cosinus, soit que l'arc AL soit moindre ou plus grand qu'un quart de cercle, de sorte que si λ marque le nombre des parties dans lesquelles l'arc AL est divisé, les racines de ces équations seront les cosinus des arcs $\frac{A}{\lambda}$, $\frac{C-A}{\lambda}$, $\frac{C+A}{\lambda}$, $\frac{2\,C-A}{\lambda}$, $\frac{2\,C+A}{\lambda}$, $\frac{3\,C-A}{\lambda}$, $\frac{3\,C+A}{\lambda}$, &c. & ces arcs se trouveront en divisant la circonférence en autant de parties égales que λ contient d'unités, en commençant au point B, AB étant supposé égal à $\frac{AL}{\lambda}$.

L I X.

Coroll. 5: Si on suppose dans les équations précédentes le cosinus de $AL = -1$, c'est-à-dire que l'arc AL devient égal à la demie circonférence, ou que ce cosinus $= 1$, c'est-à-dire que l'arc AL devient égal à la circonférence entiere; dans ces deux cas, en divisant la circonférence comme nous avons enseigné dans le Corollaire précédent, les arcs des divisions paires de la premiere figure seront égaux aux arcs des divisions de la seconde, en supposant que le nombre λ soit le même de part & d'autre.

Si λ eft un nombre impair dans le premier cas, & un nombre pair dans le fecond, le dernier des arcs eft marqué par $\frac{C}{\lambda}$; donc la valeur d'un des cofinus fera égal à — 1.

L X.

CoROLL. 6. En fuppofant que les quantités $a, b, h,$ k, &c. font les racines des équations aux cofinus, a fera le cofinus de $\frac{A}{5}$, b celui de $\frac{C+A}{5}$, h fera celui de $\frac{2C+A}{5}$, k celui de $\frac{3C+A}{5}$, &c. & les équations aux cofinus feront compofées du produit des quantités $c-a$, $c-b$, $c-h$, $c-k$, &c. Les principes ordinaires de l'Algebre feront aifément connoître le nombre des racines pofitives & celui des négatives; & comme les feconds termes manquent dans toutes les équations aux cofinus, il s'enfuit, comme on le fait, que la fomme des racines ou des cofinus pofitifs, eft égale à la fomme des cofinus négatifs.

L X I.

LEMME 6. Si dans un cercle quelconque $AGSO$ décrit du centre C, on tire deux diametres AS, GO perpendiculaires l'un à l'autre; qu'on prenne fur la circonférence un arc AL dont le cofinus foit nommé t, & l'arc $AB = \frac{AL}{\lambda}$; qu'on divife la circonférence, en commençant au point quelconque B, en un nombre de parties égales marqué par λ, comme BF, FI, IP, &c. fi outre cela on prend un point quelconque K, dans le diametre AS duquel on mene à tous les points de divifion les lignes

KB, KF, KI, KP, &c. je dis qu'on aura $\overline{KB}^2$ $\times$ $\overline{KF}^2 \times \overline{KI}^2 \times \overline{KP}^2 \times$ &c. $= CA^{2\lambda} - 2t \times CK^{\lambda} + CK^{2\lambda}$, si l'arc AL est moindre que AG; & $= CA^{2\lambda} + 2t \times CK^{\lambda} + CK^{2\lambda}$, si l'arc AL est plus grand que AG, mais moindre que AGS.

DÉMONST. Soit tiré le rayon BC & BN perpendiculaire au diametre AS, supposant toujours le rayon $= 1$, on nommera CK x, & a, b, h, k, &c. les cosinus des arcs AB, AF, AI, AP, &c. c'est-à-dire $\frac{A}{\lambda}$, $\frac{C+A}{\lambda}$, $\frac{2C+A}{\lambda}$, &c. & on aura $KB^2 = BN^2 + KN^2 = 1 - aa + \overline{a-x}^2 = 1 - 2ax + xx$: de même $\overline{KF}^2 = 1 - 2bx + xx$, si les arcs AB, AF sont terminés dans la demie circonférence GAO du même côté que le point K; on a aussi $KI^2 = 1 + 2hx + xx$, $KP^2 = 1 + 2kx + xx$. Supposons à présent $1 - 2ax + xx = 0$, & faisons la même supposition pour les autres valeurs, on aura $a = \frac{1+xx}{2x}$; $b = \frac{1+xx}{2x}$; $-h = \frac{1+xx}{2x}$; $-k = \frac{1+xx}{2x}$. Donc on aura généralement $c = \frac{1+xx}{2x}$. Si on transpose maintenant tous les termes des équations trouvées aux cosinus (Art. LIII.) du même côté du signe d'égalité, ensorte qu'elles deviennent $= 0$, & qu'on substitue dans ces équations la valeur de c, elles deviendront celles-ci.

$$\frac{1-2cx+xx}{2x} = 0, \qquad \frac{1-2c^{IV}x^4+x^8}{2x^4} = 0$$

$$\frac{1-2c''x^2+x^4}{2x^2} = 0 \qquad \frac{1-2c^{V}x^5+x^{10}}{2x^5} = 0$$

$$\frac{1-2c'''x^3+x^6}{2x^3} = 0 \qquad \frac{1-2c^{VI}x^6+x^{12}}{2x^6} = 0$$

$$\&c.$$

Or c, c'', c''', &c. marquent le cosinus de l'arc AL que nous avons nommé t dans ce Lemme : on aura donc cette équation générale $\dfrac{1 - 2 t x^{\lambda} + x^{2\lambda}}{2 x^{\lambda}} = 0$ lorsque AL est plus petit que AG ; & lorsque AL est plus grand que AG, $\dfrac{1 + 2 t x^{\lambda} + x^{2\lambda}}{2 x^{\lambda}} = 0$. Mais les équations aux cosinus sont composées du produit des racines $c - a = 0$, $c - b$, $c + h$, $c + k$; donc l'équation générale $\dfrac{1 \mp 2 t x^{\lambda} + x^{2\lambda}}{2 x^{\lambda}} = 0$ est aussi formée du produit des racines $\dfrac{1 + xx}{2x} - a = 0$, $\dfrac{1 + xx}{2x} - b = 0$, $\dfrac{1 + xx}{2x} + h = 0$, $\dfrac{1 + xx}{2x} + k = 0$. Donc $1 \mp 2 tx^{\lambda} + x^{2\lambda} = \overline{1 - 2ax + xx} \times \overline{1 - 2bx + xx} \times \overline{1 + 2hx + xx} \times \overline{1 + 2kx + xx}$, &c. donc enfin $AC^{2\lambda} \mp 2t \times CK^{\lambda} + CK^{2\lambda} = KB^2 \times KF^2 \times KI^2 \times KP^2$, &c.

LXII.

Coroll. Il suit de ce Lemme, qu'on peut par la seule division d'un arc de cercle en parties égales assigner tous les facteurs trinomes de $x^{2m} + p x^m + q$, qu'on voit être la même quantité que $1 + 2 t x^{\lambda} + x^{2\lambda}$ en supposant $t = \frac{p}{2}$, $q = a^{2m}$, & regardant alors a comme le rayon $= 1$. Il faut bien faire attention à ce Corollaire ; il sera d'usage dans la suite.

LXIII.

Theoreme 3. Si on divise une circonférence de cercle $ADFA$ en arcs égaux AB, BO, OD, DE, EF, &c.   Fig. 15.

dont le nombre foit égal à 2λ, & que d'un point quelconque K pris dans le diametre AF, on tire des lignes KA, KB, KO, KD, &c. à tous les points de divifion, on aura $CA^\lambda - CK^\lambda = KA \times KO \times KE \times KG$, & $CA^\lambda + CK^\lambda = KB \times KD \times KF \times KH$, &c. en prenant ainfi ces lignes alternativement.

Démonftration du Théorême de M. Cotes.
Fig. 13.
Fig. 15.

DÉMONST. 1°. Si on fuppofe $t = 1$ l'arc AL devient égal à la circonférence entiere ; par conféquent l'arc $AO = \frac{C}{\lambda}$: & fi en commençant au point O, on divife la circonférence en un nombre de parties égales defigné par λ aux points E, G, I, &c. A, le dernier point de divifion fera toujours A, & les cofinus des arcs AO, AE, AG, AI, &c. (Art. LX.) feront égaux à a, b, h, k, &c. 1 ; or on aura dans le cas préfent $1 - 2tx^\lambda + x^{2\lambda} = 1 - 2x^\lambda + x^{2\lambda}$, dont la racine quarrée eft $1 - x^\lambda$; donc on a (Lemme 6.) $1 - x^\lambda = \sqrt{1 - 2ax + xx} \times \sqrt{1 - 2bx + xx} \times \sqrt{1 + hx + xx} \times \sqrt{1 + 2kx + xx} \times \sqrt{1 - 2x + xx}$, c'eft-à-dire $CA^\lambda - CK^\lambda = KO \times KE \times KG \times KI$, &c. $\times KA$.

Fig. 12.

Fig. 15.

2°. Si on fuppofe $t = -1$, l'arc AL devient égal à la demie circonférence ; par conféquent l'arc $AB = \frac{\frac{1}{2}C}{\lambda}$: & fi du point B on divife la circonférence en un nombre de parties égales marqué par λ aux points D, F, H, &c. les cofinus des arcs AB, AD, AF, AH, &c. étant exprimés par les quantités a, b, h, k, &c. on aura dans le cas préfent $1 - 2tx^\lambda + x^{2\lambda} = 1 + 2x^\lambda + x^{2\lambda}$, dont la racine quarrée eft $1 + x^\lambda$; ce qui donne (Art. LXI.)

$1 + x^\lambda = \sqrt{1 - 2ax + xx} \times \sqrt{1 - 2bx + xx} \times \sqrt{1 + 2hx + xx} \times \sqrt{1 + 2kx + xx}$, c'est-à-dire $CA^\lambda + CK^\lambda = KB, \times KD, \times KF, \times KH.$

Donc en réunissant les deux cas de $t = 1$, & de $t = -1$, on a $CA^\lambda - CK^\lambda = KA \times KO \times KE \times KG$, &c. & $CA^\lambda + CK^\lambda = KB \times KD \times KF \times KH$.

LXIV.

REMARQUE. Le Théorême précédent est le fameux Théorême de M. Cotes. Il a été rendu plus général par M. Moivre, comme on le voit dans son Livre intitulé : *Miscellanea analytica de seriebus & quadraturis.* Ce Théorême dont l'auteur n'avoit pas donné la démonstration, a été démontré par l'illustre Jean Bernoulli, voy. Tome IV. de ses Œuvres, N°. CLX, & par M. Herman dans un Mémoire imprimé parmi ceux de l'Académie de Petersbourg, tom. VI. Au reste la maniere dont il est ici démontré, m'a paru la plus simple & la plus claire. Je l'ai tirée du Livre de Dom Charles Walmesley déja cité Art. LIII.

LXV.

COROLLAIRE I. Il n'est pas difficile d'appliquer ce Théorême à des cas particuliers, en donnant à λ telle valeur qu'on voudra. Par exemple, prenons d'abord la premiere supposition de $t = 1$, & soit $\lambda = 5$: divisant la circonférence en cinq parties égales aux points B, F, D, E, A ; on aura à cause de $KB = KE$ & de $KF =$

Application du Théorême précédent à des cas particuliers.

Fig. 13.

KD, $\overline{CA^5 - CK^5} = \overline{KB^2} \times \overline{KF^2} \times KA$; c'eft-à-dire
$1 - x^5 = \overline{1 - x} \times \overline{1 - 2ax + xx} \times \overline{1 + 2bx + xx}$.
On trouveroit de même les valeurs de $1 - x^\lambda$ en fuppo-
fant $\lambda = 6$, 7, &c.

2°. Lorfque $t = -1$, en fuppofant auffi $\lambda = 5$, on
trouvera $1 + x^5 = \overline{1 + x} \times \overline{1 - 2ax + xx} \times \overline{1 + 2bx + xx}$.

LXVI.

CorollairE 2. Il fuit du Théorême & du Corollaire
précédens, qu'on trouve aifément par la divifion d'un arc
de cercle les facteurs de $\pm x^n \pm a^n$, en fuppofant a
égal au rayon qui eft $= 1$.

CHAPITRE V.

Sur les Imaginaires.

LXVII.

Nous allons démontrer ici deux Propofitions générales
& du plus grand ufage fur les imaginaires, la premiere, que toute quantité imaginaire d'une forme quelconque peut toujours fe réduire à $A + B\sqrt{-1}$, A & B
étant des quantités réelles. La feconde, que toute racine
imaginaire d'une équation quelconque peut s'exprimer auffi
par $A + B\sqrt{-1}$.

LXVIII.

Démonftra-
tion de la pre-
miere Partie.

LEMME. Si $K + H\sqrt{-1} = L + P\sqrt{-1}$; K, H, L,
&

& P étant des quantités réelles, je dis que $K = L$ & $H = P$.

Car puisque $K - L + (H - P) \sqrt{-1} = 0$, il s'enfuit que $K - L = 0$ & $H - P = 0$; autrement soit $K - L = R$, & $H - P = S$, on auroit $R + S \sqrt{-1} = 0$, c'est-à-dire le réel R égal à l'imaginaire $- S \sqrt{-1}$, ce qui est absurde.

LXIX.

COROLLAIRE. Donc quand une quantité est égale à zéro, & qu'elle est composée de plusieurs termes, les uns réels, les autres multipliés par $\sqrt{-1}$, les deux parties sont chacune en particulier égales à zéro.

LXX.

THÉOREME I. Une quantité algébrique quelconque, composée de tant d'imaginaires qu'on voudra, peut toujours se ramener à la forme $A + B\sqrt{-1}$, A & B étant des quantités réelles quelconques.

DÉMONSTRATION. 1°. Il est évident que $a + b\sqrt{-1} \pm g + h\sqrt{-1}$ peut se ramener à la forme $A + B\sqrt{-1}$; car $a + b\sqrt{-1} \pm g + h\sqrt{-1} = a \pm g + (b \pm h)\sqrt{-1} = A + B\sqrt{-1}$, en supposant $a \pm g = A$, & $b \pm h = B$.

2°. $(a + b\sqrt{-1}) \times (g + h\sqrt{-1})$ peut se ramener à $A + B\sqrt{-1}$. Car $(a + b\sqrt{-1}) \times (g + h\sqrt{-1}) = \begin{matrix} ag + bg\sqrt{-1} \\ -bh + ah\sqrt{-1} \end{matrix}$. Donc $ag - bh = A$, & $bg + ah = B$.

3°. $A + B\sqrt{-1} = \dfrac{a + b\sqrt{-1}}{g + h\sqrt{-1}}$. Car $\dfrac{a + b\sqrt{-1}}{g + h\sqrt{-1}} = \dfrac{(a + b\sqrt{-1}) \times (g - h\sqrt{-1})}{(g + h\sqrt{-1}) \times (g - h\sqrt{-1})} = \dfrac{ag + bg\sqrt{-1} + bh - ah\sqrt{-1}}{gg + hh}$. Or dans cette quantité ainsi réduite $\frac{ag+bh}{gg+hh} = A$, & $\frac{bg-ah}{gg+hh} = B$. Donc, &c.

4°. $\overline{a+b\sqrt{-1}}^{\,g+h\sqrt{-1}} = A+B\sqrt{-1}$. Car suppofant que cela foit ainfi, on a par les logarithmes, $l\,\overline{a+b\sqrt{-1}}^{\,g+h\sqrt{-1}} = l\,(A+B\sqrt{-1})$; ou $\overline{g+h\sqrt{-1}}\,l\,(a+b\sqrt{-1}) = l\,(A+B\sqrt{-1})$. Donc en prenant les différentielles logarithmiques, faifant varier A, B & a, b, & fuppofant $g+h\sqrt{-1}$ conftante, ce qui eft permis, on a (N) $(g+h\sqrt{-1}) \times \left(\frac{da+db\sqrt{-1}}{a+b\sqrt{-1}}\right) = \frac{dA+dB\sqrt{-1}}{A+B\sqrt{-1}}$. De plus on a $(g+h\sqrt{-1}) \times \left(\frac{da+db\sqrt{-1}}{a+b\sqrt{-1}}\right) = (g+h\sqrt{-1}) \times \frac{(da+db\sqrt{-1}) \cdot (a-b\sqrt{-1})}{(a+b\sqrt{-1}) \cdot (a-b\sqrt{-1})} = $ en mettant d'une part tout ce qui eft réel, & de l'autre tout ce qui eft imaginaire $= \frac{gada+gbdb-ahdb+bhda}{aa+bb} + \frac{(hada+hbdb+gadb-gbda)\sqrt{-1}}{aa+bb}$. Faifant la même opération fur le fecond membre de l'équation (N), nous avons $\frac{dA+dB\sqrt{-1}}{A+B\sqrt{-1}} = \frac{(dA+dB\sqrt{-1}) \cdot (A-B\sqrt{-1})}{(A+B\sqrt{-1}) \cdot (A-B\sqrt{-1})} = \frac{AdA+BdB}{AA+BB} * \frac{(AdB-BdA)\sqrt{-1}}{AA+BB}$, donc

$$\frac{gada+gbdb-ahdb+bhda+(hada+hbdb+gadb-gbda)\sqrt{-1}}{aa+bb}$$
$$= \frac{AdA+BdB+(AdB-BdA)\sqrt{-1}}{AA+BB}.$$

Or il faut (Art. LXVIII.) que la partie réelle du premier membre foit égale à la partie réelle du fecond, & la partie imaginaire, à la partie imaginaire. Nous aurons donc les deux équations fuivantes,

(O) $\frac{gada+gbdb-ahdb+bhda}{aa+bb} = \frac{AdA+BdB}{AA+BB}$: & (P) $\frac{(hada+hbdb+gadb-gbda)\sqrt{-1}}{aa+bb} = \frac{(AdB-BdA)\sqrt{-1}}{AA+BB}$.

Donc (Q) $\frac{AdA+BdB}{AA+BB} = g \times \left\{\frac{ada+bdb}{aa+bb}\right\} - h \times$

$\left\{\dfrac{adb-bda}{aa+bb}\right\}$. Or $\int \dfrac{AdA+BdB}{AA+BB} = l\sqrt{AA+BB}$,
comme il est aisé de le prouver en différentiant le second
membre de cette équation. De même $\int g \times \left\{\dfrac{ada+bdb}{aa+bb}\right\}$
$= g\, l\sqrt{aa+bb} = l\sqrt{aa+bb}^{\,g}$; & $\int -h \times \left\{\dfrac{adb-bda}{aa+bb}\right\}$
(en multipliant par 1, ou par $lc = 1$) $= -h\int \left\{\dfrac{adb-bda}{aa+bb}\right\}$
$\times lc = lc^{\;-h\int\left\{\frac{adb-bda}{aa+bb}\right\}}$. Donc en rapprochant les
deux membres de l'équation (Q) ainsi intégrés, on a
$$l\sqrt{AA+BB} = l\sqrt{aa+bb}^{\,g} + lc^{\;-h\int\left\{\frac{adb-bda}{aa+bb}\right\}} ;$$
donc repassant des logarithmes aux nombres, on a
$$\sqrt{AA+BB} = \sqrt{aa+bb}^{\,g} \times c^{\;-h\int\left\{\frac{adb-bda}{aa+bb}\right\}} .$$

Faisons à présent la même opération sur l'équation (P),
que nous venons de faire sur l'équation (O) ; cette équation (P) devient en divisant par $\sqrt{-1}$ de part & d'au-
tre & réduisant (R) $\dfrac{AdB-BdA}{AA+BB} = h \times \left\{\dfrac{ada+bdb}{aa+bb}\right\} +$
$g \times \left\{\dfrac{adb-bda}{aa+bb}\right\}$. Mais $\int \left\{\dfrac{AdB-BdA}{AA+BB}\right\} = $ (corol. Art.
XLIII.) un angle dont la tangente est $\dfrac{B}{A}$; $\int h \times \left\{\dfrac{ada-bdb}{aa+bb}\right\}$
$= h\, l\sqrt{aa+bb}$, & $\int g \times \left\{\dfrac{adb-bda}{aa+bb}\right\} = g$ multiplié
par un angle dont la tangente est $\dfrac{b}{a}$. Donc en rappro-
chant les deux membres ainsi intégrés de l'équation (R)
on a (S) $\int \left\{\dfrac{AdB-BdA}{AA+BB}\right\} = h\, l\sqrt{aa+bb} + g \times$
$\int \left\{\dfrac{adb-bda}{aa+bb}\right\}$. D'autre part nous avons trouvé plus haut
$$\sqrt{AA+BB} = (aa+bb)^{\frac{g}{a}} \times c^{\;-h\int\left\{\frac{adb-bda}{aa+bb}\right\}} ;$$
nous savons aussi que $\int \left\{\dfrac{AdB-BdA}{AA+BB}\right\}$ & $\int \left\{\dfrac{adb-bda}{aa+bb}\right\}$
sont des expressions d'angles dont les tangentes sont $\dfrac{B}{A}$ &
$\dfrac{b}{a}$. Donc parce que (Art. XL.) la tangente d'un angle est

le sinus de cet angle divisé par son cosinus, B est le sinus,
& A le cosinus d'un angle dont la valeur est $h\,l\,\sqrt{aa+bb}$
$+\,g\,\times\int\left\{\frac{adb-bda}{aa+bb}\right\}$, & dont le rayon $\sqrt{AA+BB}$
est $=(aa+bb)^{\frac{g}{2}}\times c^{-h\int\left\{\frac{adb-bda}{aa+bb}\right\}}$. Dans cette expression $c^{-h\int\left\{\frac{adb-bda}{aa+bb}\right\}}$ (Art. xxx.) est l'ordonnée d'une
logarithmique dont la sous-tangente $=1$, & dont l'ab-
scisse négative $=-h\int\left\{\frac{adb-bda}{aa+bb}\right\}$, c'est-à-dire que
cette ordonnée est plus petite que l'unité.

Donc enfin $\left(a+b\sqrt{-1}\right)^{g+h\sqrt{-1}}$ peut se ramener
à $A+B\sqrt{-1}$, puisque pour avoir A & B il ne faut
que prendre un cercle dont le rayon soit égal à la valeur
trouvée & toute réelle de $\sqrt{AA+BB}$; & prendre sur
la circonférence de ce cercle un angle égal à la valeur
aussi trouvée de $\int\left\{\frac{AdB-BdA}{AA+BB}\right\}$; $\frac{B}{A}$ sera la tangente de
cet angle; B en sera le sinus, & A le cosinus. Donc, &c.

On sait donc réduire à la forme $A+B\sqrt{-1}$, A & B
étant réels.

$1^{\circ}.\ a+b\sqrt{-1}\ \pm\ g\pm h\sqrt{-1}$

$2^{\circ}.\ (a+b\sqrt{-1})\times(g+h\sqrt{-1})$

$3^{\circ}.\ \dfrac{a+b\sqrt{-1}}{g+h\sqrt{-1}}$

$4^{\circ}.\ \overline{a+b\sqrt{-1}}^{\,g+h\sqrt{-1}}$

Donc une quantité algébrique quelconque composée
de tant d'imaginaires qu'on voudra, peut toujours se ramener à $A+B\sqrt{-1}$, A & B étant réels. *C. Q. F. P.*

L X X I.

Par le moyen du Théorême précédent il sera toujours

facile de réduire à la forme $A + B \sqrt{-1}$ une quantité composée de tant & de telle forte d'imaginaires qu'on voudra. Car en allant de la droite vers la gauche on fera évanouir l'un après l'autre tous les radicaux excepté un feul. La quantité fe ramenera donc à $A + B \sqrt{-1}$.

Conféquence
du Théorème
précédent.

LXXII.

Lorfque le figne radical fera différent de $\sqrt{-1}$, il n'y aura pas pour cela de difficulté : car $\sqrt[4]{-1} = (\sqrt{-1})^{\frac{1}{2}}$; $\sqrt[6]{-1} = (\sqrt{-1})^{\frac{1}{3}}$, &c. Après cette petite obfervation il eft aifé d'appliquer notre formule à quelque exemple que ce foit.

Application
à quelques e-
xemples.

Ainfi nous ramenerons facilement $\sqrt[2m]{-c}$, à la forme $A + B\sqrt{-1}$. Car $\sqrt[2m]{-c} = \sqrt[m]{\sqrt[2]{-c}} = \sqrt[m]{\sqrt{c}} \times \sqrt{-1} = c^{\frac{1}{2m}} \times \sqrt[2m]{-1} = (c^{\frac{1}{2}} \sqrt{-1})^{\frac{1}{m}}$. Or en comparant cette quantité ainfi réduite avec $\overline{a + b \sqrt{-1}}^{\,g + h\sqrt{-1}}$, on voit que,

$$h = 0$$
$$g = \tfrac{1}{m}$$
$$c^{\frac{1}{2}} = b$$
$$a = 0$$
$$c = aa + bb$$
$$\tfrac{b}{a} = \infty$$

la tangente $\ldots\ldots\ldots\ldots\ldots$

donc l'angle $\int \left\{ \frac{a\,db - b\,da}{aa + bb} \right\}$ fera droit. Il s'enfuit donc de là que B & A font les finus & cofinus d'un angle dont le rayon $= c^{\frac{1}{2m}}$, & qui eft à l'angle droit, ou à 5, ou à 9, ou à 13, &c. angles droits, comme $\frac{1}{m}$ eft à 1.

LXXIII.

De même $\overline{a+b\sqrt{-1}}^{\,g}$ rentre dans le cas précédent en faisant $h=0$. Cette quantité peut donc être supposée $= A+B\sqrt{-1}$, en prenant B & A pour les sinus & cosinus d'un angle dont le rayon $= (aa+bb)^{\frac{g}{2}}$, & qui soit à l'angle dont b & a sont les sinus & cosinus, comme g est à 1. Donc si $g=\frac{1}{n}$, n étant un nombre entier quelconque, il y aura un nombre n de quantités telles que $A+B\sqrt{-1}$, qui étant élevées à la puissance n rendront $a+b\sqrt{-1}$. Car il y a un nombre n d'angles différens dont b & a sont les sinus & cosinus, savoir A, $C+A$, $2C+A$, &c.

LXXIV.

Soit encore proposé de mettre $\sqrt[6]{\dfrac{a+b\sqrt{-1}}{g+h\sqrt{-1}}} \cdot (m+n\sqrt[6]{-1})$ $\times \left\{ \dfrac{k+q\sqrt{-1}}{r+s\sqrt{-1}} \right\}$ sous la forme $A+B\sqrt{-1}$. En allant de la droite vers la gauche, je commence par $r+s\sqrt{-1}$ que je mets sous la forme suivante $r+s\sqrt{-1}^{\frac{1}{t}}$. Cette quantité sous cette forme se rapporte à $\overline{a+b\sqrt{-1}}^{\,g+h\sqrt{-1}}$ dans laquelle $a=r$, $h=0$, $b=s$, $g=\frac{1}{t}$: or nous venons de démontrer que cette derniere imaginaire se ramenoit à $A+B\sqrt{-1}$. Donc, &c. J'opere de même sur $k+q\sqrt{-1} = k+q\sqrt{-1}^{\frac{1}{2}} = $ par la même raison que la précédente $A+B\sqrt{-1}$. Ce membre devient donc $\dfrac{a'+b'\sqrt{-1}}{a''+b''\sqrt{-1}}$ quantité qui se rapporte à $\dfrac{a+b\sqrt{-1}}{g+h\sqrt{-1}}$ que nous avons vu se ramener à $A + B\sqrt{-1}$ (Art. LXX. N°. 3.)

Nous avons donc déja $\sqrt[6]{\dfrac{a + b\sqrt{-1}}{g + h\sqrt{-1}}} \cdot (m + n\sqrt[6]{-1}) \times$

$(\alpha + \mathfrak{c}\sqrt{-1})$. De même $m + n\sqrt[6]{-1} = \overline{m + n\sqrt{-1}}^{\frac{1}{3}}$, & $a + b\sqrt{-1} = \overline{a + b\sqrt{-1}}^{\frac{1}{2}}$, & $g + h\sqrt{-1} = \overline{g + h\sqrt{-1}}^{\frac{1}{4}}$. On aura donc en faisant les mêmes raisonnemens que ci-dessus $(p + q\sqrt{-1}) \times \overline{(m' + n'\sqrt{-1}}^{\frac{1}{6}} = (p' + q'\sqrt{-1})^{\frac{1}{6}}$: or cette quantité se rapporte à $\overline{a + b\sqrt{-1}}^{g + h\sqrt{-1}}$ dans laquelle

$$a = p'$$
$$b = q'$$
$$g = \tfrac{1}{6}$$
$$h = 0$$

Donc ce premier membre se ramene aussi à $\alpha' + \mathfrak{c}'\sqrt{-1}$: on aura donc $(\alpha' + \mathfrak{c}'\sqrt{-1}) \cdot (\alpha + \mathfrak{c}\sqrt{-1})$. Or nous avons vu (Art. LXX. N°. 2.) que $(a + b\sqrt{-1}) \cdot (g + h\sqrt{-1})$ se ramenoit à $A + B\sqrt{-1}$: donc la proposée entière se ramenera à $A + B\sqrt{-1}$.

L X X V.

La seconde proposition, savoir que toute racine imaginaire d'une équation quelconque peut s'exprimer par $A + B\sqrt{-1}$, paroît une suite nécessaire de la premiere; cependant elle a besoin d'une preuve particuliere. Car quoique nous ayons démontré que toute quantité imaginaire peut se réduire à $A + B\sqrt{-1}$, on pourroit douter qu'il en fût de même des racines imaginaires des équa-

Démonstration de la seconde Partie.

tions, parce qu'on pouroit croire que du moins dans certains cas ces racines n'auroient aucune expreſſion analytique poſſible. Mais les Théorêmes ſuivans ne laiſſeront aucune difficulté ſur cette ſeconde propoſition.

L X X V I.

Lemmes préparatoires à cette démonſtration.

Lemme 1. Dans une courbe dont z & u ſont les coordonnées, on peut ſuppoſer $z = D u^{k} + C u^{k+p}$, &c. u étant fort petite, quoique finie; & dans ce cas u étant ſoit poſitive, ſoit négative, cette ſerie repreſentera la valeur de z.

Démonst. Soit $z^{m} + b z^{m-1} u + \ldots + K z + g u + F = 0$, l'équation de la courbe : je dis d'abord qu'on aura aiſément la valeur de z en u, lorſque u eſt fort petite. Car ayant diſpoſé cette équation ſur le Parallelograme de M. Newton, ou ſur le Triangle analytique de M. l'Abbé de Gua, de la maniere enſeignée par M. Cramer (Analyſe des lignes courbes, Chap. III. p. 54.) on trouvera chaque terme de l'équation de z en u l'un après l'autre, & on aura $z = D u^{k} + C u^{k+p} + $, &c. Cela poſé, je dis que ſi u eſt fort petite, cette ſerie repreſentera la valeur de z, ſoit que u ſoit poſitive, ſoit que u ſoit négative.

Car 1°. lorſque u eſt poſitive & fort petite, il eſt évident que la valeur de z en u ſera une ſuite extrêmement convergente, dont les termes commencent, au moins à une certaine diſtance du premier, à ne contenir que des

puiſſances

puiſſance poſitives de u ; autrement elles n'iroient pas en augmentant, ce qui feroit contre la fuppofition & contre la maniere dont la ferie a été formée. Donc ſi on fubſtitue à la place de z fa valeur en u dans l'équation de la courbe, plus la valeur fubſtituée de z aura de termes, plus les puiſſances de u feront hautes dans les termes qui refteront après avoir effacé ceux qui fe détruifent ; & ainſi le réfultat de la fubſtitution approchera d'autant plus d'être nul, qu'on prendra plus de termes pour la valeur de z. Donc u étant poſitive & très-petite, quoique finie, la ſerie $z = Du^k + Cu^{k+l} +$, &c. repréfentera d'autant plus exactement la valeur de z, qu'on y prendra plus de termes, & pourra en approcher d'auſſi près qu'on voudra. Donc cette ferie exprime la valeur de z.

2°. Il en fera de même, ſi en faifant u négative dans l'équation de la courbe, on y fubſtitue la valeur de z répondante à u négative. Car plus cette valeur fubſtituée aura de termes, plus les puiſſances de $-u$ feront hautes dans les termes reſtans après la fubſtitution. Or ſi on cherche une quantité $A + B\sqrt{-1} = (-Du)^k$, k exprime un expoſant fractionnaire d'un degré pair, on trouvera facilement (Art. LXXII.) que A & B font des quantités réelles du même nombre de dimenſions que Du^k. Donc ſi on fubſtitue dans ces termes reſtans, à la place des puiſſances de $-u$, leurs valeurs $A + B\sqrt{-1}$, & qu'on partage le réfultat en deux quantités féparées, l'une toute réelle, & l'autre multipliée par $\sqrt{-1}$; chacune

G

de ces quantités sera d'autant plus petite , & approchera d'autant plus de zéro , que l'on prendra plus de termes pour la valeur de z. Donc u étant négative & très-petite, quoique finie, la serie qui exprime la valeur de z répondante à — u est d'autant plus exacte qu'on y prend plus de termes. Donc cette serie est la vraie valeur de z , quoiqu'imaginaire.

Or tous les termes réels de la serie précédente peuvent se représenter par une quantité finie & réelle M; & chacun des termes imaginaires, selon ce qui a été dit plus haut, peut se représenter par $G + H\sqrt{-1}$, G & H étant des quantités réelles. Donc la somme des termes réels & des termes imaginaires, c'est-à-dire la serie entiere que donne u négative, peut se représenter par $A + B\sqrt{-1}$.

LXXVII.

Corollaire. Donc on peut toujours supposer à u prise négativement quelque valeur finie , telle que z soit $= A + B\sqrt{-1}$.

LXXVIII.

Scholie. Nous remarquerons ici en passant que lorsque u est infiniment petite, il ne suffit pas, comme quelques Auteurs l'ont cru , de prendre un seul terme de la serie pour exprimer la valeur de z. Car soit, par exemple, $z = u^2 + \sqrt{u^5}$ l'équation d'une courbe , il est visible que u étant négative, z est imaginaire, parce que $\sqrt{u^5}$ est imaginaire; mais si on négligeoit absolument le terme

$\sqrt{\overline{u^5}}$, u étant infiniment petite, on auroit $z = u^2$, & par conséquent on trouveroit z réelle, u étant négative, ce qui n'est pas. M. d'Alembert est le premier qui ait fait cette importante remarque dans les Mém. de l'Acad. de Berlin 1746, & qui ait par là invinciblement établi l'existence des points de rebroussement de la seconde espece que d'habiles Géometres avoient contestée. Mrs Cramer & Euler ont depuis traité la même matiere; l'un dans son Introduction à l'Analyse des lignes courbes, l'autre dans les Mém. Acad. de Berlin 1749.

LXXIX.

LEMME 2. Soit a la valeur de l'abscisse dans une courbe géométrique; lorsque l'ordonnée passe du réel à l'imaginaire, on pourra toujours supposer à l'abscisse une valeur $a + b$, telle que l'ordonnée correspondante soit $A + B \sqrt{-1}$; b étant une quantité qui peut être très-petite, mais toujours finie.

DÉMONST. Soit $x^m + h x^{m-1} y \ldots + y + K = 0$ Fig. 16

l'équation d'une courbe TV, soit $\ldots\ldots AP = y$

$$PM = x$$

soit aussi T le point où les ordonnées deviennent imaginaires, & soient $\ldots\ldots\ldots\ldots\ldots TV = u$

$$AS = a$$
$$ST = b$$
$$MV = z$$

On aura $AS - AP = PS = TV = u$, & $b - x = z$;

G ij

donc l'équation de la courbe rapportée aux coordonnées TV, VM, sera $z^m + B z^{m-1} + \ldots\ldots + K z + g a + F = 0$. Donc faisant TV, u, négative & très-petite, s'il est nécessaire, par exemple $= TO$, l'ordonnée au point O sera $= A + B \sqrt{-1}$; donc l'ordonnée au point L sera $= \mathcal{C} + A + B \sqrt{-1}$. Car en transportant l'axe TV en AS, on ne fait qu'augmenter de la quantité constante & réelle $ST = \mathcal{C}$, toutes les ordonnées MV de la courbe, soit réelles, soit imaginaires : or les ordonnées imaginaires qui répondent à TO négative & finie, mais très-petite, s'il est nécessaire, peuvent être supposées $= A + B \sqrt{-1}$. (Art. LXXVII.). Donc les ordonnées imaginaires répondantes à AL sont $ST + A + B \sqrt{-1}$. Donc depuis le point S au moins jusqu'à une certaine distance finie L, les ordonnées peuvent être représentées par $G + H \sqrt{-1}$.

Donc en général dans toute courbe, AP étant $= q$, & $PM = p$, si S est le point, où p cesse d'être réelle, passé ce point, au moins jusqu'à une certaine distance L, on pourra supposer $p = k + i \sqrt{-1}$.

LXXX.

Seconde propofition démontrée.

Toute racine imaginaire d'une équation quelconque peut se repréfenter par $A + B\sqrt{-1}$.

THÉOREME 2. Soit un multinome quelconque $x^m + h x^{m-1} + l x^{m-2} + \ldots\ldots + f x + g = 0$, tel qu'il n'y ait aucune quantité réelle qui substituée à la place de x fasse évanouir tous les termes, je dis qu'il y aura toujours une quantité $m + n \sqrt{-1}$ à substituer à la place de x qui rendra ce multinome $= 0$, m & n étant des quantités réelles.

DÉMONST. A la place du dernier terme g de cette   Fig. 17.
équation, soit mise une indéterminée y, enforte que
$x^m + hx^{m-1} \ldots + y = 0$ soit l'équation d'une courbe
MT dans laquelle l'abfciffe AP (y) peut toujours être
fuppofée réelle, & dans laquelle la valeur de x en y fera
ou réelle ou imaginaire. Soit fait $x = p + q\sqrt{-1}$, p & q
étant des indéterminées quelconques réelles ou imaginaires, & d'une forme tout-à-fait inconnue, on aura en fubftituant cette valeur de x une équation qui contiendra trois
indéterminées p, q, y : on pourra donc changer & féparer
l'équation précédente en deux autres quelconques à volonté ; pour plus de commodité, je la fépare en deux autres,
dont l'une renferme tous les termes où ne fe trouve point
$\sqrt{-1}$, & l'autre tous ceux où $\sqrt{-1}$ fe trouve ; & cette
derniere étant divifée par $\sqrt{-1}$, on aura les deux équations fuivantes ; $p^m + rp^{m-2}q^2 + \ldots + y = 0$, &
$q^{m-1} + \ldots + \gamma = 0$. Or ces deux équations peuvent fe changer en deux autres, dont l'une renferme y & p,
& l'autre y & q. Nous enfeignerons plus bas (Art. LXXXVIII.)
d'après les Auteurs d'Algebre comment fe fait cette opération ; mais il nous fuffit à préfent qu'on puiffe la faire, &
la fuppofer faite. Cela pofé, je dis que p & q auront toujours quelque valeur réelle.

Car 1°. il eft évident que depuis S jufqu'en L, p & q
auront une valeur réelle, puifque (Lemme précédent),
depuis S jufqu'en L, on a $x = A + B\sqrt{-1}$: donc $p = A$,
& $q = B$.

2°. Suppofons que paffé le point L, p & q ceffent d'avoir des valeurs réelles, dans ce cas on aura (Art. lxxix.) depuis L jufqu'à une certaine diftance K, par exemple, $p = k + i \sqrt{-1}$, & $q = g + h \sqrt{-1}$. Donc $x = k + g + (i + h)\sqrt{-1}$: donc $p = k + g$ & $q = i + h$; donc la fuppofition qu'on avoit faite que p & q ceffoient d'avoir des valeurs réelles en L, eft une fuppofition fauffe.

En continuant le même raifonnement, on trouvera que par-delà le point L & tout le long de la ligne SQ, p & q feront réelles. Donc quelque valeur qu'on fuppofe à y, la valeur imaginaire correfpondante de x fera $= p + q \sqrt{-1}$; donc fi $y = g$, la valeur correfpondante de x fera $m + n \sqrt{-1}$, m & n étant réelles. Donc fi $x^m + h x^{m-1} \ldots\ldots + g = 0$ a une racine imaginaire, cette racine fera $= m + n \sqrt{-1}$. *C. Q. F. D.*

Corollaire. Donc $x^m + h x^{m-1} + \ldots\ldots + g = 0$ pourra être divifé par $x - m - n \sqrt{-1}$. Car en faifant la divifion, il eft toujours poffible de parvenir à un refte r dans lequel il n'y ait plus de x, puifque x ne monte qu'au premier degré dans le divifeur $x - m - n \sqrt{-1}$; & fi on nomme Q le quotient, il eft évident que $Q x - Q m - Q n \sqrt{-1} + r = 0$ fera une quantité égale & identique au multinome propofé. Donc fubftituant dans cette quantité $m + n \sqrt{-1}$ à la place de x, le réfultat doit être $= 0$; donc $Q m + Q n \sqrt{-1} - Q m - Q n \sqrt{-1} + r = 0$, donc $r = 0$; or r ne contient point x; donc fi $r = 0$, c'eft parce que réellement la divifion s'eft faite fans refte.

LXXXI.

Théoreme 3. Si un multinome tel que celui du Théorême précédent peut se diviser par $m + n \sqrt{-1}$, il aura en même temps pour diviseur exact $m - n \sqrt{-1}$.

Démonst. Ce Théorême sera prouvé, si on fait voir que $m + n \sqrt{-1}$ substituée à la place de x, faisant évanouir tous les termes du multinome, il en sera de même de $m - n \sqrt{-1}$.

Pour le démontrer & rendre la démonstration plus sensible, soit l'équation $x^2 + hx + g = 0$ que je suppose avoir pour diviseur exact, ou pour racine $m + n \sqrt{-1}$, en substituant pour x sa valeur $m + n \sqrt{-1}$, il viendra $mm + 2mn\sqrt{-1} - nn + hm + hn\sqrt{-1} + g = 0$. Cette équation sous cette forme a, comme on voit, deux parties, l'une composée de termes réels, savoir $mm + hm - nn + g$, l'autre composée de termes tous imaginaires $2mn\sqrt{-1} + hn\sqrt{-1}$: de plus chacune de ces parties est $= 0$ (Art. LXIX.) On voit aussi que dans la partie formée de termes tous réels, il n'y a que des puissances paires de n, & dans la partie formée de termes imaginaires, toutes les puissances de n sont impaires, & de plus cette seconde équation contient $n\sqrt{-1}$ à tous ses termes : par conséquent on la peut diviser par $n\sqrt{-1}$. Or le quotient de cette division ne contiendra que des puissances paires de n, ainsi que la premiere partie. Donc on auroit également ces deux équations, en substituant $- n$ au lieu de $+ n$. Donc on y parviendroit de même en substituant pour x, $m - n \sqrt{-1}$ au lieu de $m + n \sqrt{-1}$. Donc si le multinome est divisible par $m + n \sqrt{-1}$, il l'est en même temps par $m - n \sqrt{-1}$. C. Q. F. P.

LXXXII.

Toute équation ayant des racines imaginaires est réductible en facteurs trinomes réels.

COROLLAIRE. Donc les mêmes choses étant supposées que dans les Théorêmes précédens, le multinome pourra toujours se diviser en facteurs trinomes réels $xx + fx + g$, $xx + lx + i$, dont les coefficiens seront réels. Car puisque ce multinome peut se diviser par $x - m - n \sqrt{-1}$ & $x - m + n \sqrt{-1}$, il pourra aussi se diviser par leur produit $xx - 2mx + mm + nn$ qui est un facteur tout réel ; & faisant sur le quotient qui en proviendra les mêmes raisonnemens qu'on a faits sur le multinome, on prouvera qu'il peut aussi se diviser par un facteur trinome réel, & ainsi de suite.

LXXXIII.

SCHOLIE. Jusqu'à présent on n'avoit encore démontré la proposition générale du Corollaire précédent que pour les seuls cas suivants : 1°. pour les cas de $x^{2\lambda} + 2tx^{\lambda} + r$, & pour celui de $x^n \pm a^n$ qui revient au cas de $1 \pm x^{\lambda}$ en supposant $a = 1$, cas dont nous avons parlé (Art. LXII. & LXVI.) 2°. Pour le cas où le multinome est du 3e. degré, ou du 4e. ou du 5e. En effet lorsque le multinome est 1°. du 3e. degré, on sait, & nous le démontrerons plus bas (Art. LXXXV.) pour une équation impaire d'un degré quelconque, on sait, dis-je, que ce multinome a au moins

un

un facteur réel. Soit ce facteur $x + a$, en divifant le multinome par ce facteur, on aura l'autre facteur $xx + px + q$
dont les coefficiens feront réels. 2°. Si le multinome eft
du 4°. degré $x^4 + bx^3 + cx^2 + ex + q$, ou plutôt en
faifant évanouir le fecond terme $x^4 + qxx + rx + s$,
fuppofons qu'on prenne $xx + ex + f$, $xx - ex + g$
pour les deux facteurs, on trouvera (Arith. univerf. p. 210.)

$$e^6 + 2qe^4 + qqee - rr = 0$$
$$- 4see$$

$$f = \frac{q + ee - \frac{r}{e}}{2}$$

$$g = \frac{q + ee + \frac{r}{e}}{2}$$

Or l'équation $e^6 + 2qe^4$, &c. étant une équation du 3°
degré dont ee eft l'inconnue, aura au moins une racine
réelle, & le figne $-$ du dernier terme fait connoître
(Art. LXXXVI.) que cette racine réelle fera pofitive. Donc
e aura pour le moins deux racines réelles, l'une pofitive
& l'autre négative. Donc puifqu'on a une valeur de f & de g
en e, les quantités f & g feront auffi réelles. Donc dans
$xx + ex + f$, $xx - ex + g$, les coefficiens e, f, g
feront des quantités réelles.

3°. Enfin lorfque le multinome eft du 5° degré, comme
il y a fûrement un facteur réel $x + a$, l'autre facteur fera
du 4° degré, ce qui revient au cas précédent.

H

LXXXIV.

D'où est tirée la théorie précédente.

Avertissement. La théorie précédente sur les imaginaires est tirée d'un Mémoire de M. d'Alembert qui se trouve dans le second volume des Mémoires de l'Académie de Berlin, année 1746. J'ai étendu ses démonstrations, & je leur ai donné la forme que j'ai cru la plus propre pour les mettre à la portée de tout le monde. M. Euler dans les Mémoires de l'Académie de Berlin 1749. a traité la même matiere des racines imaginaires des équations par une méthode différente, mais plus longue. Il y a joint une méthode pour changer les quantités imaginaires en $A + B\sqrt{-1}$ qui est la même que celle de M. d'Alembert.

CHAPITRE VI.

Démonstration de quelques Propositions supposées plus haut, & d'autres nécessaires dans ce Traité.

LXXXV.

Toute équation d'un degré impair a au moins une racine réelle.

Théoreme. DAns une équation quelconque d'un degré impair il y a toujours au moins une racine réelle.

Démonst. Soit l'équation $x^{2m+1} + A x^{2m} + \ldots\ldots + q = 0$, m est un nombre entier pair. Au lieu de faire le premier membre de cette équation égal à zéro, je le suppose $= y$; $x^{2m+1} + A x^{2m} + q = y$ sera l'équation

d'une courbe dans laquelle le point où $y = 0$, donnera
la valeur de x. Cela pofé, foit la ligne ABK l'axe de
cette courbe, le point K l'origine des x. Il faut prouver
que la courbe coupera fon axe en un point : car alors il
y aura néceffairement une valeur de x réelle, au point
où $y = 0$. Or fuppofons x pofitive & infinie, y le fera
auffi, puifqu'elle fera alors $= x^{2m+1}$, & la courbe paf-
fera par l'extrémité de l'ordonnée PM. Si nous faifons
à préfent x négative & infinie, y fera infinie $=$
$-x^{2m+1}$, c'eft-à-dire négative. Donc y après avoir été
pofitive & infinie, lorfque $x = \infty$, fera négative & infinie, lorfque x fera négative & infinie. Or la courbe pBP
eft continue, puifqu'à chaque valeur de x répond une
valeur de y. Donc la courbe coupera néceffairement fon
axe en quelque point B pour paffer du pofitif au négatif
pA. Donc l'équation a au moins une valeur réelle.

Fig. 18.

LXXXVI.

CoROLL. 1. On démontrera de la même maniere
cette propofition connue dans tous les livres d'Algebre,
mais qui y eft autrement prouvée, & fouvent affez mal ;
que toute équation d'un degré impair dont le dernier terme
eft affecté du figne —, a au moins une racine pofitive.

LXXXVII.

CoROLL. 2. Par le moyen du Théorême précédent, &
des deux derniers Théorêmes du Chapitre V. on peut dé-

Les racines
imaginaires
vont toujours
en nombre
pair.

H ij

montrer que les imaginaires vont toujours en nombre pair; proposition d'un très-grand usage, mais encore assez mal prouvée dans tous les livres d'Algebre.

LXXXVIII.

Solution de quelques problèmes né-cessaires.

PROBLEME I. Deux équations qui renferment deux indéterminées A & B étant données, les réduire à deux autres, dont l'une ne contienne que A, & l'autre ne contienne que B, avec des constantes quelconques.

SOLUTION. Soient ordonnées ces équations par rapport à A, il est évident qu'elles fourniront chacune une ou plusieurs valeurs de A en B & en constantes. Or parmi les valeurs de A en B que fournissent la premiere & la seconde équations, il y en doit avoir au moins quelques-unes de communes, puisque les deux équations sont supposées avoir lieu à la fois : par conséquent ces deux équations doivent avoir quelques diviseurs communs. Je cherche donc leur plus grand commun diviseur, ce que je fais de la maniere enseignée dans tous les livres d'Algebre. Je pousse la division jusqu'à ce que je sois parvenu à un reste qui ne contienne plus d'A. Je fais ce reste $= 0$, ce qui doit être pour qu'il y ait un commun diviseur : de là je tire une équation en B. J'ordonne ensuite les deux équations par rapport à B, & je fais les mêmes raisonnemens & les mêmes opérations pour avoir une équation en A.

LXXXIX.

PROBLEME 2. Trouver la valeur de x dans une équation quelconque en suppofant qu'elle a des racines imaginaires.

SOLUTION. 1°. Soit cette équation $x^m + p x^{m-1} + q x^{m-2} \ldots \ldots + r = 0$. D'abord fi cette équation a des racines réelles, je les trouve par une conftruction géométrique. Suppofons que ces valeurs foient $a, b, c, $ &c. je divife l'équation par $x - a$, $x - b$, $x - c$, &c. & je parviens à un refte qui ne contient plus que des racines imaginaires. Dans ce cas nous avons démontré (Art. LXXX.) qu'on peut toujours fuppofer $x = A + B \sqrt{-1}$. Je mets dans l'équation à la place de x fa valeur $A + B \sqrt{-1}$; il me viendra deux parties, l'une toute réelle , & l'autre toute imaginaire , toutes deux néceffairement égales à zéro chacune en particulier (Art. LXIX.) . Je divife la partie imaginaire par $\sqrt{-1}$ qui eft à tous fes termes : j'aurai alors deux équations qui ne contiendront plus d'imaginaires, & qui auront deux inconnues A & B que je trouverai par le problême précédent.

2°. Quoique les racines foient imaginaires , l'équation eft toujours divifible par un facteur trinome $x x + p x + q$, p & q étant réelles (Art. LXXXII.). Soit donc faite la divifion à la maniere ordinaire, on arrivera à un refte où x ne fe trouvera plus qu'au premier degré. Soit $R x + S$ ce refte, il doit être égal à zéro, & cette égalité à zéro ne doit point dépendre de la valeur de x, puisque quelle que soit x, le multinome $x^{m} \ldots \ldots + r$ est toujours divisible par $xx + px + q$. Donc l'égalité à zéro ne viendra point de ce que x sera $= -\frac{S}{R}$, mais de ce qu'on aura en particulier $R = 0$, & $S = 0$. Or les quantités S & R ne contiennent plus que p & q avec des constantes ; on aura donc deux équations qu'on réduira l'une en p, & l'autre en q, dans lesquelles équations p & q auront au moins quelques valeurs réelles, qu'on trouvera alors comme à l'ordinaire.

FIN DE L'INTRODUCTION.

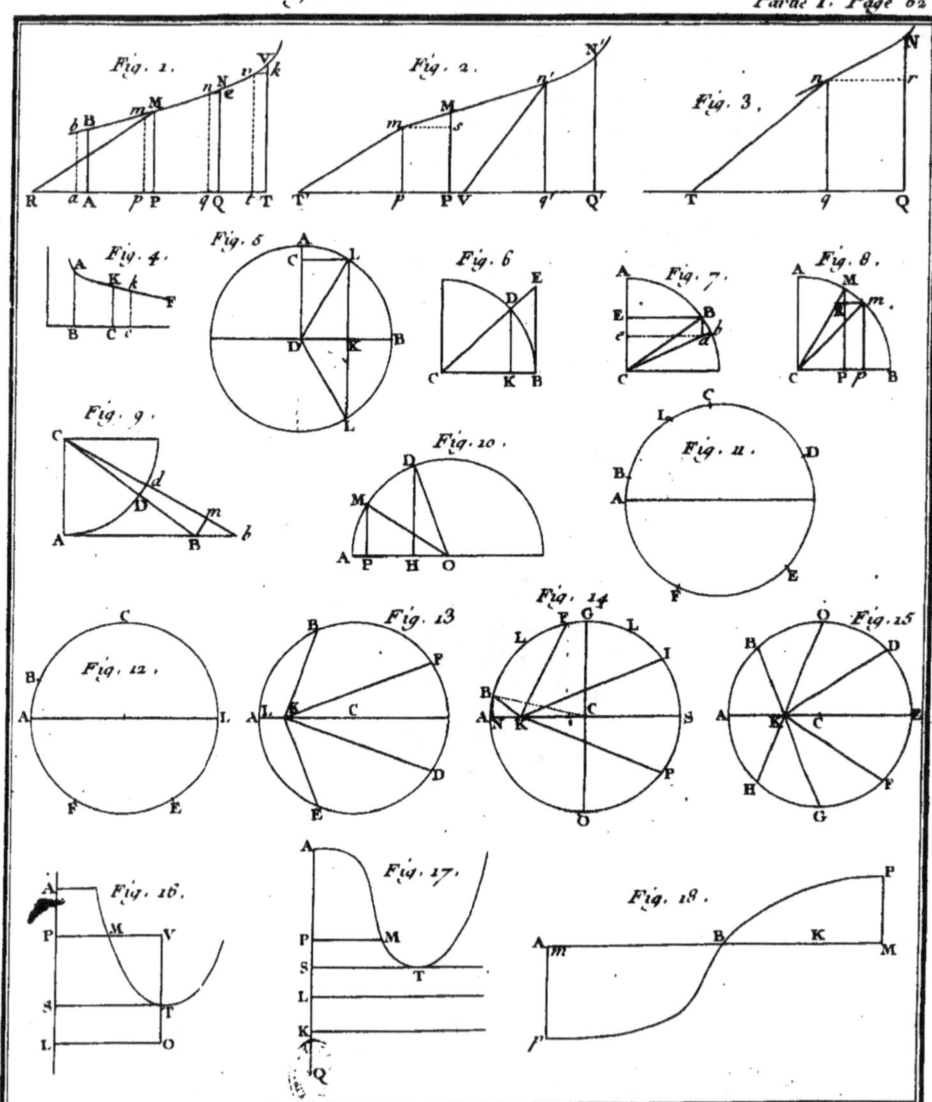
Fig. 1.
Fig. 2.
Fig. 3.
Fig. 4.
Fig. 5.
Fig. 6.
Fig. 7.
Fig. 8.
Fig. 9.
Fig. 10.
Fig. 11.
Fig. 12.
Fig. 13.
Fig. 14.
Fig. 15.
Fig. 16.
Fig. 17.
Fig. 18.

TRAITÉ
D U
CALCUL INTÉGRAL.

PREMIERE PARTIE.
De l'Intégration des différentielles qui n'ont qu'une seule changeante.

CHAPITRE PREMIER.
Expoſition & application de la regle fondamentale de tout le Calcul Intégral.

I.

QUAND on a une différentielle incomplexe qui n'a qu'une changeante x multipliée ou diviſée par des conſtantes quelconques, voici ce que l'on doit pratiquer pour en avoir l'intégrale.

Il faut 1°. effacer dx ; 2°. augmenter d'une unité l'expoſant de la changeante ; 3°. diviſer le tout ainſi préparé par cet expoſant augmenté de l'unité. Cette opération donnera l'intégrale cherchée.

I I.

Je suppose qu'on ait à intégrer $a x^m d x$ (a est une constante quelconque, & m est un exposant quelconque). Suivant la regle précédente j'efface $d x$; j'augmente l'exposant m d'une unité, ce qui donne $a x^{m+1}$; je divise par $m+1$, j'ai $\dfrac{a x^{m+1}}{m+1}$. C'est l'intégrale cherchée.

Démonst. Je prends suivant les regles du calcul différentiel la différence de $\dfrac{a x^{m+1}}{m+1}$; cette différence est

$$\frac{(m+1) . a x^{m+1-1} d x}{m+1} = a x^m d x. \quad \text{Donc, \&c.}$$

On trouvera de même que l'intégrale de $m x^{m-1} d x$ est

$$\frac{m x^{m-1+1}}{m-1+1} = x^m.$$

I I I.

Scholie i. Il n'y a qu'un seul cas qui puisse faire quelque difficulté, c'est celui où l'on auroit $x^{-1} d x$, ou $\dfrac{d x}{x}$. En suivant notre regle on trouve pour intégrale de cette différentielle $\dfrac{x^0}{0}$; or cette intégrale est égale à l'infini, ce qui se marque ainsi $\dfrac{x^0}{0} = \infty$. La méthode paroît donc ne rien donner dans ce cas. Mais nous avons vu dans l'Introduction (Art. xviii.) que $\dfrac{d x}{x}$ est une différentielle logarithmique, dépendante par conséquent, ainsi que nous l'y avons expliqué, de la construction de la logarithmique, ou, ce qui est la même chose (Art. xvi. de l'Introduction) de la quadrature de l'hyperbole équilatere.

IV.

IV.

SCHOLIE 2. Donc l'intégrale de $-\frac{dx}{x}$ est $-lx$, ou ce qui revient au même, log. $\frac{1}{x}$, ce qu'on peut voir de plusieurs manieres : car on a par les regles connues des logarithmes, log. $\frac{1}{x} =$ log. $1 -$ log. $x =$ (Art. v. Introduction) $o -$ log. $x = -$ log. x.

On peut encore s'en assurer en différentiant log. $\frac{1}{x}$; on trouvera (Art. xviii. Introduction) que sa différence est $d\left(\frac{1}{x}\right)$ divisé par $\frac{1}{x}$, c'est-à-dire $-\frac{dx}{xx}$ divisé par $\frac{1}{x}$; or $-\frac{dx}{xx}$ divisé par $\frac{1}{x} = -\frac{dx}{x}$.

V.

COROLLAIRE I. Donc toutes les fois qu'une diffé-rentielle est composée d'un seul terme, il est facile d'en avoir l'intégrale par notre regle ; comme aussi lorsqu'elle est composée de plusieurs termes dont chacun n'a qu'une seule changeante élevée dans ce terme à une puissance quelconque. Par exemple, soit donné $3bx^2dx + cx^3dx + 2c^3ydy - ffppdz$. Dans ce cas chaque terme s'integre séparément par notre regle fondamentale, comme s'il étoit seul. Ainsi l'intégrale de la proposée est $bx^3 + \frac{cx^4}{4} + c^3yy - ffppz$; la preuve en est évidente ; puisqu'en différentiant cette intégrale on retrouve la différentielle proposée.

2°. Application à des différentielles complexes.

VI.

COROLL. 2. Si l'on a pour différentielles des fractions

3°. Application aux fractions.

I

qui n'aient que des conftantes au dénominateur, on en trouvera de même les intégrales. Ainfi $\dfrac{(a x^{m} + p x^{p-1}) d x}{a a + b b}$

a pour intégrale $\dfrac{\dfrac{a x^{m+1} + x^{p}}{m+1}}{a a + v b}$.

De même $\displaystyle\int \dfrac{b^{3} x d x + 2 c^{4} y y d y}{a} = \dfrac{b^{3} x^{2}}{2 a} + \dfrac{2 c^{4} y^{3}}{3 a}$.

Tout cela eft fondé fur ce que les conftantes doivent fe retrouver dans l'intégrale comme elles étoient dans la différentielle, par la raifon que quand on différentie une quantité, on ne touche point aux conftantes.

V I I,

Il peut encore arriver qu'une fraction qui a une changeante à fon dénominateur s'integre par la premiere regle. Ainfi $\dfrac{-d x}{x x} = -x^{-2} d x$ a pour intégrale en fuivant cette regle $\dfrac{1}{x}$; de même $\displaystyle\int \dfrac{-d x}{x^{3}} = \dfrac{1}{2 x x}$. Et en général fi j'ai $\dfrac{d x}{x^{m}} = x^{-m} d x$; fuivant la regle précédente j'efface $d x$; j'augmente l'expofant $-m$ d'une unité, je divife le tout par $-m + 1$, j'ai $\displaystyle\int \dfrac{d x}{x^{m}} = \dfrac{1}{-(m-1) . x^{m-1}}$.

V I I I.

4°. Aux différentielles affectées de fignes quelconques.

Sous quelle condition.

COROLL. 3. On integre encore par la regle fondamentale, lorfqu'une fonction de x & $d x$ eft multipliée par une quantité fous un figne quelconque, & que la grandeur hors du figne eft le produit d'une conftante quelconque par la différentielle de la grandeur qui eft fous le figne.

Par exemple, foit propofé $\frac{1}{3}(a^2dx + 2bxdx) \times \overline{a^2x + bx^2}^{\frac{1}{2}}$; dans cette quantité la grandeur hors du figne $\frac{1}{3}(a^2dx + 2bxdx)$ eft le produit du coefficient conftant $\frac{1}{3}$ par $a^2dx + 2bxdx$ différentielle de la quantité $a^2x + bx^2$ qui eft fous le figne; je dis donc que fuivant la regle fondamentale, l'intégrale de cette quantité eft $\frac{1}{3} \cdot \overline{a^2x + bx^2}^{\frac{1}{2}}$. Car fuivant cette regle j'augmente d'une unité l'expofant $\frac{1}{2}$ qui devient alors $\frac{3}{2}$, je divife la diffé-rentielle par $\frac{3}{2}$ multiplié par la différentielle $a^2dx + 2bxdx$ de $aax + bxx$, le quotient $\cdot \frac{1}{3}\overline{a^2x + bx^2}^{\frac{1}{2}}$ eft l'inté-grale cherchée.

I X.

La raifon de cette regle eft bien fimple; car foit fup-pofé $aax + bxx = y$, on aura $\frac{1}{3}(a^2dx + 2bxdx) \times (a^2x + bx^2)^{\frac{1}{2}} = \frac{1}{2}dy \times y^{\frac{1}{2}}$. Ainfi il faut faire fur la quantité donnée les mêmes opérations qu'on feroit fur $\frac{1}{2}dy \cdot y^{\frac{1}{2}}$ pour en trouver l'intégrale.

Cette regle pourra paroître embarraffante à plufieurs de nos lecteurs, qui craindront de ne pas démêler aifément les différentielles qui feront dans le cas dont il s'agit : mais au moyen des *transformations* dont nous parlerons dans la fuite, la pratique en deviendra beaucoup plus facile.

X.

Coroll. 4. Quand une différentielle dx eft multipliée par la puiffance d'une grandeur complexe rationnelle, ou

Autre cas dans lequel on integre par la regle fon-damentale.

qui n'a que des conſtantes au dénominateur ; que l'expoſant de la puiſſance eſt un nombre entier poſitif, & qu'il
n'y a qu'une changeante x, on en trouve l'intégrale par
notre regle , en élevant la grandeur complexe à cette
puiſſance , & multipliant chaque terme par dx, & prenant
enſuite l'intégrale de chacun. Que l'on ait $dx \cdot \overline{a + bx}^2$,
cette différentielle devient , en ſuivant ce que nous venons
de dire , $a^2 dx + 2abx dx + bbx^2 dx$, dont chaque
terme s'integre par la regle fondamentale.

X I.

En général toutes les fois qu'on aura $hx^k dx \cdot \overline{e + cx^q}^\alpha$,
en ſuppoſant α un nombre entier poſitif, & q, k, des
nombres quelconques, entiers ou rompus, poſitifs ou négatifs , il eſt aiſé d'en avoir l'intégrale finie & exacte par
la premiere regle. Pour cela il ne faut qu'élever $e + cx^q$
à la puiſſance dont l'expoſant eſt α , ſuivant la formule
connue des Géometres pour l'élévation d'un binome à une
puiſſance quelconque ; multiplier chaque terme de cette
ſuite qui ſera toujours terminée , par $hx^k dx$, & prendre
l'intégrale de chacun (Coroll. 1.). Dans le cas préſent en
pratiquant cette opération , on a $\int hx^k dx \cdot \overline{e + cx^q}^\alpha$

$$= (W) \ \frac{he^\alpha x^{k+1}}{k+1} \ + \ \frac{\alpha h e^{\alpha-1}}{k+1+q} \times c x^{k+1+q} \ +$$

$$\frac{\alpha \cdot \frac{(\alpha - 1)}{2} \cdot he^{\alpha-2} cc x^{k+1+2q}}{k+1+2q} + \&c.$$

XII.

SCHOLIE 3. Il y a cependant un cas à obſerver ici à cauſe de quelques difficultés qu'il peut faire naître, c'eſt le cas où $\frac{k+1}{-q}$ ſeroit égal à un nombre entier poſitif. Car alors le dénominateur de quelqu'un des termes de la ſerie devient $= 0$; par exemple, ſi on ſuppoſe $\frac{k+1}{-q} = 2$, on aura $k + 1 + 2q = 0$, ce qui rend le troiſieme terme de la ſerie $= \infty$. Alors donc elle ne nous fait rien connoître.

Difficulté qui peut s'y trouver quelquefois.

XIII.

Cependant cette difficulté ne ſubſiſte pas, toutes les fois que a eſt $< \frac{k+1}{-q}$; car alors la ſerie eſt finie avant qu'on en ſoit venu au terme dont le dénominateur ſeroit $= 0$.

Solution de cette difficulté.

La difficulté n'a donc lieu que lorſque $a =$ ou eſt $> \frac{k+1}{-q}$; alors même il eſt aiſé de la lever. Car le terme dont le dénominateur ſera $= 0$ après l'intégration, contiendra avant l'intégration une différentielle logarithmique, intégrable par conſéquent en ſuppoſant la quadrature de l'hyperbole. En effet, l'expoſant de la puiſſance de x dans chaque terme eſt le même que le dénominateur de ce même terme; le terme où ce dénominateur ſera $= 0$ ſera donc $\frac{x^0}{0}$, ou (Art. III.) $\int \frac{dx}{x}$.

XIV.

Tout cela peut ſe démontrer ſans avoir recours à notre

Démonſtration de cette ſolution.

ſerie. Car ſoit $\frac{k+1}{-q}$ égal au nombre entier poſitif m, on a

$$k = \overline{-qm-1}^{\;\alpha} \;,\; \& \; h x^k dx . \overline{e+cx^q}^{\;\alpha} = h x^{-qm-1}$$

$$dx . \overline{e+cx^q}^{\;\alpha} .$$ Ou ſi on éleve $e+cx^q$ à la puiſſance α, on formera un polinome qui contiendra les puiſſances x^q, x^{2q}, x^{3q}, &c. de x juſqu'à $x^{\alpha q}$ incluſivement, & il eſt viſible qu'en multipliant chaque terme de ce polinome par $h x^{-qm-1} dx = \frac{h \, dx}{x^{qm+1}}$, il eſt viſible, dis-je, que ſi $\alpha =$ ou eſt $> m \left\{ \frac{k+1}{-q} \right\}$, il y aura quelqu'un des termes où la différentielle ſe réduira à $\frac{dx}{x}$.

X V.

REMARQUE GÉNÉRALE. Tout le calcul intégral eſt fondé ſur cette premiere regle que nous venons d'établir ; ſavoir la regle pour intégrer $x^m dx$. Mais toutes les différentielles ne s'appliquent pas auſſi aiſément à cette regle, que celles que nous venons d'examiner. Il en eſt qu'on n'a pu parvenir encore à y réduire. De plus parmi celles mêmes qui ſont intégrables, beaucoup ſont très-compliquées. En quoi donc conſiſte l'art du Calcul intégral ? c'eſt à préparer ces quantités, de façon qu'on les amene à l'expreſſion la plus ſimple qu'elles puiſſent avoir. Or pour cela les Analyſtes ont imaginé pluſieurs transformations. Nous allons les développer ici en les réduiſant à des cas généraux.

CHAPITRE II.

Méthode pour faciliter l'intégration d'un grand nombre de différentielles par le moyen de différentes transformations.

XVI.

LA premiere transformation dont nous allons parler ici, a lieu pour les différentielles affectées de radicaux, ou élevées à des puissances dont les expofans font négatifs, pourvu qu'en ce cas la quantité hors du figne foit la différentielle même de la quantité fous le figne, ou lui foit proportionnelle. Cette transformation confifte 1°. à partager la différentielle donnée en deux parties ou facteurs, dont l'un foit dx & l'autre la grandeur complexe qui eft fous le figne; 2°. à faire cette derniere quantité égale à une feule changeante z; 3°. à différentier l'équation qui réfulte de cette transformation; 4°. enfin à mettre dans la propofée au lieu de x & de dx leurs valeurs en z & en dz. Cette opération donne une expreffion plus fimple débarraffée de radicaux dont l'intégrale fe trouve par la premiere regle. Après l'avoir trouvée on y remettra les valeurs de z en x, & on aura l'intégrale cherchée.

Appliquons cette regle à quelques exemples.

XVII.

Soit $dx \cdot (a + bx)^p$ dont on cherche l'intégrale. Je

fais, fuivant ce qui eft dit ci-deffus, $a+bx=z$; donc $dx=\frac{dz}{b}$, & $\overline{a+bx}^p=z^p$. J'ai donc la transformée $z^p dz$ dont l'intégrale eft par la premiere regle $\frac{z^p dz}{b}$ $\frac{z^{p+1}}{(p+1).b}$; Remettant pour z fa valeur $a+bx$, on aura $\frac{\overline{a+bx}^{p+1}}{(p+1).b}$: c'eft l'intégrale cherchée.

XVIII.

Second exemple.

Si la propofée étoit $xx\,dx \times (f+gx^3)^m$, on feroit de même $f+gx^3=z$ ce qui donne $x^2 dx=\frac{dz}{3g}$, $\overline{f+gx^3}^m=z^m$. La transformée eft donc $\frac{z^m dz}{3g}$, dont l'intégrale eft $\frac{z^{m+1}}{(m+1).3g}$. Subftituons pour z^{m+1} fa valeur $\overline{f+gx^3}^{m+1}$, l'intégrale de la propofée eft, comme on le voit $\frac{\overline{f+gx^3}^{m+1}}{(m+1).3g}$.

XIX.

REMARQUE. On auroit pu trouver l'intégrale des deux différentielles précédentes fans fe fervir de transformation, par la feule premiere regle ; car dans le premier exemple $dx.(a+bx)^p$ j'augmente l'expofant p d'une unité, je divife la différentielle par cet expofant $p+1$ multiplié par la différence bdx de la changeante fous le figne ; j'ai le même réfultat que plus haut. Il en eft de même pour la différentielle qui nous a fervi de fecond exemple. D'où l'on peut tirer une regle générale qui comprend toutes

toutes les différentielles qui font dans le cas des deux précédentes, c'eſt-à-dire toutes celles dans leſquelles l'expoſant de la changeante hors du ſigne eſt moindre d'une unité que celui de la changeante ſous le ſigne. Si l'on avoit, par exemple, à intégrer $\frac{aazdz}{(aa-zz)^2} = aazdz . (aa-zz)^{-2}$. Suivant la regle précédente j'augmente dans cette différentielle d'une unité l'expoſant -2, je diviſe par $-1 \times -2zdz$, il me vient $\frac{aa}{2.(aa-zz)}$, pour l'intégrale cherchée. Il en eſt ainſi pour toutes les autres différentielles compriſes dans la formule $x^{m-1} dx . (a+bx^m)^p$, m & p étant quelconques.

Mais il n'eſt pas toujours aiſé de voir les cas où la ſeule premiere regle ſuffit pour intégrer ces ſortes de différentielles. D'ailleurs par le ſecours de la transformation on s'évite la peine de faire cét examen, qui ſouvent eſt pénible.

X X.

Réduiſons la regle en formule, & rendons-la plus générale.

Toutes les fois qu'on a (A) $x^{rn} \times x^{n-1} dx . \overline{a+bx^n}^p$, p étant tout ce qu'on voudra, & r un nombre entier poſitif ou zéro, cette quantité eſt intégrable par notre transformation.

X X I.

Premier cas. Lorſque $r =$ un nombre entier poſitif. Soit ſuivant ce que nous venons de dire $a + bx^n = z$, on

Premier Cas.

$r =$ un nombre entier positif.

aura $x^n = \frac{z-a}{b}$, donc $x^{n-1} dx = \frac{dz}{nb}$. On a aussi $x^{rn} = \frac{\overline{z-a}^r}{b^r}$, & $\overline{a+bx^n}^p = z^p$. Donc en mettant toutes ces valeurs dans (A) il viendra $(B)\ \frac{dz}{nb} \cdot z^p \cdot \left\{\frac{z-a}{b}\right\}^r$. Or dans cette formule $\frac{z-a}{b}$ élevée à la puissance r qui est supposé un nombre entier positif, donnera une suite finie de termes dont chacun sera multiplié par z^p, & par $\frac{dz}{nb}$, & sera par conséquent intégrable par la premiere regle.

Pour le faire mieux sentir, développons la serie précédente : nous aurons

$$\left(z^r - r z^{r-1} a + \frac{r \cdot (r-1)}{2} z^{r-2} a^2 - \frac{r \cdot (r-1) \cdot (r-2)}{2 \cdot 3} z^{r-3} a^3 + \&c. \right) \frac{z^p dz}{nb}$$
$$\overline{}$$
$$b^r$$

Supposons $r = 3$, on a $\dfrac{z^{p+3} \frac{dz}{nb} - 3a z^{p+2} \frac{dz}{nb} +}{b^3}$

$\dfrac{3 a^2 z^{p+1} \frac{dz}{nb} - a^3 z^p \frac{dz}{nb}}{b^3}$, différentielle dont l'intégrale se prend terme à terme (Art. vi.). Cette intégrale est

$$\frac{z^{p+4}}{(p+4)nb^4} - \frac{3 a z^{p+3}}{(p+3)nb^4} + \frac{3 a^2 z^{p+2}}{(p+2)nb^4} - \frac{a^3 z^{p+1}}{(p+1) \cdot nb^4} \, .$$

Mettant ensuite pour z^{p+4}, z^{p+3}, &c. leurs valeurs en x, on aura l'intégrale cherchée.

XXII.

Application du premier Cas à un exemple.

Soit proposé de trouver l'intégrale de cette différentielle $x^5 dx \, (a+bx^3)^p = x^{1 \times 3} \times x^2 dx \cdot (a+bx^3)^p$, je vois d'abord que cette différentielle se rapporte au premier cas de notre formule (A), r étant ici $= 1$. Je fuis donc fûr qu'elle eft intégrable par notre transformation. En conféquence je fais $a + b x^3 = z$, ce qui donne $x^3 = \frac{z-a}{b}$, & $x^2 dx = \frac{dz}{3b}$; donc la transformée eft $\frac{z^p dz}{3b} \times \left\{ \frac{z-a}{b} \right\}$ qui n'a plus aucune difficulté, fe réfolvant par la premiere regle. Son intégrale eft $\frac{z^{p+2}}{(p+2)3b^2} - \frac{a z^{p+1}}{(p+1)3b^2}$. Le refte de l'opération fe fera comme dans les exemples précédens.

XXIII.

Si $r = 0$, on aura $x^{n-1} dx (a + b x^n)^p$ intégrable par la même transformation. Car foit $a + b x^n = z$, on aura $x^{n-1} dx = \frac{dz}{nb}$, & la différentielle fe changera en $\frac{z^p dz}{nb}$. Donc, &c. 2°. Cas où
$r = 0$.

XXIV.

COROLLAIRE 1. Si $n = 1$, & $r = q$, il vient $x^q dx$. $(a + b x)^p$ intégrable, quelque valeur qu'on donne à p, q étant un nombre entier pofitif. Examen de
quelques Cas
particuliers.

XXV.

COROLL. 2. La différentielle $dx \times (a x^q + b x^s)^p$ fe change en $dx \times \left\{ x^q \times (a + b x^{s-q}) \right\}^p = x^{qp} dx . (a + b x^{s-q})^p$, ce qui fe ramene à notre formule, toutes les fois qu'on peut fuppofer $s - q = n$ & $qp = rn + n - 1$.

Si l'expreffion différentielle étoit $x^{m-1} dx . (a + b x^n)^p$, & que $\frac{m}{n}$ fût un nombre entier pofitif, cette expreffion

K ij

feroit la même que $x^{rn+n-1} dx . (a+bx^n)^p$, qu'on voit être la même chofe que la formule A. En effet, puifque $\frac{m}{n}$ eft un nombre entier, m doit être un multiple de n, qu'on peut fuppofer repréfenté par $\overline{r+1}.n$. Donc, &c.

XXVI.

REMARQUE 1. Quelquefois dans les transformées il fe trouve des termes de la forme de $\frac{dx}{x}$; alors c'eft le cas de l'Art. III.

XXVII.

SCHOLIE. On peut encore fe fervir de la premiere transformation d'une maniere différente de celle dont nous l'avons employée.

Qu'on ait, par exemple, à intégrer $x x dx \sqrt{a+x}$, au lieu de faire $a+x=z$, je fuppoferai $\sqrt{a+x}=z$, ce qui donne $a+x=zz$; $dx=2zdz$; $xx=\overline{zz-a}^2$: faifant les fubftitutions, on a $2z^2 dz . (zz-a)^2$, c'eft-à-dire $2z^6 dz - 4az^4 dz + 2aaz^2 dz$, différentielle qui fe rapporte au Coroll. 1. de la regle fondamentale. Intégrant & remettant enfuite dans l'intégrale trouvée les valeurs de z en x, on aura pour l'intégrale cherchée, $\frac{2}{7} . \overline{a+x}^{\frac{7}{2}} - \frac{4a}{5} . \overline{a+x}^{\frac{5}{2}} + \frac{2aa}{3} . \overline{a+x}^{\frac{3}{2}}$, ce qu'il eft facile de vérifier. Car prenant la différentielle de cette intégrale, on a $\frac{2}{7} . \frac{7}{2} (a+x)^{\frac{5}{2}} dx - \frac{4a}{5} . \frac{5}{2} (a+x)^{\frac{3}{2}} dx + \frac{2aa}{3} . \frac{3}{2} (a+x)^{\frac{1}{2}} dx = (\overline{aa+2ax+xx} \sqrt{a+x} - \overline{2aa-2ax} \times \sqrt{a+x} + aa\sqrt{a+x}) dx =$

(en effaçant ce qui fe détruit) $x x\, d x \sqrt{a+x}$.

On trouveroit de la même maniere l'intégrale de $\frac{x x\, d x}{\sqrt{a+x}}$.

XXVIII.

Soit propofé d'intégrer $\overline{2\, a d x - 4\, x d x}\ \sqrt{a x - x x + b b}$ Second exemple. $= 2 . \overline{a d x - 2 x d x}\ \sqrt{a x - x x + b b}$, je fais $\sqrt{a x - x x + b b}$ $= z$, & $a x - x x + b b = z z$, & $a d x - 2 x d x = 2 z d z$: faifant les fubftitutions , nous aurons pour transformée $4 z z d z$ dont l'intégrale eft $\frac{4}{3} z^{3}$, & remettant la valeur de z en x , l'intégrale de la propofée eft $\frac{4}{3} (a x - x x + b b)^{\frac{3}{2}}$. On l'auroit trouvée de même par l'Art. VIII.

Par la même méthode on trouvera que l'intégrale de $\frac{2\, a d x - 4\, x d x}{\sqrt{a x - x x + b b}}$ eft $4 (a x - x x + b b)^{\frac{1}{2}}$.

XXIX.

Si la propofée étoit $2\, x d x . \left(\overline{x x + a a}^{\,2} \right)^{\frac{1}{3}}$, c'eft-à-dire   Troifieme exemple. $2\, x d x (x x + a a)^{\frac{2}{3}}$, on fera $x x + a a = z^{\frac{1}{3}}$, & $2\, x d x$ $= \frac{1}{3} z^{\frac{1}{3}} d z$, & fubftituant il vient pour transformée $\frac{1}{3} z^{\frac{1}{3}} d z$, dont l'intégrale eft $\frac{1}{5} z^{\frac{5}{3}}$. Donc $\int 2\, x d x (x x + a a)^{\frac{2}{3}} =$ $\frac{3}{5} . \overline{x x + a a}\ \sqrt[3]{\overline{x x + a a}^{\,2}}$: ce qu'on trouveroit encore par l'Article VIII.

XXX.

Si j'ai $\frac{2\, x d x}{\sqrt[3]{(x x + a a)^{3}}} = 2\, x d x \times \overline{x x + a a}^{-\frac{2}{3}}$, je fais   Quatrieme exemple. $\overline{x x + a a}^{-\frac{2}{3}} = z$, donc $x x + a a = z^{-\frac{3}{2}}$, & $2\, x d x$ $= - \frac{3}{2} z^{-\frac{5}{2}} d z$. Donc en fubftituant on a $- \frac{3}{2} z^{-\frac{3}{2}} d z$, dont l'intégrale est (Regle premiere) $3z^{-\frac{1}{2}}$; donc l'intégrale de la proposée est $3\sqrt{xx+aa}$.

XXXI.

REMARQUE 2. Il y a bien des différentielles affectées de radicaux qui n'ont pas les conditions que nous avons énoncées, (Art. VIII.) qu'on peut cependant débarrasser des signes radicaux dans certains cas. Mais pour cela il faut se servir de transformations différentes de celle que nous avons employée jusqu'ici. Par leur secours on ne trouvera pas toujours l'intégrale exprimée algébriquement; mais au moins serviront-elles à délivrer la différentielle de son radical, & à la rendre plus susceptible des autres méthodes que nous enseignerons dans la suite.

XXXII.

Seconde transformation appliquée à un exemple.

Soit proposé d'intégrer $4xdx\sqrt{2ax-xx}$ différentielle qu'on voit bien n'être pas dans le cas de celles que nous avons traitées plus haut. Je fais $\sqrt{2ax-xx}=xz$, ou $\frac{xz}{a}$ (a est une constante que j'ajoute pour conserver l'homogénéité.). Donc $2ax-xx=\frac{xxzz}{aa}$, & $2a-x=\frac{xzz}{aa}$, donc $x=\frac{2a^5}{a^2+zz}$, & $dx=\frac{-4a^3zdz}{(aa+zz)^2}$ & $\sqrt{2ax-xx}=\frac{2a^2z}{aa+zz}$: faisant les substitutions, nous avons pour transformée $-\frac{64a^8zzdz}{(a^2+z^2)^4}$ différentielle exempte de radicaux, & que nous enseignerons dans la suite à intégrer.

XXXIII.

On peut encore intégrer la propofée de cette autre maniere; la différentielle donnée étant $2 . 2x\,dx\,\sqrt{2ax - xx}$,
je vois que fi j'avois de plus $- 4a\,dx\,\sqrt{2ax - xx}$, la
quantité hors du figne feroit le produit du coefficient $- 2$
par la différentielle de la quantité fous le figne, ce qui
rentreroit dans notre premier cas (Art. VIII.). J'écris donc
ainfi cette quantité $- 2 . (2a\,dx - 2x\,dx) . (2ax - xx)^{\frac{1}{2}}$
$+ 4a\,dx\,\sqrt{2ax - xx}$, qu'on voit bien être la même que
la propofée. Or dans cette différentielle la premiere partie
$- 2 \times (2a\,dx - 2x\,dx) . (2ax - xx)^{\frac{1}{2}}$ a pour intégrale
(Art. VIII.) $- \frac{4}{3} . (2ax - xx)^{\frac{3}{2}}$, & la feconde $4a\,dx$
$\sqrt{2ax - xx}$ dépend de la quadrature du cercle, comme
nous l'expliquerons plus bas.

Il faut bien remarquer la maniere dont nous avons préparé cette quantité, avant de l'intégrer, pour l'appliquer
aux cas femblables à celui-ci.

Autre ma-
niere d'inté-
grer la diffé-
rentielle qui
vient de fer-
vir d'exem-
ple.

XXXIV.

En fuppofant toujours qu'on ait à intégrer $4x\,dx$
$\sqrt{(2ax - xx)}$, je pourrois encore faire $a - x = u$, d'où
je tirerois $* \sqrt{2ax - xx} = \sqrt{aa - uu}$, $dx = - du$;
$4x = 4a - 4u$. Subftituant donc on a $- 4a\,du + 4u\,du$

Troifieme
transforma-
tion appli-
quée au mê-
me exemple.

---

* Car puifque $a - x = u$, $aa - 2ax + xx = uu$; donc $- 2ax + xx = uu - aa$,
donc en changeant les fignes $2ax - xx = aa - uu$; donc enfin $\sqrt{2ax - xx} =$
$\sqrt{aa - uu}$. Il faut faire attention à cette équation : c'eft une efpece de formule
dont les Géometres fe fervent fouvent en pareil cas que celui-ci.

$\sqrt{aa-uu} = -2 \times (2\,a\,du - 2\,u\,du)\,\sqrt{(aa-uu)}$; dont la premiere partie $-2 \times 2\,a\,du\,\sqrt{aa-uu}$ dépend de la quadrature du cercle, & la seconde $-2 \times -2\,u\,du\,\sqrt{aa-uu}$ a pour intégrale exacte $-\frac{4}{3}\cdot(aa-uu)^{\frac{3}{2}}$ (Art. VIII.).

XXXV.

Second exemple de la 2e. transformation.

Si la proposée est $\dfrac{aa\,dx}{x\sqrt{ax+xx}}$ en faisant $\sqrt{ax+xx} = \dfrac{xz}{b}$, on aura $ax+xx = \dfrac{xxzz}{bb}$, ou $a+x = \dfrac{xzz}{bb}$, donc $x = \dfrac{abb}{zz-bb}$; $\dfrac{xz}{b}$ ou $\sqrt{ax+xx} = \dfrac{abz}{zz-bb}$; $dx = -\dfrac{2abbz\,dz}{(zz-bb)^2}$; donc $\dfrac{aa\,dx}{x\sqrt{ax+xx}} = -\dfrac{2a\,dz}{b}$: donc enfin

$$\int \frac{aa\,dx}{x\sqrt{ax+xx}} = -\frac{2az}{b} = \frac{-2a\sqrt{ax+xx}}{x}.$$

XXXVI.

Quatrieme transformation.

Premier exemple.

Si l'on avoit $\dfrac{y\,dy}{\sqrt{yy+gy-gg}}$, on feroit $\sqrt{yy+gy-gg} = y+z$, ce qui donne $yy+gy-gg = yy+2yz+zz$ & $y = \dfrac{zz+gg}{g-2z}$: & $dy = \dfrac{2gz\,dz - 2zz\,dz + 2gg\,dz}{(g-2z)^2}$; & $\sqrt{yy+fy-gg} = \dfrac{gg+gz-zz}{g-2z}$: faisant les substitutions on aura la transformée $\dfrac{2zz\,dz + 2gg\,dz}{(g-2z)^2}$, dont la premiere partie $\dfrac{2zz\,dz}{(g-2z)^2}$ se trouve, par les regles que nous donnerons dans le Chap. X. être dépendante des logarithmes, & la seconde $\dfrac{2gg\,dz}{(g-2z)^2}$ est intégrable absolument, son intégrale étant (Art. XXIII.) $\dfrac{2gz}{g-2z}$, ou bien (Art. XIX.) $\dfrac{gg}{g-2z}$: c'est-à-dire que son intégrale est en général , comme on le verra plus bas (Article LV.)

$$gg +$$

$$\frac{gg + ng - g - 3nz + 2z}{g - 2z}$$ (n exprimant un nombre quelconque). Si on y suppose $n = 1 - g$, on trouvera la premiere des deux intégrales, & on aura la seconde en supposant $n = 1$.

XXXVII.

Soit encore à intégrer $x^4 dx (aa + xx)^{\frac{1}{2}}$: Je fais $\sqrt{aa + xx} = x + t$; j'en tire $aa + xx = xx + 2tx + tt$, donc $aa = 2tx + tt$ & $x = \frac{aa - tt}{2t}$; $dx = -\frac{dt}{2} - \frac{aa\,dt}{2tt}$; $x^4 = \left\{\frac{aa - tt}{2t}\right\}^4$. On aura aussi $x + t = \frac{aa + tt}{2t}$: donc $x^4 dx \sqrt{aa + xx} = \left\{\frac{aa - tt}{2t}\right\}^4 \times \left\{\frac{aa + tt}{2t}\right\} \times \left\{\frac{aa + 1}{tt}\right\} \times -\frac{dt}{2} = -\frac{a^{12} dt}{64 t^7} + \frac{a^{10} dt}{32 t^5} + \frac{a^8 dt}{64 t^3} - \frac{a^6 dt}{16 t} + \frac{a^4 t\,dt}{64} + \frac{a^2 t^3 dt}{32} - \frac{t^5 dt}{64}$, dont l'intégrale est $\frac{1}{64} \times \frac{a^{12}}{6 t^6} + \frac{1}{32} \times -\frac{a^{10}}{4 t^4} + \frac{1}{64} \times -\frac{a^8}{2 t^2} - \frac{a^6}{16} l.t + \frac{a^4 tt}{128} + \frac{a^2 t^4}{128} - \frac{t^6}{384}$. Remettant dans cette intégrale pour t, t^3, &c. leurs valeurs, on aura l'intégrale cherchée.

Second exemple.

XXXVIII.

Si l'on avoit $\frac{dx}{\sqrt{aa + xx}}$, on feroit $x + \sqrt{aa + xx} = z$, ce qui donne $z - x = \sqrt{aa + xx}$; & $zz - 2zx + xx = aa + xx$; & $zz - 2zx = aa$, d'où l'on tire $x = \frac{zz - aa}{2z}$; $dx = (zz + aa)\frac{dz}{2zz}$; $\sqrt{aa + xx} = \frac{zz + aa}{2z}$. On aura donc après les substitutions la transformée $\frac{\frac{dz}{2zz} \cdot (zz + aa)}{\frac{zz + aa}{2z}} = \frac{dz}{z}$: dont l'intégrale est (Art. IV.)

Cinquieme transformation.

Premier exemple.

log. z. Remettant pour z sa valeur, on aura log. $(x +\sqrt{aa+xx})$ pour l'intégrale cherchée.

XXXIX.

Si la proposée étoit $\dfrac{dx}{\sqrt{xx-aa}}$ on feroit encore $z = x + \sqrt{xx-aa}$, & en faisant les mêmes opérations que dans l'article précédent, on trouveroit $\int \dfrac{dx}{\sqrt{xx-aa}} = $ log. $x + \sqrt{xx-aa}$: c'est ce que nous avons déja trouvé dans l'Introduction, (Article XXXVII.).

X L.

SCHOLIE. Si la différentielle étoit composée de deux quantités radicales, on pourroit dans certains cas se servir de notre premiere transformation, pourvu que la quantité sous le signe n'eût point de second terme, & que la différentielle fût multipliée par une puissance impaire de l'inconnue.

Soit, par exemple, $\dfrac{z^3\, dz\, \sqrt{bb+zz}}{\sqrt{gg+zz}}$: je fais $\sqrt{bb+zz} = u$; on a donc $zz = uu - bb$; $z\,dz = u\,du$. La transformée sera donc $\dfrac{u^2\, du\, (u^2-b^2)}{\sqrt{uu-bb+gg}} = \dfrac{u^4\, du}{\sqrt{uu-bb+gg}} - \dfrac{b^2 u^2\, du}{\sqrt{uu-bb+gg}}$, différentielle réduite aux cas précédens.

X L I.

En examinant cette façon d'opérer on voit qu'elle ne réussit le plus souvent que dans les cas où les racines sont des racines quarrées, & où l'inconnue n'excede pas le second degré. Je dis le plus souvent, parce qu'il y en a quelques-uns où elle réussit quels que soient le signe & la puissance de l'inconnue sous le signe. Telles sont toutes les différentielles comprises sous les deux formules suivantes.

Deux formules qui comprennent ces cas.

$1^{\circ}.$ $\dfrac{dx \cdot (x^m + b^m)^{\pm \frac{1}{n}}}{x^{tm+1}}$, m, n, t étant des nombres Premiere formule. entiers positifs, ou zéro. Car faisant $\overline{x^m + b^m}^{\frac{1}{n}} = z$, on

aura $x^m = z^n - b^m$; $dx = \dfrac{nz^{n-1}dz}{mx^{m-1}}$. La transformée

sera donc $\dfrac{nz^{n-1}dz \cdot z^{\pm 1}}{mx^{t+1 \cdot m}}$; mais $\overline{x^{t+1 \cdot m}} = \overline{z^n - b^m}^{t+1}$;

donc quand t sera un nombre entier, $t+1$ en sera aussi un; donc on n'aura plus de radical.

$2^{\circ}.$ La seconde formule est $x^n dx \cdot (x^m + b^m)^{\pm \frac{t}{p}}$, Seconde formule. laquelle en supposant $\dfrac{n+1}{m}$ un nombre entier, se pourra délivrer de tous signes radicaux, ou au moins de quantités

radicales complexes, ce qui suffit. Faisant $\overline{x^m + b^m}^{\frac{t}{p}} = z$

on a $x^m = z^{\frac{p}{t}} - b^m$, $x = \overline{z^{\frac{p}{t}} - b^m}^{\frac{1}{m}}$; $dx =$

$\dfrac{\frac{p}{t} z^{\frac{p}{t}-1} dz \cdot \overline{z^{\frac{p}{t}} - b^m}^{\frac{1}{m}-1}}{m}$; $x^n = \overline{z^{\frac{p}{t}} - b^m}^{\frac{n}{m}}$. Substituant

on aura $\dfrac{p z^{\frac{p}{t}-1} dz \cdot z^{\pm 1}}{tm} \cdot \left\{ z^{\frac{p}{t}\cdot} - b^m \right\}^{\frac{1}{m} + \frac{n}{m} - 1}$. Lors-

que $\dfrac{n+1}{m}$ sera un nombre entier, $\dfrac{1+n-1}{m}$ sera aussi entier, & par conséquent la formule n'aura point de quantité complexe embarrassée de radicaux.

L ij

XLII.

Sixieme transformation.

Appliquée à un exemple.

C'eſt ici le lieu de parler d'une transformation du plus grand uſage dans de certains cas. Cette transformation conſiſte à faire $z^n = x$, n étant un nombre quelconque, dans les différentielles telles que $\dfrac{dz}{z\sqrt{a+bz^n}}$; la ſuppoſition de $z^n = x$ nous donne $z = x^{\frac{1}{n}}$; $dz = \frac{1}{n}x^{\frac{1}{n}-1}dx$; donc on a pour transformée

$$\frac{x^{\frac{1}{n}-1}\,dx}{nx^{\frac{1}{n}}\sqrt{a+bx}} = \frac{dx}{nx\sqrt{a+bx}} ;$$

différentielle dont on fait évanouir le radical en faiſant $\sqrt{(a+bx)} = u$, & qu'on intégrera par les méthodes que nous donnerons dans le Chapitre X.

XLIII.

Septieme transformation.

Il y a encore une transformation qui conſiſte à égaler la changeante à une fraction. Cette transformation ſert ſouvent à préparer à celles que nous venons d'expoſer.

Exemple.

S'il s'agit d'intégrer la différentielle ſuivante $\dfrac{dx}{xx\sqrt{aa+xx}}$, je ferai d'abord $x = \frac{1}{u}$; donc $dx = \dfrac{-du}{uu}$; $xx = \dfrac{1}{uu}$; donc la différentielle entiere

$$\frac{dx}{xx\sqrt{aa+xx}} = \frac{\dfrac{-du}{uu}}{\dfrac{1}{uu}\sqrt{aa+\dfrac{1}{uu}}} =$$

$$\frac{-du}{\sqrt{aa+\dfrac{1}{uu}}} = \frac{-u\,du}{\sqrt{a^2u^2+1}} .$$

Je fais à préſent ſelon notre premiere transformation $z = aauu+1$: donc $2\,aa\,udu =$

dz & $-udu = \frac{-dz}{2aa}$. On a aussi $V\overline{aauu+1} = Vz$. Mettant donc à la place de $-udu$, & de $V\overline{aauu+1}$ leurs valeurs en dz & en z, on a $\frac{-dz}{2aaVz}$ dont l'intégrale est (regle premiere) $\frac{-Vz}{aa}$. Substituant à Vz son égale $V\overline{aauu+1}$, il vient $-\frac{V\overline{aauu+1}}{aa}$. Remettons enfin pour uu sa valeur $\frac{1}{xx}$, nous avons $-\frac{V\overline{aa+xx}}{aax}$ pour l'intégrale cherchée de $\frac{dx}{xx V\overline{aa+xx}}$.

XLIV.

Observation utile sur cette derniere transformation.

COROLL. Lorsque notre derniere transformation sert à préparer à celles que nous avons enseignées précédemment, il faut ordinairement faire cette opération la premiere ; autrement on tomberoit dans des longueurs de calcul. Cependant ce principe n'est pas général ; quelquefois on fait ces transformations indifféremment l'une avant l'autre. Si on avoit à intégrer, par exemple, dx $V(\overline{1-x}^{-\frac{2}{3}} - 1)$, on feroit d'abord $\overline{1-x}^{-\frac{x}{3}} = z$, ce qui donne $1-x = z^{-\frac{3}{2}}$, $dx = \frac{1}{2} z^{-\frac{5}{2}} dz$. Donc en substituant on a $\frac{3}{2} z^{-\frac{5}{2}} dz V\overline{z-1} = \frac{\frac{3}{2} dz V\overline{z-1}}{z^{\frac{5}{2}}} =$

$\frac{3}{2} \frac{dz}{zz} V\overline{\frac{z-1}{z}} = \frac{3 dz}{2zz} V\overline{1-\frac{1}{z}}$. Soit à présent $z = \frac{1}{t}$, on aura $\frac{1}{z} = t$; donc $\frac{dz}{zz} = -dt$; $\frac{3 dz}{2zz} = -\frac{3}{2} dt$. Donc $\frac{3 dz}{2zz} V(1-\frac{1}{z}) = -\frac{3}{2} dt V\overline{1-t} = -\frac{3}{2} dt \cdot (1-t)^{\frac{1}{2}}$ dont l'intégrale est (Art. XIX.) $\frac{-\frac{3}{2} dt (1-t)^{\frac{3}{2}}}{\frac{3}{2} \times -dt} = (1-t)^{\frac{3}{2}}$.

Remettant pour t fa valeur $\frac{1}{z}$, on a $(1 - \frac{1}{z})^{\frac{1}{2}}$; & pour $\frac{1}{z}$ fa valeur $\overline{1 - x}^{\frac{1}{3}}$, on a enfin pour l'intégrale cherchée

$$(1 - (1 - x)^{\frac{1}{3}})^{\frac{1}{2}} = \int dx \, V(\overline{1 - x}^{-\frac{1}{3}} - 1).$$

XLV.

Voilà à peu près toutes les transformations ufitées dans le Calcul intégral. On comprend fans peine l'avantage infini dont elles font pour faciliter les opérations de ce calcul. La premiere, la fixieme & la feptieme font furtout extrêmement commodes. Les commençans ne peuvent fe les rendre trop familieres, en en faifant eux-mêmes de fréquentes applications. C'eft à l'ufage feul qu'il appartient de faire difcerner celles de ces transformations qu'il faut employer préférablement aux autres, fuivant les différentielles dont on cherche l'intégration.

Reflexions générales fur les transformations que nous verrons d'expliquer.

CHAPITRE III.

De l'addition des conftantes pour rendre les intégrales completes.

XLVI.

IL eft néceffaire, avant d'aller plus loin, de remarquer ici que les conftantes n'ayant point de différence, une intégrale, jointe par le figne $+$ ou $-$ avec une conftante, donne la même différentielle que donneroit cette intégrale fi elle étoit fans conftante. On n'eft donc pas fûr, lorfqu'on

Néceffité d'ajoûter une conftante à l'intégrale cherchée.

retrouve l'intégrale d'une différentielle, d'avoir cette intégrale exacte ; il faut fouvent lui ajoûter, ou en retrancher
une conftante ; nous allons donner la méthode pour la faire
trouver.

XLVII.

Mais afin que les commençans ne foient point embar-
raffés dans l'application de cette méthode, ils doivent avoir
préfent à l'efprit qu'on repréfente l'intégrale d'une différentielle qui n'a qu'une changeante, par la furface d'une
courbe dont x eft l'abfciffe, & dont l'ordonnée fera la
quantité qui multiplie dx.

Qu'on ait, par exemple, cette différentielle $dx\sqrt{x-a}$:
je prends une courbe CBD * dont l'abfciffe $PA = x$,
$AC = a$, & l'ordonnée $PD = \overline{x+a}^{\frac{1}{2}}$: l'efpace élémentaire $PDpd$ eft $dx\sqrt{x+a}$, l'efpace entier $APDB$
eft donc $\int dx\sqrt{x+a}$; or $\frac{2}{3}\,\overline{x+a}^{\frac{3}{2}}$ (Art. XIX.) eft l'intégrale de $dx.(x+a)^{\frac{1}{2}}$, parce que cette différentielle
eft celle de $\frac{2}{3}.(x+a)^{\frac{3}{2}}$. Il femble donc d'abord que
$\frac{2}{3}(x+a)^{\frac{3}{2}}$ foit la valeur de l'aire $APDB$: mais il faut
obferver que $\frac{2}{3}(x+a)^{\frac{3}{2}} \pm A$, A étant une conftante
quelconque, a auffi pour différentielle $dx(x+a)^{\frac{1}{2}}$. Ainfi
l'intégrale réelle de $dx.(x+a)^{\frac{1}{2}}$ eft $\frac{2}{3}(x+a)^{\frac{3}{2}} \pm A$,

* Pour avoir l'équation de cette courbe, il faut effacer dx de la différentielle
propofée, & fuppofer une changeante y égale à la quantité qui refte après
avoir effacé dx. Ici on a $y = \overline{x+a}^{\frac{3}{2}}$: ou en rendant cette équation com-
menfurable $yy = x+a$ équation à la parabole où l'origine des coordonnées
n'eft point au fommet. Voyez Guifnée, *Application de l'Algebre à la Géométrie.*

A étant une conftante qui peut quelquefois être nulle, quelquefois être réelle, mais qu'il faut favoir déterminer dans chaque cas. Cela pofé, je paffe à la regle.

XLVIII.

Méthode qui apprend à reconnoître quand l'intégrale eft complette ; & quand elle ne l'eft pas, à trouver la conftante qui la rendra complette.

Faites la changeante x de l'intégrale égale à zéro, & fi l'intégrale devient zéro, c'eft ordinairement une marque qu'elle eft exacte ; fi au contraire après cette fuppofition de $x = 0$, il refte une conftante dans l'intégrale, il faut la joindre à l'intégrale trouvée avec un figne contraire à celui qu'elle a ; alors cette intégrale fera complette.

XLIX.

1. Exemple.

Soit 1°. $y = \sqrt{px}$, on a $ydx = dx\sqrt{px}$, dont l'intégrale eft (Art. II.) $\int y\,dx = \frac{2}{3}\sqrt{p} \cdot x^{\frac{3}{2}}$. La fuppofition de $x = 0$ donne le tout $= 0$, donc l'intégrale eft complette.

L.

2. Exemple.

Soit 2°. $dx\sqrt{x+a}$ dont l'intégrale eft $\frac{2}{3}(x+a)^{\frac{3}{2}}$; faifant $x = 0$ il vient $\frac{2}{3} \cdot a^{\frac{3}{2}}$, donc l'intégrale n'eft pas complette, & la conftante qu'il faut y ajoûter eft $-\frac{2}{3} \cdot a^{\frac{3}{2}}$.

L I.

Démonftration générale de cette méthode.

Pour démontrer cette méthode, & lui donner la plus grande généralité dont elle eft fufceptible, je fuppofe que l'on connoiffe la valeur complette de l'intégrale, lorfque x a une certaine valeur que je défigne par α, & que

cette

cette valeur complette de l'intégrale foit Q, alors voici comme je raifonne.

Soit X la valeur générale de l'intégrale trouvée par le calcul, & à laquelle il manque une conftante C que je ne connois pas encore : $X + C$ fera l'intégrale complette que je cherche.

Je fuppofe à préfent qu'en fubftituant α pour x dans X, X devienne A, j'aurai $A + C$ pour la valeur complette de l'intégrale, lorfque $x = \alpha$; d'ailleurs par la première fuppofition cette valeur complette $= Q$: donc $A + C = Q$, donne $C = Q - A$.

Mais le plus fouvent cette valeur complette Q de l'intégrale n'eft pas donnée & ne peut l'être, & la feule fuppofition qu'on puiffe faire c'eft de chercher l'endroit où la valeur Q de l'intégrale $= 0$; en ce cas $Q = 0$, donc $A + C = 0$, donc $C = - A$.

De plus, au lieu de prendre $x = \alpha$, on le fuppofe ordinairement $= 0$, & cette fuppofition eft plus fimple, parce que l'aire d'une courbe commence avec les abfciffes, & que par conféquent $Q = 0$, lorfque $x = 0$: voilà fur quoi eft fondée la regle.

Après cette démonftration, appliquons-la au fecond exemple que nous avons donné plus haut.

L I I.

Soit $dx\sqrt{x + a}$, dont l'intégrale eft $\frac{2}{3} \cdot (x + a)^{\frac{3}{2}} = X$. Suppofant $x = 0$, il vient $\frac{2}{3} a^{\frac{3}{2}} = A$; donc $\frac{2}{3} a^{\frac{3}{2}}$

M

Appliquée à la différentielle qui nous a fervi de fecond exemple.

$+ C = Q$. Je prends felon ce qui eſt dit dans la démon-
ſtration $Q = 0$, donc $\frac{1}{3} a^{\frac{3}{2}} + C = 0$, donc $C = - \frac{1}{3} a^{\frac{3}{2}}$,
ce qui prouve qu'il faut ajoûter la conſtante avec un ſigne
contraire à celui qu'elle a dans l'intégrale.

Cependant il y a des cas dans leſquels il ne faut pas
prendre $x = 0$, comme on le va voir.

L I I I.

Exception
à la Regle.

Fig. 2.

SCHOLIE 1. Soit la différentielle $d x \sqrt{p x - p a}$ dont
je cherche l'intégrale. Je repréſente cette intégrale par
l'eſpace parabolique BPC, prenant l'origine des x au point
A, alors l'ordonnée eſt imaginaire. Notre regle nous donne
auſſi l'eſpace BPC imaginaire, ce qui en fait voir la
généralité.

Car $\int d x \sqrt{p x - p a} = $ (Regle 1.) $\sqrt{p} \cdot \frac{1}{3} (x - a)^{\frac{3}{2}}$;
faiſant $x = 0$, il nous reſte $\sqrt{p} \cdot \frac{1}{3} \cdot - a^{\frac{3}{2}}$. la conſtante
eſt donc imaginaire. En effet, toutes les ordonnées depuis
A juſqu'en B étant imaginaires, l'aire compriſe entre ces
deux points l'eſt auſſi.

Mais, dira-t-on, il paroît d'abord que l'eſpace BPC
eſt réel ? oui, ſans doute, mais un eſpace imaginaire
ajoûté à un réel, rend le tout imaginaire, ce qui arrive ici.

Mais ſi de toute l'aire de la courbe on ne vouloit
prendre que la partie BPC, alors il faut conſidérer
l'ordonnée au point où elle eſt zéro, faire x égale à
la valeur de l'abſciſſe en ce point, & non égale à zéro;
alors l'intégrale deviendra égale à zéro, ce qui rendra

la conftante nulle. Par exemple ici ne prenant l'aire de la courbe que depuis le point B , & fuppofant $BP = a$, il faut faire $x = a$; cette valeur de x fubftituée en fa place dans l'intégrale $\sqrt{p} \cdot \frac{1}{3} \cdot (x - a)^{\frac{1}{2}}$ donne $\sqrt{p} \cdot \frac{1}{3} (a - a)^{\frac{1}{2}}$ $= 0$. Donc $Q = 0$, donc $C = 0$.

LIV.

SCHOLIE 2. Il peut arriver que l'on trouve une intégrale négative. Soit , par exemple , l'hyperbole ECG , fi l'origine des x eft en A , que l'équation de la courbe par rapport à l'afymptote ABF foit (en nommant AB, x , BC (y)) $1 = xxy$, l'élément de l'aire fera $1 . \times x^{-2} dx$ dont l'intégrale eft la quantité négative $- 1 x^{-1} = - \frac{1}{x}$, ou $- \frac{1}{x} + A$. Or lorfque $x = 0$, cette aire doit être $= 0$, donc $A = + \frac{1}{0}$. Donc $DABCE = \frac{1}{0} - \frac{1}{x}$, ce qui marque que l'aire $DABCE$ eft infinie.

Cas où l'intégrale eft négative.

Fig. 3.

Lorfque $x = \infty$, l'aire $DABCE$ devient $DAFG$, & $\frac{1}{x} = \frac{1}{\infty} = 0$; donc $DAFG = \frac{1}{0}$; donc $GFBC$ ou $DAFG - DABCE = \frac{1}{x}$: ce qui marque que l'intégrale $- \frac{1}{x}$ fans conftante n'eft pas l'aire $DABCE$, mais l'aire $CBFG$ qui commence à l'ordonnée $BC (y)$, & va vers BF qui eft le côté oppofé à l'origine A ; & le figne $-$ indique la pofition négative de cette aire $GFBC$ par rapport à l'ordonnée BC & à l'aire $DABC$. Voyez Mém. Acad. 1705. l'Ecrit de M. Varignon *fur les efpaces plufqu'infinis de M. Wallis.* Voyez auffi dans *l'Encyclopédie* , *l'art. Afymptote.*

M ij

L V.

OBSERVATION IMPORTANTE. L'addition de la conftante fait quelquefois que la différentielle paroît avoir deux intégrales différentes : mais fi on examine attentivement ces intégrales, on verra qu'elles ne différent jamais que par un terme conftant qui fe trouve quelquefois enveloppé dans l'une des deux. Ainfi l'on trouve que $\frac{f}{f-bx}$ & $\frac{bx}{f-bx}$ font également les intégrales de $\frac{bfdx}{(f-bx)^2}$, puifqu'en différentiant ces deux intégrales, on retrouve cette même différentielle. Mais il eft aifé de voir que $\frac{bx}{f-bx} = \frac{f}{f-bx} - 1$; d'où l'on voit que ces deux intégrales ne différent que par la conftante -1. Et en général l'intégrale de $\frac{bfdx}{(f-bx)^2}$ fera $\frac{f}{f-bx} + A$ (A repréfentant une conftante quelconque), ou $\frac{f+Af-Abx}{f-bx}$: & fi on fait $1 + A = n$ (n étant un nombre quelconque), l'intégrale fera $\frac{fn - bnx + bx}{f-bx}$. Si $n = 0$, on aura $\frac{bx}{f-bx}$ qui eft la feconde des deux intégrales trouvées : fi $n = 1$, c'eft-à-dire, fi $A = 0$, on aura la premiere ; & donnant fucceffivement à n différentes valeurs, on en trouvera une infinité d'autres qui toutes ne differeront que par des conftantes.

L V I.

Il faut bien avoir préfent ce que nous venons de dire fur l'addition des conftantes : nous n'en parlerons plus dans la fuite de ce Traité ; le lecteur eft en état d'appliquer la regle générale aux différentes intégrales que nous trouverons. Il faut l'appliquer aussi aux intégrales trouvées dans les deux Chapitres précédens.

CHAPITRE IV.

Définitions & notions préparatoires à l'intégration des différentielles binomes, trinomes, &c.

LVII.

ON suppose que dans une grandeur complexe, les expofans des puissances de la changeante x qui distingue les termes, forment une progression arithmétique ; on l'appelle un binome quand il n'y a que deux termes ; un trinome quand il y en a trois, & ainsi de suite. Ainsi $a x^{\circ} + b x^{n}$ est un binome, $a x^{\circ} + b x^{n} + c x^{2n}$ un trinome, $a + b x^{n} + c x^{3n}$ un quatrinome : on sous-entend le troisieme terme $o x^{2n}$ qui est $= o$, comme s'il y avoit $a + b x^{n} + o x^{2n} + c x^{3n}$.

Définition
des Binomes,
&c.

On rapportera toutes les expressions des différentielles complexes, autres que celles dont nous avons parlé (Chap. I.), aux formules générales qui suivent.

Formule des Binomes.

$$g x^{m} d x \cdot (a + b x^{n})^{p}$$

Des Trinomes.

$$g x^{m} d x \cdot (a + b x^{n} + c x^{2n})^{p}$$

Et ainsi de suite pour les quatrinomes, &c.

g, a, b, c, &c. repréfentent les coefficiens ; x la changeante ; p l'expofant de la puiffance de la grandeur fous le figne : cet expofant fera un nombre entier négatif, ou une fraction. Car nous avons vu (Art. XI.) que quand c'eft un entier pofitif, la différentielle s'integre tout de fuite par la premiere regle.

LVIII.

Il peut auffi y avoir dans une même différentielle plufieurs grandeurs complexes multipliées les unes par les autres, comme $g x^{m} dx . (a + b x^{n})^{p} \times (c + e x^{n} + \&c.)^{q}$: ces différentielles même peuvent être, fi l'on veut, réduites aux cas précédens.

Car foit $p = \frac{r}{s}$ & $q = \frac{t}{k}$, on aura $g x^{m} dx . (a + b x^{n})^{p}$
$\times (c + e x^{n})^{q} = g x^{m} dx . (a + b x^{n})^{\frac{r}{s}} \times (c + e x^{n})^{\frac{t}{k}}$
$= g x^{m} dx . (a + b x^{n})^{\frac{r k}{s k}} \times (c + e x^{n})^{\frac{t s}{s k}} = g x^{m} dx .$
$(\overline{a + b x^{n}}^{r k} . \overline{c + e x^{n}}^{t s})^{\frac{1}{s k}}$. Donc, &c.

LIX.

<table><tr><td>Elles peu-
vent avoir
deux formes
identiques.

Méthode
pour ôter de
deffous le fi-
gne une gran-
deur qui y eft,
& vice-verſâ.</td><td>REMARQUE 1. Les formules précédentes peuvent avoir deux formes fans changer de valeur : la premiere quand les expofans n, de la grandeur fous le figne font pofitifs ; la feconde quand ils font négatifs. Au refte on peut facilement les rendre de pofitifs négatifs, par une méthode qui fert à mettre fous le figne une grandeur qui eft</td></tr></table>

hors du figne, & à ôter de deffous le figne une grandeur qui y eft.

Soit $x^m \times \overline{a x^n}^p$. Il eft évident qu'on peut multiplier cette quantité par x^q en la divifant en même temps par x^q, fans changer fa valeur; pour cela j'écris x^{m+q}, & en même temps je divife la feconde partie $\overline{a x^n}^p$ par x^q: mais comme cette feconde partie eft fous un figne dont l'expofant eft p, il la faut divifer par $x^{\frac{q}{p}}$, & l'écrire ainfi $\overline{a x^{n-\frac{q}{p}}}^p$; & la nouvelle grandeur fera $x^{m+q} \left(a x^{n-\frac{q}{p}} \right)^p$, identique avec la propofée $x^m \times \overline{a x^n}^p$. La raifon de la feconde opération, eft que la grandeur qui divife la feconde partie doit être égale à celle qui a multiplié la premiere; or $x^{\overline{\frac{q}{p}}^p} = x^q$.

L X.

Si on vouloit divifer la feconde partie par x^n, c'eft-à-dire, ôter x^n de deffous le figne, il faudroit multiplier en même temps la premiere partie par x^{np}; ce qui changeroit la propofée en la fuivante $x^{m+np} \cdot \left(a x^{n-n} \right)^p = x^{m+np} \times a^p$. La raifon en eft la même que la précédente.

L X I.

Quand l'expofant p eft une fraction, comme dans $x^4 \times \overline{a x^3}^{\frac{1}{2}}$, fi on vouloit multiplier la premiere partie par x^3, on trouveroit en fuivant la regle précédente x^{4+3}.

$\left\{ ax^{8-\frac{1}{2}} \right\}^{\frac{1}{2}} = x^7 \times \overline{ax^2}^{\frac{1}{2}}$. Alors $\frac{q}{p}$ indique une multiplication au lieu d'une division. Car $\frac{1}{\frac{1}{2}} = 3 \times 2$.

LXII.

Cas où il est négatif.

Lorsque l'exposant p est négatif, c'est-à-dire, lorsqu'il est $-p$, on trouvera que $\frac{-q}{p}$ devient $\frac{-q}{-p}$ ou $+\frac{q}{p}$.

LXIII.

Usages de la méthode précédente.

Par le moyen de cette méthode on peut rendre les exposans de nos formules de positifs, négatifs.

1°. Pour rendre les exposans de nos formules de positifs, négatifs.

Je divise la grandeur sous le signe par la changeante x élevée à la plus haute puissance qu'a cette même changeante sous le signe ; je multiplie en même temps la changeante x hors du signe par la même grandeur. $g x^m d x$. $(a+bx^n)^p$ devient en pratiquant l'opération précédente $g x^{m+np} (b+ax^{-n})^p$.

La seconde forme de $g x^m d x (a+bx^n+cx^{2n})^p$ est de la même manière $g x^{m+2np} d x (c+bx^{-n}+ax^{-2n})^p$. Enfin $g x^m d x (a+bx^n+Bx^{2n}) \times (c+ex^n+fx^{2n}+\gamma x^{3n})^p$ devient $g x^{m+2n+3np} d x (B+bx^{-n}+ax^{-2n}) \times (\gamma+fx^{-n}+ex^{-2n}+cx^{-3n})^p$.

LXIV.

2°. Pour ramener beaucoup de différentielles aux formules précédentes.

Cette méthode sert aussi pour ramener à nos formules un grand nombre de différentielles.

Lorsque

Lorfque les deux termes de la grandeur fous le figne Application à des binomes.
font multipliés par la changeante, comme dans $\frac{b\,dx}{x^3}$
$\sqrt{cx+x^2} = bx^{-3}\,dx\,(cx+x^2)^{\frac{1}{2}}$, il faut pour réduire cette quantité à la premiere forme de la formule des
binomes, dégager le premier terme de la changeante qui
le multiplie. Or cela fe fait aifément par le moyen de
notre méthode. Je divife la grandeur fous le figne par
$x^{1\times\frac{1}{2}}$, & je multiplie la grandeur hors du figne par cette
même quantité; j'ai $bx^{-\frac{1}{2}}\,dx \times \overline{c+x}^{\frac{1}{2}}$, dans laquelle
$b=g$; $-\frac{1}{2}=m$; $c=a$; $b=1$; $n=1$; $p=\frac{1}{2}$.

Pour réduire cette différentielle à la feconde forme de
la même formule, je multiplie la partie hors du figne par
$x^{2\times\frac{1}{2}}$, & je divife la partie fous le figne par la même
grandeur: ce qui me donne $bx^{-2}\,(1+cx^{-1})^{\frac{1}{2}}$ ou $g=b$;
$m=2$; $b=1$; $a=c$; $n=1$; $p=\frac{1}{2}$.

LXV.

De la même maniere pour ramener à la premiere forme Application à des trinomes.
de la formule $g\,x^{m}\,dx\,(a+bx^{n}+Bx^{2n})\times(c+ex^{n}$
$+fx^{2n}+\gamma x^{3n})^{p}$ la quantité du même genre $x^{-2}\,dx$
$(3a-6x^2)\times(ax-6x^3+kx^4)^{-\frac{1}{2}}$, il faudroit divifer la grandeur fous le figne par $x^{1\times-\frac{1}{2}}$, & multiplier
celle qui eft hors du figne par la même quantité; cette
opération nous donne $x^{-\frac{1}{2}}\,dx\,(3a-6x^2)\times(a+ox^2$
$-6x^2+kx^3)^{-\frac{1}{2}}$, où on a $g=1$; $m=-\frac{1}{2}$; $a=3a$;

$$b = 0; \; B = -G; \; c = a; \; e = 0; \; f = -G, \; \gamma = k; \; p = -\tfrac{1}{2}.$$

Si on veut ramener la même différentielle à la seconde forme de la même formule, il faut 1° diviser la premiere grandeur complexe $3\,a - G x^2$ par x^2, & multiplier la grandeur $x^{-2}\,dx$, par x^2. 2°. Diviser la seconde grandeur complexe $(a x - G x^3 + k x^4)^{-\frac{1}{2}}$, & multiplier en même temps $x^{-2}\,dx$ par $x^{4 \times -\frac{1}{2}} = x^{-2}$; & on aura $x^{-2}\,dx$
$$(-G + 3\,a\,x^{-2}) \times (k - G x^{-1} + a x^{-3})^{-\frac{1}{2}}.$$

LXVI.

Il en sera de même de beaucoup d'autres différentielles. Il est bon aussi d'observer que des différentielles incomplexes, peuvent avoir la forme de différentielles complexes. Par exemple, $dx \times \sqrt{a x} = x^{0} \times dx \,(0 + a x^{1})^{\frac{1}{2}}$.

LXVII.

Troisieme usage de la méthode expliquée ci-dessus.

REMARQUE 2. Il est quelquefois nécessaire pour faciliter de certaines intégrations, dont nous allons parler tout à l'heure, de faire ensorte que l'exposant de la changeante hors du signe soit moindre d'une unité que l'exposant de la plus haute puissance de la changeante sous le signe. Or cela se fait par le moyen des indéterminées, & de la présente méthode.

Soit (A) $x^{r}\,dx\,(e + k x^{s})^{n}$. Pour que l'exposant r soit moindre d'une unité que s, je multiplie la changeante x^{r} hors du signe, par x élevée à une puissance dont l'exposant soit l'indéterminée q, c'est-à-dire, par x^{q}, & je divise en même temps $\overline{e+kx^s}^{\,n}$ par $x^{\frac{q}{n}}$. J'aurai $x^r\,dx\,(e+kx^s)^n$ $=$ (B) $x^{r+q}\,dx\,(ex^{-\frac{q}{n}}+kx^{s-\frac{q}{n}})^n$. Je suppose à présent $s-\frac{q}{n}=r+q+1$, j'aurai $q=\frac{sn-rn-n}{n+1}$, & cette valeur de q étant mise à sa place dans (B), on a

$$x^{\frac{r+sn-n}{n+1}}\,dx\left\{ex^{\frac{r-s+1}{n+1}}+kx^{\frac{r+sn+1}{n+1}}\right\}^n,$$

où l'exposant de x hors du signe ne differe que d'une unité de l'exposant de la plus haute puissance de x sous le signe.

On remarquera qu'il est indifférent de multiplier $x^r\,dx$ par x^q, en divisant la grandeur sous le signe par $x^{\frac{q}{n}}$, ou de faire l'inverse de cette opération.

LXVIII.

Toutes ces choses supposées & bien entendues, je passe à l'intégration des différentielles binomes, trinomes, &c. La méthode pour intégrer ces différentielles a deux parties. La première renferme les binomes qui peuvent s'intégrer algébriquement, c'est-à-dire exactement. La seconde comprend celles qui ne s'integrent exactement qu'en supposant la quadrature ou la rectification d'une courbe.

CHAPITRE V.

Premiere partie de la Méthode pour intégrer les différentielles Binomes comprises dans la formule $g x^m d x (a+b x^n)^p$, *ou* $g x^{m+np} dx (b+ax^{-n})^p$, *dans laquelle* p *est un nombre quelconque.*

LXIX.

Elle contient les différentielles qui s'integrent algébriquement.

Procédé de la méthode.

POur trouver l'intégrale de (A) $g x^m d x (a+b x^n)^p$, il faut 1°. faire ensorte que l'exposant de la changeante x hors du figne soit moindre d'une unité que l'exposant de la plus haute puissance de x sous le figne. Or cela se fait de la maniere que nous avons enseigné (Art. LXVII.).

2°. Il faut supposer une nouvelle changeante z égale à la grandeur qui est sous le figne, & substituer les valeurs que donne cette transformation, de la maniere que nous avons enseigné (Art. XVI.). On a par ce moyen une transformée dont le premier terme est intégrable par notre regle fondamentale. Le second terme est le même qu'étoit la quantité avant la transformation, à l'exception qu'il a un coefficient différent, & que l'exposant de la changeante hors du figne est augmenté ou diminué en proportion arithmétique. On fait sur ce second terme la même opération que sur le premier, ainsi de suite.

LXX.

Détaillons cette méthode en l'appliquant à notre formule $(A)\ gx^m dx\ (a+bx^n)^p$.

1°. Elle devient par la premiere opération $(B)\ gx^{m+q} dx\ \left\{ ax^{-\frac{q}{p}} + bx^{n-\frac{q}{p}} \right\}^p$, & supposant $m+q+1 = n-\frac{q}{p}$, on en tire $q = \frac{np-mp-p}{p+1}$. Je substitue cette valeur de q à sa place dans (B), on trouve $(A) = (C)\ gx^{\frac{m+np-p}{p+1}} dx . \left\{ ax^{\frac{m-n+1}{p+1}} + bx^{\frac{m+np+1}{p+1}} \right\}^p$.

2°. Je suppose z égale à la grandeur sous le signe, c'est-à-dire $(D)\ z = ax^{\frac{m-n+1}{p+1}} + bx^{\frac{m+np+1}{p+1}}$: ce qui donne $(E)\ z = x^{\frac{m-n+1}{p+1}} \times (a+bx^n)$. Donc on a $(F)\ z^{p+1} = x^{m-n+1} \times (a+bx^n)^{p+1}$, & $(\varphi)\ z^p = \left\{ ax^{\frac{m-n+1}{p+1}} + bx^{\frac{m+np+1}{p+1}} \right\}^p$. Différentiant (D) j'ai $(G)\ dz = \left\{ \frac{m-n+1}{p+1} \right\} ax^{\frac{m-n-p}{p+1}} dx + \left\{ \frac{m+np+1}{p+1} \right\} bx^{\frac{m+np-p}{p+1}} dx$. Et par conséquent $(H)\ x^{\frac{m+np-p}{p+1}} dx = (I)\ \left\{ \frac{p+1}{m+np+1} \right\} \frac{1}{b} dz - \left\{ \frac{m-n+1}{m+np+1} \right\} \frac{a}{b} x^{\frac{m-n-p}{p+1}} dx$.

3°. Je substitue dans le second membre de l'équation $A = C$, la valeur (I) de (H), & on a $A = (L)\ \left\{ \frac{p+1}{m+np+1} \right\} \frac{g}{b} dz \times \left\{ ax^{\frac{m-n+1}{p+1}} + bx^{\frac{m+np+1}{p+1}} \right\}^p - \left\{ \frac{m-n+1}{m+np+1} \right\} \frac{ag}{b} x^{\frac{m-n-p}{p+1}} dx \times \left\{ ax^{\frac{m-n+1}{p+1}} + bx^{\frac{m+np+1}{p+1}} \right\}^p$. Ou substituant encore dans le premier terme de (L) au lieu de

$\left\{ a x^{\frac{m-n+1}{p+1}} + b x^{\frac{m+np+1}{p+1}} \right\}^{p}$ fa valeur z^{p} prife de (Φ), on aura $(A) = (M) \left\{ \frac{p+1}{m+np+1} \right\} \frac{g}{b} z^{p} dz - (N)$ $\left\{ \frac{m-n+1}{m+np+1} \right\} \frac{ag}{b} x^{\frac{m-n-p}{p+1}} dx \times \left\{ a x^{\frac{m-n+1}{p+1}} + b x^{\frac{m+np+1}{p+1}} \right\}^{p}$ $= (M) \left\{ \frac{p+1}{m+np+1} \right\} \frac{g}{b} z^{p} dz - (P) \left\{ \frac{m-n+1}{m+np+1} \right\} \frac{ag}{b}$ $x^{m-n} dx (a+bx^{n})^{p}.$

4°. Je cherche l'intégrale de cette équation. Or je vois bien-tôt que la regle fondamentale me donne celle de la partie (M), je la prends & je trouve $\int (A) g x^{m} dx$ $(a+bx^{n})^{p} = (Q) \frac{1}{m+np+1} \times \frac{g}{b} z^{p+1} - (R) \left\{ \frac{m-n+1}{m+np+1} \right\}$ $\frac{ag}{b} \times \int x^{m-n} dx (a+bx^{n})^{p}$. Je fubftitue dans (Q) la valeur de z^{p+1} prife de (F), & j'ai $\int (A) g x^{m} dx$ $(a+bx^{n})^{p} = (T) \frac{1}{m+np+1} \times \frac{1}{b} \times g x^{m-n+1}$ $(a+bx^{n})^{p+1} - (R) \left\{ \frac{m-n+1}{m+np+1} \right\} \frac{a}{b} \int g x^{m-n} dx$ $(a+bx^{n})^{p}.$

LXXI.

Voilà le premier terme de l'intégrale qu'on cherche. L'on trouvera tous les fuivans à l'infini par de fimples fubftitutions. Le fecond, par exemple, fe trouve en mettant dans (T), & dans (R), à la place de m, $m-n$, & multipliant par le coefficient de (R), ce que donne cette fubftitution. Ce fecond terme fera $(V) - \left\{ \frac{m-n+1}{m+np+1} \right\}$ $\times \frac{1}{m+np+1-n} \times \frac{a}{bb} g x^{m+1-2n} (a+bx^{n})^{p+1} - (X)$ $\left\{ \frac{m-n+1}{m+np+1} \right\} \times \left\{ \frac{m+1-2n}{m+np+1-n} \right\} \frac{aa}{bb} \int g x^{m-2n} dx \times (a+bx^{n})^{p}.$

La raison de cette opération est évidente. Car nous venons de trouver l'intégrale de $(A)\ g x^m\, dx \times (a + bx^n)^p$; nous cherchons maintenant celle de $(R) - \left\{\frac{m-n+1}{m+np+1}\right\} \times \frac{a}{b} \times g x^{m-n}\, dx \times (a + bx^n)^p$. En quoi diffèrent ces deux différentielles? Si nous les comparons ensemble, nous trouvons $-\left\{\frac{m-n+1}{m+np+1}\right\} \times \frac{a}{b} = 1$, $m - n = m$; donc pour avoir l'intégrale de R, il faudra substituer dans celle de A, $m - n$ à m; & multiplier chaque terme par $-\left\{\frac{m-n+1}{m+np+1}\right\} \times \frac{a}{b}$.

LXXII.

Le troisieme terme se trouve par la même raison, en mettant dans T & dans R, $m - 2n$ au lieu de m, & multipliant ce qui en vient par le coefficient de X.

De la même maniere on aura le quatrieme terme, & tant d'autres qu'on voudra de la suite qui est l'intégrale cherchée. Ils sont chacun multipliés par $g(a + bx^n)^{p+1}$; ainsi il suffit d'écrire ce commun multiplicateur une seule fois au commencement de la suite.

LXXIII.

REMARQUE 1. On peut abréger l'expression de cette intégrale. Pour cela, il faut 1°. diviser le numérateur & le dénominateur du premier terme, chacun par n; ceux du second terme par n^2; ceux du troisieme par n^3, & ainsi de suite. Cette opération donne après la réduction $\int (A)$

$$= \frac{g}{n}(a+bx^n)^{p+1} \times \left(\left\{ \frac{\frac{1}{m+np+1}}{n} \right\} \frac{1}{b} x^{m-n+1} \right.$$

$$\left. - \left\{ \frac{\frac{m+1-n}{n}}{\frac{(m+np+1)(m+np+1-n)}{nn}} \right\} \frac{a}{bb} x^{m-2n+1} + \&c. \right).$$

2°. Je suppose . . . . $\dfrac{m+1}{n} = r$.

ce qui donne . . . . $m+1 = rn$.

$$\frac{m+1-n}{n} = r-1.$$

$$m+1-n = rn-n.$$

$$m+1-2n = rn-2n.$$

Je suppose encore . . . . $\left. \begin{array}{c} r+p \\ \text{ou } \dfrac{m+np+1}{n} \end{array} \right\} = s.$

ce qui donne . . . . . . $\dfrac{m+np+1-n}{n} = s-1.$

$\&$ . . . . $\dfrac{m+np+1-2n}{n} = s-2.$

3°. Je substitue r, $r-1$, $r-2$, &c. s, $s-1$, $s-2$, &c. à la place de leurs valeurs dans la derniere expression de l'intégrale, & on aura la formule suivante.

Prémiere formule ($\downarrow$) de l'intégrale des différentielles binomes qu'on peut ramener à $gx^m dx (a+bx^n)^p$.

$$\int g x^m dx (a+bx^n)^p = \frac{g}{n}(a+bx^n)^{p+1}$$

$$\times \left(\frac{1}{s \times b} x^{rn-n} - \left\{ \frac{r-1}{s(s-1)} \right\} \frac{a}{bb} x^{rn-2n} + \left\{ \frac{(r-1)(r-2)}{s(s-1)(s-2)} \right\} \frac{aa}{b^3} x^{rn-3n} - \&c. \right),$$

ou bien en mettant pour $rn-n$, $rn-2n$, & leurs valeurs $\int (A) = \frac{g}{n}(a+bx^n)^{p+1}$

$$\times \left(\frac{1}{s \times b} x^{m+1-n} - \left\{ \frac{r-1}{s(s-1)} \right\} \frac{a}{bb} x^{m+1-2n} + \left\{ \frac{(r-1)(r-2)}{s(s-1)(s-2)} \right\} \frac{aa}{b^3} x^{m+1-3n} - \&c. \right).$$

LXXIV.

LXXIV.

REMARQUE 2. Quand le fecond terme bx^n du binome $\overline{a+bx^n}^p$ eft négatif, il faut changer dans la formule les fignes des termes dans lefquels b a une dimenfion impaire.

LXXV.

On peut avoir par la même méthode une formule d'intégrale de $g x^m dx (a+bx^n)^p$, où les puiffances de la changeante x qui en diftinguent les termes ayent pour expofans la progreffion arithmétique $m+1$, $m+1+n$, $m+1+2n$, au lieu que ces expofans font dans la formule précédente $m+1-n$, $m+1-2n$, $m+1-3n$, &c. L'opération eft abfolument la même, que celle que nous avons déja faite, excepté qu'il faut fuppofer $m+q+1 = -\dfrac{q}{p}$, & non pas $= n - \dfrac{q}{p}$; ce qui donnera $q = -\dfrac{mp-p}{p+1}$. Après les fubftitutions & transformations on

aura $\int g x^m dx (a+bx^n)^p = (\gamma) \left\{\dfrac{1}{m+1}\right\} \times \dfrac{g}{a} \times x^{m+1}$
$\times (a+bx^n)^{p+1} - \left\{\dfrac{m+1+np+n}{m+1}\right\} \dfrac{bg}{a} \int x^{m+n} dx \times$
$(a+bx^n)^p$; on trouvera le fecond, troifieme, quatrieme, &c. terme de l'intégrale comme ci-deffus (Art. LXXI.).
L'intégrale eft $g (a+bx^n)^{p+1} \times \Big(\left\{\dfrac{1}{m+1}\right\} \dfrac{1}{a} x^{m+1}$
$- \left\{\dfrac{m+1+np+n}{(m+1).(m+1+n)}\right\} \dfrac{b}{aa} x^{m+1+n} +$
$\left\{\dfrac{(m+1+np+n).(m+1+np+2n)}{(m+1).(m+1+n).(m+1+2n)}\right\} \dfrac{bb}{a^3} \times x^{m+1+2n} - \&c. \Big).$

O

LXXVI.

On abrégera l'expreſſion de cette formule par le même moyen qui a ſervi pour la précédente. On diviſera le numérateur & le dénominateur du premier coefficient chacun par — n, ceux du ſecond par — $n \times$ — n, ceux du troiſieme par — n^3, & ainſi de ſuite. Après on fera paſſer au dénominateur du multiplicateur commun une — n du diviſeur de chaque terme des coefficiens. Enfin on ſuppoſera . . . . $\dfrac{m+1}{-n} = s$

$$\frac{m+1-p}{-n} = s - p = r$$

d'où l'on tire . . . . $\dfrac{m+1+n}{-n} = s - 1,$

$$\frac{m+1+2n}{-n} = s - 2, \text{ \&c.}$$

& encore . . . . $\dfrac{m+1+np}{-n} = r$

$$\frac{m+1+np+n}{-n} = r - 1$$

$$\frac{m+1+np+2n}{-n} = r - 2, \text{ \&c.}$$

Mettant ces valeurs à leurs places dans les coefficiens de l'intégrale, on aura cette ſeconde formule.

Seconde formule (ω) de l'intégrale de $g\, x^m\, dx\, (a + b x^n)^p$.

$$\int g\, x^m\, dx\, (a + b x^n)^p = (\omega)\; \frac{g}{-n}\, (a + b x^n)^{p+1} \times$$

$$\left(\frac{1}{as}\, x^{m+1} - \left\{ \frac{r-1}{s.(s-1)} \right\} \frac{b}{aa}\, x^{m+1+n} + \left\{ \frac{(r-1).(r-2)}{s.(s-1).(s-2)} \right\} \frac{bb}{a^3}\, x^{m+1+2n} - \text{\&c.} \right).$$

LXXVII.

REMARQUE 3. Si la différentielle binome étoit $x^m dx (ax^n + bx^{2n})^p$, il seroit aisé d'en trouver l'intégrale par notre méthode. Il suffiroit de préparer la différentielle, de maniere que la changeante x ne se trouvât qu'au second terme : c'est ce qu'on feroit par le moyen de la regle donnée, Article LX.

LXXVIII.

REMARQUE 4. La même méthode nous donneroit aussi deux formules d'intégration pour la seconde forme de la formule des binomes, $g x^{m+np} dx (b+ax^{-n})^p$; mais il est inutile de s'y arrêter, les deux que nous venons de trouver étant suffisantes.

La seconde forme $g x^{m+np} dx (b+ax^{-n})^p$ de la formule des binomes donne aussi deux formules d'intégration.

CHAPITRE VI.

*Observations sur les deux formules d'intégration (✦)
& (☞) de la premiere partie de la méthode
des binomes.*

LXXIX.

DANS nos deux formules, lorsque r, ou $\frac{m+1}{n}$ dans la premiere, & $\frac{m+1}{-n} - p$ dans la seconde, est un nombre entier positif, il est évident que la suite sera finie & exacte,

Cas dans lequel r est un nombre entier positif. N'a point de difficulté.

puisque $r-1$, $r-2$, &c. étant coefficiens des termes de la suite, & r un nombre entier positif, un des coefficiens & tous les suivans seront $=0$. Donc la suite aura autant de termes, qu'il y aura d'unités dans le nombre entier r.

Mais si s est un nombre entier positif, alors le cas est plus difficile : nous allons le développer.

Commençons par la premiere formule ($\downarrow$).

LXXX.

1°. Il peut arriver que r ne soit pas un nombre entier positif, & que s en soit un ; car soit, par exemple, $m=2$; $n=5$; $p=\frac{2}{5}$ ou $\frac{2}{5}+1$, ou $\frac{2}{5}+2$, ou &c. on a $s\left\{\frac{m+1+p}{n}\right\} = \frac{3}{5}+\frac{2}{5}$, ou $\frac{3}{5}+\frac{2}{5}+1$, ou $\frac{3}{5}+\frac{2}{5}+2$, &c. $=$ à un nombre entier positif, & en général si $p=\frac{n-m-1}{n}+q$, en prenant q pour un nombre entier positif, on aura $s\left\{\frac{m+1}{n}+p\right\} = q+1$.

Comme les termes dont le dénominateur est égal à zéro sont infinis, on pourroit croire que dans ce cas l'intégrale est infinie : mais il y a une infinité de cas où cela n'est point, l'intégrale dépendant de la quadrature d'une courbe, dans laquelle tant que x est finie, l'aire de la courbe l'est aussi. Car soit comme dans l'exemple précédent, $m=2$, $n=5$, $p=\frac{2}{5}$, on a $g x^m dx.(a+bx^n)^p = g x^2 dx.(a+bx^5)^{\frac{2}{5}}$, dont l'intégrale dépend de la quadrature d'une courbe dans laquelle (Art. XLVII.) l'abscisse étant x

l'ordonnée est $g x^2 . \overline{a + b x^5}^{\frac{2}{5}}$. Or il est visible que lorsque $x = 0$, cette ordonnée est $= 0$, & qu'elle n'est infinie que lorsque x elle-même est infinie. Donc tant que x est finie, l'aire de la courbe exprimée par $\int g x^2 d x \overline{a + b x^5}^{\frac{2}{5}}$ est aussi finie.

LXXXI.

La formule ou serie ($\downarrow$) ne pouvant donc servir dans ce cas, il faut avoir recours à la serie (W) ou formule $\int x^k d x \, (e + c x^q)^{\alpha}$ de l'Art. XI. en faisant

$$g = h$$
$$m = k$$
$$a = e$$
$$b = c$$
$$n = q$$
$$\alpha = p$$

& si dans cette serie le dénominateur de quelqu'un des termes devient $= 0$, c'est-à-dire (Schol. art. XII.) si $\frac{k + 1}{-q}$, ou sa valeur $\frac{m + 1}{-n}$, est un nombre entier positif, on pourra trouver l'intégrale finie & exacte de la différentielle proposée. Car puisque dans notre formule ($\downarrow$) $\frac{m + 1}{n} + p$ est (hypoth.) un nombre entier positif, & que $\frac{m + 1}{-n}$ est aussi supposé un nombre entier positif, il faut nécessairement pour que ces deux suppositions s'accordent que $p = \alpha$ soit un entier positif. Or cela posé on a (Article XI.) l'intégrale finie & exacte de notre différentielle.

LXXXII.

2°. Si $r \left\{ \frac{m + 1}{n} \right\}$ & $s \left\{ \frac{m + 1}{n} + p \right\}$ sont tous deux

des nombres entiers pofitifs, il eft vifible que p fera néceffairement ou un nombre entier pofitif, ou un nombre
entier négatif $< \frac{m+1}{n}$.

Premier cas
$r < s$ n'a au-
cune difficul-
té.

Dans le premier cas r eft $< s$, alors la formule $(\dagger)$
ne fait aucune difficulté ; car r étant un nombre entier
pofitif plus petit que s, la ferie qui donne l'intégrale fe
trouve finie & exacte, avant qu'on foit arrivé au terme
dont le dénominateur feroit égal à zéro.

D'ailleurs on peut réfoudre ce cas fimplement par l'Article XI. que nous venons de citer.

LXXXIII.

Second cas
$r > s$ plus
difficile.

Mais fi p eft un nombre entier négatif, alors $r > s$,
& le dénominateur des termes de la formule $(\dagger)$ devenant
$= 0$, avant que l'intégrale foit finie & exacte, cette formule ne fait rien connoître.

Le cas préfent peut être repréfenté par (a) $\dfrac{g x^m\, dx}{\overline{a+b x^n}^{\,p}}$,

où à caufe que p eft négatif, j'ai mis $\overline{a+b x^n}^{\,p}$ au dénominateur. Parce que $\frac{m+1}{n} = r$, on a $(a) = \dfrac{g x^{rn-1}\, dx}{(a+b x^n)^p} =$

$\dfrac{g x^{rn-n+n-1}\, dx}{(a+b x^n)^p} = \dfrac{g x^{rn-n} \times x^{n-1}\, dx}{(a+b x^n)^p}$. Soit maintenant

(Art. XVI.) $a+b x^n = z$, on aura $x^n = \frac{z-a}{b}$; $x^{n-1}\, dx$

$= \frac{dz}{nb}$; $x^{rn-n} = \left\{ \frac{z-a}{b} \right\}^{r-1}$; & enfin $\dfrac{g x^{rn-n} \times x^{n-1}\, dx}{(a+b x^n)^p}$

$= \dfrac{g\, dz}{n b z^p} \times \left\{ \frac{z-a}{b} \right\}^{r-1} = \dfrac{g}{n b^r} \times \dfrac{\overline{z-a}^{\,r-1}\, dz}{z^p}$. Or comme

r eft (hyp.) un nombre entier pofitif, $r - 1$ en fera un; par conféquent pour avoir l'intégrale de $\frac{\overline{z-a}^{\,r-1}\,dz}{z^p}$, il ne faut qu'élever $z - a$ à la puiffance $r - 1$, & multiplier chaque terme par $\frac{dz}{z^p}$ pour en prendre enfuite l'intégrale.

Or comme p (hyp.) eft $<$,, il s'enfuit que p ne fauroit être que tout au plus $= r - 1$; & comme la puiffance $r - 1$ de $z - a$ doit contenir toutes les puiffances de z depuis z^{r-1} jufqu'à z° incluſivement, il s'enfuit qu'il y aura quelqu'un de ces termes dont la multiplication par $\frac{dz}{z^p}$ réduira la différentielle à $\frac{dz}{z}$ que nous avons démontré dépendre de la quadrature de l'hyperbole.

LXXXIV.

Je paffe à la feconde formule (ω).

Dans cette formule fi s $\left\{ \frac{m+1}{-n} \right\}$ eft égale à un nombre entier pofitif, elle a le même inconvénient que nous venons de remarquer dans la ferie (ψ) pour un cas femblable (Art. LXXX.). Dans ce cas au lieu de faire ufage de cette formule (ω), on peut employer la ferie (W) en fe fervant des remarques que nous avons faites fur cette ferie (Article XII. & fuiv.).

On pourra auffi fe fervir de la formule (ψ) qui ne fera aucune difficulté, à moins que $\frac{m+1}{n} + p$ ne foit un nombre entier pofitif; mais en ce cas on remarquera que puifque (hyp.) $\frac{m+1}{-n}$ eft un nombre entier pofitif, & que

$\frac{m+1}{n} + p$ en eſt auſſi un, il faut que p ſoit entier poſitif, & alors il n'y a plus de difficulté pour trouver l'intégrale.

LXXXV.

2°. r & s étant tous deux entiers poſitifs, Si dans cette même formule r & s ſont tous deux des nombres entiers poſitifs & que $r < s$, alors on peut fort bien ſe ſervir de la formule (ω). D'ailleurs p eſt alors un nombre entier poſitif, & l'intégrale par conséquent ſe trouve aiſément ſans le ſecours de la formule. La preuve en eſt la même que pour le cas ſemblable de la formule ($\downarrow$) (Art. LXXXII.).

Mais ſi $s \left\{ \frac{m+1}{-n} \right\}$ eſt $< r \left\{ \frac{m+1}{-n} - p \right\}$, ce qui rend $p =$ à un nombre entier négatif, alors la formule (ω) ne fait rien connoître, & il faut avoir recours à une autre méthode pour trouver l'intégrale.

LXXXVI.

Puiſque $\frac{m+1}{-n} = s$ que je ſuppoſe être un nombre entier poſitif, & que p eſt (hyp.) un nombre entier négatif, il s'enſuit que la différentielle, $x^m dx . (a+bx^n)^p$ peut être repréſentée par $\frac{x^{-sn-1} dx}{(a+bx^n)^p}$. Or ſuppoſons (Art. XLIII.) $x^n = \frac{1}{u}$, on a $x^{-sn-1} dx = - \frac{u^{s-1} du}{n}$; & $\frac{x^{-sn-1} dx}{(a+bx^n)^p}$

$$= - \frac{u^{s-1} du}{n} \times \frac{u^p}{(au+b)^p} = - \frac{u^{p+s-1} du}{n .(b+au)^p} : \text{comme } p$$

& s ſont des nombres entiers poſitifs, il eſt aiſé d'avoir l'intégrale en cette ſorte.

Soit

Soit $b + au = z$, on a $u = \frac{z-b}{a}$, & $- \frac{u^{p+s-1} du}{n.(b+au)^{p}}$

$$= - \frac{\frac{1}{n} \left\{ \frac{z-b}{a} \right\}^{p+s-1} \frac{dz}{a}}{z^{p}} = - \frac{\frac{1}{n}.(z-b)^{p+s-1} dz}{a^{p+s} z^{p}},\ \text{dif-}$$

férentielle dont l'intégrale est facile, parce que $p + s - 1$ est un nombre entier positif ; & il est aisé de prouver qu'il y aura quelques termes de cette intégrale qui dépendront de la quadrature de l'hyperbole.

CHAPITRE VII.

Seconde partie de la Méthode des différentielles binomes comprises dans la formule
$$g x^{m} dx . (a + b x^{n})^{p}.$$

LXXXVII.

CEtte seconde partie renferme les différentielles dont l'intégrale suppose la quadrature ou la rectification d'une courbe.

De la formation des deux formules précédentes, on peut en déduire deux autres pour trouver les intégrales finies des différentielles binomes que la premiere partie de la méthode ne donne point. Pour cela on suppose données les intégrales de quelques différentielles binomes , lorsqu'on n'en peut avoir d'exactes par les formules qui précédent.

P

Ces deux formules font aifées à trouver par notre premiere transformation. On fuppofera pour abreger $u = g \times (a + bx^n)^{p+1}$, & on écrira dans chacune des formules ($\downarrow$) & (ω) de la premiere partie, non-feulement les termes qui font chacun une intégrale, mais on écrira auffi en parenthefe pour les diftinguer, chacun dans leur rang, les autres termes qui ont fait découvrir les précédens, & qui ne font marqués que par $\int$ qui veut dire fomme. Ces termes affectés du figne $\int$ étant fuppofés donnés, l'intégrale fera exacte.

LXXXVIII.

Ce procédé nous donne les deux formules fuivantes.

Premiere formule ($\triangle$) *de la feconde partie. de la Méthode.*

Premier terme de l'intégrale.

Répondante à la formule ($\downarrow$) de la premiere partie de cette méthode.

$$\int g x^m \, dx . (a + bx^n)^p = (\triangle) \left\{ \frac{1}{m+1+np} \right\} \cdot \frac{1}{b} u x^{m+1-n}$$

A

$$\left(- \left\{ \frac{m+1-n}{m+1+np} \right\} \cdot \frac{a}{b} \int g x^{m-n} \, dx . (a+bx^n)^p \right) -$$

Second terme de l'intégrale.

$$\left\{ \frac{m+1-n}{m+1+np} \right\} \cdot \left\{ \frac{1}{m+1+np-n} \right\} \cdot \frac{a}{bb} u x^{m+1-2n}$$

B

$$\left(+ \left\{ \frac{m+1-n}{m+1+np} \right\} \cdot \left\{ \frac{m+1-2n}{m+1+np-n} \right\} \cdot \frac{aa}{bb} \int g x^{m-2n} \, dx \times \right.$$

Troifieme terme de l'intégrale.

$$\left. (a+bx^n)^p \right) + \left\{ \frac{(m+1-n) . (m+1-2n) \times 1}{(m+1+np) . (m+1+np-n) . (m+1+np-2n)} \right\}$$

$$\frac{a^2}{b^3} u x^{m+1-3n} \left(- \left\{ \frac{(m+1-n) . (m+1-2n)}{(m+1+np) . (m+1+np-n)} \right\} \right.$$

$$\left\{\frac{\overset{C}{m+1-3n}}{m+1+np-2n}\right\} \cdot \frac{a^3}{b^3} \int g\, x^{m-3n}\, dx \cdot (a+bx^n)^p - \&c.$$

Seconde formule (x) de la seconde partie de la Méthode.

Premier terme de l'intégrale.

Répondante à la formule (ω) de la premiere partie.

$$\int g\, x^m\, dx \cdot (a+bx^n)^p = (X)\ \frac{1}{m+1}\cdot\frac{1}{a}\, u\, x^{m+1}$$

$$\left\{-\ \frac{(m+1+np+n)}{m+1}\times\frac{b}{a}\int g\, x^{m+n}\, dx\cdot\overline{a+bx^n}^{\,p}\right\} -$$

Second terme de l'intégrale.

$$\frac{(m+1+np+n)\times 1}{(m+1)\cdot(m+1+n)}\times\frac{b}{aa}\, u\, x^{m+1+n}\left\{+\right.$$

$$\frac{(m+1+np+n)\cdot(m+1+np+2n)}{(m+1)\cdot(m+1+n)}\times\frac{bb}{aa}\times\int g\, x^{m+2n}\, dx\cdot$$

Troisieme terme de l'intégrale.

$$\overline{a+bx^n}^{\,p}\Big\}\ +\ \frac{(m+1+np+n)\cdot(m+1+np+2n)\times 1}{(m+1)\cdot(m+1+n)\cdot(m+1+2n)}\times$$

$$\frac{b^3}{a^3}\times u\, x^{m+1+2n}\left\{-\ \frac{(m+1+np+n)\cdot(m+1+np+2n)}{(m+1)\cdot(m+1+n)}\right.$$

$$\times\frac{\overset{C}{(m+1+np+3n)}}{m+1+2n}\times\frac{b^3}{a^3}\int g\, x^{m+3n}\, dx\times\overline{a+bx^n}^{\,p}\Big\} - \&c.$$

On peut continuer ces deux formules tant qu'on voudra, les termes qu'on voit ici suffisent pour cela. On peut aussi abréger les coefficiens, en donnant à *r* & à *s* les mêmes valeurs que dans les deux formules de la premiere partie. Nous les avons laissés ici tels que la seconde partie de notre méthode les donne immédiatement, afin que les commençans vissent clairement la formation de ces deux formules.

P ij

Avant de faire voir l'ufage de ces formules, il eft néceffaire de donner quelques notions préparatoires.

Notions préparatoires à l'application des formules de la feconde partie de la Méthode.

LXXXIX.

On regarde une différen-tielle comme l'élément de la quadrature ou de la recti-fication d'une courbe.

Nous avons déja fait voir qu'une différentielle qui n'a qu'une changeante pouvoit être regardée comme l'élément de la quadrature d'une courbe ; c'eft pour cela que dans le cas des deux dernieres formules on dit que l'intégrale dépend de la quadrature d'une courbe, & que cette qua-drature étant fuppofée on a l'intégrale finie de la différen-tielle.

Et c'eft d'or-dinaire aux fections coni-ques qu'on les applique.

Comme le cercle & les fections coniques font les plus fimples des courbes, & qu'elles font plus familieres, parce qu'on s'y eft plus appliqué qu'aux autres, c'eft d'ordinaire à leur quadrature ou à leur rectification, fuppofées con-nues, qu'on réduit les intégrales des différentielles qui ont pour intégrale quelques termes d'une intégrale exacte, & pour dernier terme l'expreffion de la quadrature ou de la rectification d'une courbe.

X C.

Les formu-les (Δ) & (x) indiquent les différentielles qui font dans ce cas.

Les formules (Δ) & (x) font connoître quelles font les différentielles qui font dans ce cas, & font trouver les intégrales de ces différentielles. Pour le concevoir claire-ment, il faut avoir bien préfens les élémens de la quadra-ture & de la rectification des fections coniques.

Nous allons donner ici une Table de ceux qui se rapportent à notre formule générale $g x^m d x . (a + b x^n)^p$, & la maniere de les trouver. Nous pourrions renvoyer à d'autres livres où elle est expliquée ; mais il sera plus commode pour les lecteurs de l'avoir ici.

Méthode pour trouver les élémens des sections coniques.

XCI.

PROBLEME I. Trouver les élémens de la rectification du cercle & des sections coniques.

1°. Ceux de leur rectification.

SOLUTION. En nommant u l'arc de la courbe dont on cherche la longueur, $d u$ marquera chaque partie infiniment petite de cette courbe ; supposant de plus dans les courbes dont les ordonnées y sont paralleles, qu'elles soient aussi perpendiculaires aux coupées x, il est évident que chaque petit triangle dont $d u$ est l'hypothenuse, $d x$ & $d y$ les côtés, est toujours rectangle ; par conséquent on a pour la rectification du cercle & des sections coniques cette formule générale :

$$d u = \sqrt{d x^2 + d y^2}$$

Formule pour cette rectification.

XCII.

Lorsqu'on veut trouver la longueur d'une courbe ou d'une partie de cette courbe, il faut chercher par l'équation donnée de la courbe la valeur de $d y^2$ en x, $d x$, $d x^2$, ou la valeur de $d x^2$ en y, $d y$, $d y^2$; substituer l'une ou l'autre de ces valeurs dans la formule, & alors elle sera changée en une quantité qui n'aura qu'une seule inconnue

Usage de cette formule pour construire une Table de ces élémens.

avec ſes différences , & qui ſera égale à du. Ce ſera l'équation de la rectification de la courbe : ſi cette équation eſt intégrable , la courbe eſt rectifiable ; autrement elle ne l'eſt pas. Soit, par exemple, $xx - aa = \frac{aayy}{bb}$, équation aux diametres conjugués de l'hyperbole , on a $y = \sqrt{\frac{b^2 x^2 - a^2 b^2}{aa}}$, donc $dy = \frac{bx\,dx}{a\sqrt{(xx - aa)}}$; $dy^2 = \frac{bb\,xx\,dx^2}{a^2 x^2 - a^4}$. Donc mettant dans la formule pour dy^2 cette valeur , on a $du = dx \sqrt{\left\{ \frac{bb\,xx}{a^2 x^2 - a^4} + 1 \right\}}$. C'eſt l'équation pour la rectification de l'hyperbole. Il en eſt ainſi des autres.

Par cette regle on conſtruit la Table ſuivante.

TABLE des élémens de la rectification du Cercle & de la Parabole.

1°. En ſuppoſant le rayon du cercle $=r$ & prenant l'origine des coordonnées x & y au centre du cercle , on a $y = \sqrt{rr - xx}$; donc $du = r\,dx \cdot (rr - xx)^{-\frac{1}{2}}$.

2°. En prenant l'origine des coordonnées au ſommet, on a $y = \sqrt{2rx - xx}$; donc $du = r\,dx \cdot (2rx - xx)^{-\frac{1}{2}}$.

3°. Dans la Parabole on a , comme on le ſait , $y = \sqrt{px}$; donc $du = \frac{x^{-1}\,dx}{2} \cdot (px + 4xx)^{\frac{1}{2}}$.

On trouve les autres par la mĉme méthode ; mais comme nous l'avons déja remarqué , nous ne mettons ici que ceux qui ſe rapportent à la formule générale des binomes.

On pourroit joindre à cette Table les élémens des arcs de cercle par les Tangentes & par les Secantes que nous avons donnés dans l'Introduction, Articles XLI. & ſuivans.

XCIII.

Probleme 2. Trouver les élémens de la quadrature du cercle & des sections coniques.

Solution. On doit rapporter à deux cas la connoissance de l'aire des courbes. Le premier comprend celles dont les ordonnées sont paralleles ; on les suppose perpendiculaires aux coupées , afin que les élémens de l'aire soient de petits rectangles. Le second cas renferme les courbes dont les ordonnées partent d'un même point, & leurs élémens sont de petits triangles , dont chacun est compris entre deux ordonnées infiniment proches , & a pour base une partie infiniment petite de la courbe.

Il y a des courbes qui peuvent appartenir aux deux cas, comme sont le cercle, l'ellipse & plusieurs autres semblables. Car en supposant dans un demi cercle & dans une demie ellipse les ordonnées infiniment proches perpendiculaires à l'axe , les élémens seront des rectangles ; & en concevant du centre dans le cercle & dans l'ellipse des rayons infiniment proches terminés à la courbe ; & encore dans l'ellipse concevant d'un des foyers des rayons tirés à l'ellipse , les élémens sont de petits secteurs. Cela posé.

Premier cas. En nommant les coupées AB, x , les ordonnées BC, y ; concevant une autre ordonnée bc infiniment proche de BC, la différence Bb (dx) de l'abscisse sera la largeur de $CBbc$ qui est l'élément de l'aire ACB ; l'ordonnée y sera la base de ce petit rectangle

2°. Ceux de leur quadrature.

Il faut distinguer deux cas.

1°. Courbes dont les ordonnées sont paralleles.

Figure 4.

$=$ par conféquent $y\,dx$. Donc nommant l'aire entiere ACB, E, on aura $dE = y\,dx$. C'eft la formule pour le premier cas.

Second cas. Suppofant que tous les rayons partent du même point B, les deux rayons BC, Bc étant tirés infiniment proches, formeront le petit triangle CBc qui eft l'élément de l'aire de la courbe. Tirons du centre B avec le rayon BE un petit arc $Cd = dz$, qu'on pourra prendre pour une petite perpendiculaire menée du fommet C fur la bafe Bc (t) du petit triangle CBc, il eft évident que $Cd \times \frac{1}{2}BC = \frac{1}{2}t\,dz$ fera l'expreffion du petit triangle CBc;

nommant donc ϵ l'aire entiere, on a $d\epsilon = \frac{1}{2}t\,dz$ pour la formule du fecond cas.

Ufage de la premiere Formule $dE = y\,dx$.

Par le moyen de l'équation de la courbe dont on cherche l'aire, il faut prendre la valeur de y en x, ou celle de x en y, fubftituer cette valeur dans la formule précédente, enforte qu'elle ne contienne qu'une feule inconnue avec fa différence. On aura alors l'élément de la courbe laquelle eft quarrable, fi la différentielle qui exprime cet élément eft intégrable.

Ufage de la feconde Formule $d\epsilon = \frac{1}{2}t\,dz$.

Si on prend l'origine de x & de y, au point C; on aura BC ou $t = \sqrt{xx + yy}$; & $dz = \sqrt{du^2 - dt^2}$: or $du^2 = $ (Article XCI.) $dx^2 + dy^2$; donc $dz = \sqrt{dx^2 + dy^2 - dt^2}$. Donc mettant pour y fa valeur en x,

on

on aura la valeur de t, en x, celle de dz en dx, & celle de $\frac{1}{2}tdz$, en x & en dx.

XCIV.

Par cette méthode on conftruit la Table fuivante.

TABLE des élémens de l'aire du Cercle & des Sections coniques, qui fe rapportent à la Formule $g\,x^{m}\,dx\,.\,(a+b\,x^{n})^{p}$.

CERCLE.	ELLIPSE.	HYPERBOLE.
Quand l'origine des coordonnées eft au centre du cercle. 1°. D'un fegment de cercle $dx\,(rr-xx)^{\frac{1}{2}}$. 2°. D'un fecteur de cercle $\dfrac{rr\,dx}{2}\,.\,(rr-xx)^{-\frac{1}{2}}$. Lorfque l'origine des coordonnées eft au fommet de l'axe. 3°. D'un fegment de cercle $dx\,.\,(2rx-xx)^{\frac{1}{2}}$. 4°. D'un fecteur de cercle $\dfrac{rr\,dx}{2}\,.\,(2rx-xx)^{-\frac{1}{2}}$. **PARABOLE.** L'élément de l'aire de cette courbe eft $dx\,.\,(px)^{\frac{1}{2}}$, dont on fait (Art. 11.) que l'intégrale eft $\frac{2}{3}p^{\frac{1}{2}}x^{\frac{3}{2}}$. Donc la Parabole eft quarrable.	1°. D'un fecteur d'Ellipfe, les coordonnées ayant leur origine au fommet de l'axe. $2a^{-\frac{1}{2}}dx\,.\,(2apx-pxx)^{\frac{1}{2}}$. 2ᵛ. D'un fecteur d'Ellipfe, les coordonnées ayant leur origine au centre de la courbe. $\frac{1}{2}aapdx\,.\,(2a^{3}p-2apxx)^{-\frac{1}{2}}$.	Lorfque l'origine des coordonnées eft au centre de la courbe. 1°. D'un fegment d'hyperbole équilatere par rapport à fon premier axe . . . . $dx\,.\,(xx-aa)^{\frac{1}{2}}$. 2°. De la même par rapport à fon fecond axe. . . . . $dx\,.\,(xx+aa)^{\frac{1}{2}}$. 3°. D'un fegment d'hyperbole non équilatere par rapport au premier axe. $2a^{-\frac{1}{2}}dx\,.\,(pxx-aap)^{\frac{1}{2}}$. 4°. De la même par rapport à fon fecond axe. . . . . . $2b^{-\frac{1}{2}}dx\,.\,(\pi xx+\pi bb)^{\frac{1}{2}}$. 5°. D'un fecteur d'hyperbole équilatere pour le premier axe . . . . . . $\frac{1}{2}aadx\,.\,(xx-aa)^{-\frac{1}{2}}$. 6°. Par rapport au fecond axe . $\frac{1}{2}aadx\,.\,(aa+xx)^{-\frac{1}{2}}$. 7°. D'un fecteur d'hyperbole non équilatere pour le premier axe . . $\frac{1}{2}aapdx\,.\,(2apxx-2a^{3}p)^{-\frac{1}{2}}$. 8°. Par rapport au fecond axe. . . . . $\frac{1}{2}bb\pi dx\,.\,(2b^{3}\pi+2b\pi xx)^{-\frac{1}{2}}$. 9°. D'un quadrilatere hyperbolique par rapport à l'afymptote . . . . . $dx\,.\,(1\pm x)^{-1}$. Lorfque les coordonnées ont leur origine au fommet. 10°. D'un fegment hyperbolique. $dx\,.\,\left(\dfrac{apx+pxx}{a}\right)^{\frac{1}{2}}$. 11°. D'un fecteur hyperbolique. $\dfrac{adx}{4}\,.\,(ax+4xx)^{-\frac{1}{2}}$.

Q

COROLLAIRE.

L'élément de la rectification de la parabole est, comme on l'a vu dans la Table précédente, $\frac{dx}{2:}\sqrt{px+4xx}$: multipliant haut & bas cette différentielle par $\sqrt{px+4xx}$, j'ai $\dfrac{px\,dx+4xx\,dx}{2x\sqrt{(px+4xx)}} = \dfrac{\frac{pdx+2xdx}{2}}{\sqrt{(px+4xx)}}$, dont l'intégrale est

$$\frac{\sqrt{(px+4xx)}}{2} + \int \frac{pdx}{4\sqrt{(px+4xx)}}.$$

Or cette dernière différentielle dépend de la quadrature d'un secteur hyperbolique dans lequel les coordonnées ont leur origine au sommet ; donc la rectification de la parabole & la quadrature de l'hyperbole sont la même chose.

XCV.

REMARQUE. On remarquera dans ces élémens plusieurs sortes de différentielles : les unes qui n'ont la changeante x qu'au second terme du binome sous le signe, sont toutes réduites à la différentielle générale $g\,x^{m}\,dx\,.\,(a+bx^{n})^{p}$.

Les autres contiennent la changeante x, au premier terme de la grandeur sous le signe, & ont besoin de préparation pour être ramenées à l'expression générale de notre formule. Nous avons appris (Article LXIV.) à faire cette préparation.

Toutes ces choses entendues, nous allons faire voir l'usage des formules (∆) & (x) pour connoître les différentielles dont les intégrales deviennent finies en supposant les quadratures ou les rectifications des sections coniques, & pour trouver ces intégrales.

Application des Formules (Δ) *&* (x) *de la seconde partie de la Méthode.*

XCVI.

Pour avoir la différentielle la plus simple dont l'intégrale dépend de la rectification supposée d'un arc de cercle, marquée par (α) $\int r\,dx \times (rr - xx)^{-\frac{1}{2}}$, il faut supposer que dans la formule (Δ) (A) $\int g x^{m-n} dx . (a + bx^n)^p$ est (x) $\int r\,dx . (rr - xx)^{-\frac{1}{2}}$; mettre au lieu de g, a, b, n, p, leurs valeurs prises de (x), & ne laisser d'indéterminée que m, on aura $(A) = r x^{m-2} dx . (rr - xx)^{-\frac{1}{2}}$: $m - 2 = 0$ nous donnera $m = 2$. Il faut mettre à présent dans la différentielle générale $g x^m dx . (a + bx^n)^p$, les valeurs de toutes les lettres indéterminées, & on aura $\int r x^2 dx . (rr - xx)^{-\frac{1}{2}}$ pour la différentielle la plus simple que donne la formule (Δ) dont l'intégrale dépend de la rectification supposée $\int r x^0 dx . (rr - xx)^{-\frac{1}{2}}$.

Pour trouver à présent l'intégrale finie de la différentielle $r x^2 dx . (rr - xx)^{-\frac{1}{2}}$, il faut substituer dans le terme (1) & (A) de la formule (Δ) les valeurs des lettres indéterminées prises de $r x^2 dx . (rr - xx)^{-\frac{1}{2}}$: $g = r$, $m = 2$, $n = 2$, $a = rr$, $b = -1$, $p = -\frac{1}{2}$; on a donc $$\int r x^2 dx . (rr - xx)^{-\frac{1}{2}} = -\tfrac{1}{2} r x^1 (rr - xx)^{\frac{1}{2}} +$$

$\frac{1}{2} rr \int r\, dx \cdot (rr - xx)^{-\frac{1}{2}}$. C'est l'intégrale de $r x^2\, dx \cdot (rr - xx)^{-\frac{1}{2}}$.

XCVII.

Pour avoir la différentielle plus composée d'un degré que la précédente, & dont l'intégrale finie dépend de la même rectification supposée d'un arc de circonférence, il faut supposer dans la formule (Δ) $(B) \int g x^{m-2n}\, dx \cdot (a + bx^n)^2 = \int r x^0\, dx \cdot (rr - xx)^{-\frac{1}{2}}$; & faisant les mêmes opérations que dans le précédent exemple, on trouvera que $m = 4$, & que la différentielle qui suit la plus simple, dont l'intégrale finie dépend de la même rectification, est $r x^4\, dx \cdot (rr - xx)^{-\frac{1}{2}}$; effaçant le terme ($A$) de la formule ($\Delta$) & mettant dans les termes 1, 2, B les valeurs des lettres indéterminées prises de $r x^4\, dx\, (rr - xx)^{-\frac{1}{2}}$, on trouvera sans peine que son intégrale finie est $-\frac{1}{4} r x^3 \cdot (rr - xx)^{\frac{1}{2}} - \frac{3}{8} r^3 x^1 \cdot (rr - xx)^{\frac{1}{2}} + \frac{3}{8} r^4 \int r\, dx \cdot (rr - xx)^{-\frac{1}{2}}$.

XCVIII.

Et en général, il est évident, 1°. que si on met dans $g x^m\, dx \cdot (rr - xx)^{-\frac{1}{2}}$ successivement 2, 4, 6 & les autres nombres pairs positifs à la place de m, on aura de suite toutes les différentielles que peut donner la formule (Δ), dont les intégrales finies dépendent de la rectification supposée donnée d'un arc de circonférence marqué par $\int r\, dx \cdot (rr - xx)^{-\frac{1}{2}}$.

2°. Qu'on aura l'intégrale de chacune en prenant autant de termes d'intégrales de la formule ($\triangle$), que 2 se trouve de fois dans le nombre pair qu'on prend pour m, prenant de plus le terme qui les suit immédiatement & qui est marqué par l'une des lettres A, B, &c. avec son coefficient ; & enfin substituant dans tous ces termes les valeurs des indéterminées, prises dans $r x^{m} dx . (rr - xx)^{-\frac{1}{2}}$, où au lieu de m on aura mis le nombre pair donné.

Ce sera la même chose, quand $m = 0$.

XCIX.

2°. Application de la formule (X).

Si on vouloit, avec le Pere Reyneau, se servir de la seconde formule (x) de cette partie de la méthode, comme on a fait de la premiere ($\triangle$), on trouveroit en mettant successivement dans $r x^{m} dx . (rr - xx)^{-\frac{1}{2}}$, au lieu de m les nombres pairs négatifs $- 2$, $- 4$, $- 6$, &c. toutes les différentielles que peut donner cette formule ($\triangle$) ; & on seroit porté à croire, comme le P. Reyneau l'a cru, que ces intégrales dépendroient de la rectification supposée donnée d'un arc de cercle exprimé par $\int r dx . (rr - xx)^{-\frac{1}{2}}$.

Défaut de la seconde partie de la méthode précédente.

Mais en suivant cette méthode sans restriction , on courroit risque de tomber dans l'erreur. Nous allons faire quelques réflexions qui apprendront à s'en garantir.

CHAPITRE VIII.

Examen des différentielles qui, suivant la seconde partie de la Méthode des Binomes, dépendent de la rectification, ou de la quadrature du Cercle.

C.

$x^m\,dx\,.\,(rr-xx)^{-\frac{1}{2}}$, *m étant un nombre pair négatif, est intégrable absolument.*

LA Méthode précédente nous laisse croire que les différentielles représentées par $x^m\,dx\,.\,(rr-xx)^{-\frac{1}{2}}$, m étant un nombre pair positif ou négatif, dépendent toutes de la rectification supposée donnée d'un arc de cercle. Cependant lorsque dans la quantité précédente m est un nombre pair négatif, ces différentielles ne dépendent point de la rectification du cercle, mais elles sont intégrables absolument.

Démonstration de cette proposition.

DÉM. Pour le prouver, soit $m = -2f$ (f est un nombre entier positif quelconque), on a $gx^m\,dx\,.\,(rr-xx)^{-\frac{1}{2}}$
$$= \frac{g\,dx}{x^{2f}\sqrt{rr-xx}}.$$
Je fais suivant la transformation enseignée (Art. XLIII.) $x = \frac{rr}{u}$; j'aurai $dx = -\frac{rr\,du}{uu}$, $x^{2f} = \frac{r^{4f}}{u^{2f}}$, $\sqrt{rr-xx} = \sqrt{rr-\frac{r^{4}}{uu}} = \frac{r}{u}\sqrt{uu-rr}$; & par conséquent on a
$$\frac{g\,dx}{x^{2f}\sqrt{rr-xx}} = -\frac{grr}{uu}\,du \times \frac{u^{2f}}{r^{4f}}$$
$$\left\{\frac{u}{r\sqrt{uu-rr}}\right\} = -\frac{g\,u^{2f-1}\,du}{r^{4f-1}\sqrt{uu-rr}},$$
quantité qui est

abfolument intégrable. Car en la rapportant à la formule
($\downarrow$), on a . . . . $m = 2f - 1$
$$n = 2$$
$$p = -\tfrac{1}{2}$$
donc $\frac{m+1}{n} = f$; or f eft un nombre entier pofitif, donc
(Art. LXXIX.) cette quantité eft intégrable abfolument.

C I.

On peut encore s'en affurer autrement. Pour cela il n'y a qu'à fe fervir de notre premiere transformation. $\left\{ \dfrac{g}{r^{4f-1}} \right.$ Autre maniere de s'en affurer.
étant des conftantes, nous pouvons les laiffer un inftant pour rendre le calcul plus fimple $\left. \vphantom{\dfrac{g}{r}} \right\}$. Afin de faire fur $\dfrac{u^{2f-1}\,du}{\sqrt{uu-rr}}$ la premiere transformation, je la prépare ainfi :
$$\frac{u^{2f-1}\,du}{\sqrt{uu-rr}} = \frac{u^{2f-2+1}\,du}{\sqrt{uu-rr}} = \frac{u^{2f-2} \times u\,du}{\sqrt{uu-rr}}$$
(on fentira aifément l'efprit de cette préparation, en réfléchiffant fur les opérations que demande notre premiere transformation.) Soit à préfent $uu - rr = zz$, on a $uu = zz + rr$; $u^{2(f-1)} = (zz + rr)^{f-1}$, & $\sqrt{uu - rr} = z$. D'ailleurs $z\,dz = u\,du$: donc la transformée eft $(zz + rr)^{f-1}\,dz$, qui eft aifément intégrable par la regle fondamentale (Art. XI.) en élevant $zz + rr$ à la puiffance $f - 1$, & multipliant chaque terme par dz.

C I I.

Mais afin qu'il ne refte aucune difficulté fur cette propofition, nous allons concilier une contradiction apparente Contradiction apparente.

qui pourroit embarraffer les commençans dans la pratique de la méthode précédente.

En effet fi on jette les yeux fur la formule (γ) de l'Art. LXXV. on trouve l'intégrale de $g x^m dx . (a + bx^n)^p$ exprimée en cette forte.

$$\int g x^m dx . (a + bx^n)^p = \frac{1}{m+1} \times \frac{g}{a} x^{m+1} . (a + bx^n)^{p+1}$$

$$- \left\{ \frac{m+1+np+n}{m+1} \right\} \frac{bg}{a} \int g x^{m+n} dx . (a + bx^n)^p - \&c.$$

$$\text{Lorfque} \ldots\ldots\ldots\ldots\ldots\ldots a = rr,$$
$$b = -1$$
$$n = 2$$
$$p = -\tfrac{1}{2}$$
$$\& \ldots\ldots\ldots\ldots\ldots\ldots\ldots m = -2f$$

qui eft le cas de notre différentielle $\dfrac{dx}{x^{2f} \sqrt{rr-xx}}$, cette intégrale devient celle-ci : $\int \dfrac{g\,dx}{x^{2f} \sqrt{rr-xx}} = \dfrac{1}{-2f+1} \times \dfrac{g}{rr}$

$x^{-2f+1} . (rr-xx)^{\frac{1}{2}} - \left\{ \dfrac{-2f+1}{-2f+1} \right\} - \dfrac{g}{rr} \int \dfrac{g x^{-2f+2} dx}{\sqrt{rr-xx}}.$

Si $f = 1$, ce qui rend $\dfrac{g\,dx}{x^{2f} \sqrt{rr-xx}} = \dfrac{g\,dx}{x^2 \sqrt{rr-xx}}$, la quantité $\int \dfrac{g x^{-2f+2} dx}{\sqrt{rr-xx}}$ devient $\int \dfrac{g\,dx}{\sqrt{rr-xx}}$ qui, comme nous l'avons vu, dépend de la rectification du cercle. L'intégrale entiere de $\dfrac{g\,dx}{x^2 \sqrt{rr-xx}}$ paroît donc dépendre de cette rectification, ce qui feroit contraire à ce que nous venons de dire.

C I I I.

Maniere de lever cette contradiction.

Mais il faut obferver qu'alors le coefficient $\dfrac{-2f+2}{-2f+1}$ qui multiplie

multiplie $\int \frac{g x^{-2f+2} \, dx}{\sqrt{rr-xx}}$ devient $= 0$, de façon que toute cette quantité s'évanouit : on a donc l'intégrale complete de $\frac{g \, dx}{x^2 \sqrt{rr-xx}}$ exprimée en cette forte $\frac{-g}{rrx} \sqrt{rr-xx}$.

En effet, fi on prend fuivant les regles ordinaires la différentielle de $\frac{-g}{rrx} \sqrt{rr-xx}$, on trouvera que c'eft précifément $\frac{g \, dx}{x^2 \sqrt{rr-xx}}$.

Ainfi cette quantité différentielle ne dépend point de la rectification du cercle, parce que les intégrales liées avec cette rectification, que l'intégrale de $\frac{g \, dx}{x^2 \sqrt{rr-xx}}$ paroît renfermer, font multipliées par un coefficient qui eft égal à zéro ; elles difparoiffent par conféquent dans cette intégrale qui refte finie, exacte & indépendante de la rectification du cercle.

C I V.

Si on fe fert de la méthode précédente du P. Reyneau pour trouver les quantités différentielles qui fe rapportent à la quadrature du cercle exprimée par $\int d x \sqrt{rr-xx}$, on trouvera fans peine que toutes les quantités $x^m \, d x \sqrt{rr-xx}$, & $\frac{d x \sqrt{rr-xx}}{x^m}$, dans lefquelles m eft un nombre entier pofitif, fe rapportent à cette quadrature. Examinons les cas dans lefquels cette méthode nous induiroit en erreur.

1°. Pour les quantités $x^m \, dx \sqrt{rr-xx}$, il n'y a aucune difficulté. Car on a $x^m \, d x \sqrt{rr-xx} = \frac{x^m \, dx \, (rr-xx)}{\sqrt{rr-xx}}$

$$= \frac{rr\,x^m\,dx}{\sqrt{rr-xx}} - \frac{x^{m+2}\,dx}{\sqrt{rr-xx}}$$ dont les deux parties dépendent de la rectification ou de la quadrature du cercle (Art. XCVIII.)

2°. A l'égard des quantités $\frac{dx\sqrt{rr-xx}}{x^m}$, on a $\frac{dx\sqrt{rr-xx}}{x^m}$

$$= \frac{dx\,(rr-xx)}{x^m\sqrt{rr-xx}} = \frac{rr\,dx}{x^m\sqrt{rr-xx}} - \frac{dx}{x^{m-2}\sqrt{rr-xx}}$$, dont la

premiere partie est intégrable absolument, ainsi que nous l'avons prouvé (Art. c.) & la seconde partie l'est aussi, à moins que m ne soit $= 2$, auquel cas elle devient $\frac{-dx}{\sqrt{rr-xx}}$ qui dépend de la quadrature du cercle. D'où il suit que de toutes les quantités $\frac{dx\sqrt{rr-xx}}{x^m}$ il n'y a que la seule différentielle $x^{-2}\,dx\sqrt{rr-xx}$ dont l'intégration dépende de la quadrature du cercle; toutes les autres sont absolument intégrables.

C V.

Suivant la même méthode si on cherche les quantités dont l'intégration est liée avec la quadrature du cercle exprimée par $\int \frac{dx}{\sqrt{ax-xx}}$, on trouvera :

1°. Que les quantités $\frac{x^{f+\frac{1}{2}}\,dx}{\sqrt{a-x}}$ se rapportent à cette quadrature, si f est un nombre entier positif. En effet, si on prend $\frac{zz}{a} = x$, on aura après les substitutions & transformations ordinaires $\frac{x^{f+\frac{1}{2}}\,dx}{\sqrt{a-x}} = \frac{2.z^{2f+2}\,dz}{a^{f+1}\sqrt{a}} \times \frac{\sqrt{a}}{\sqrt{aa-zz}}$

$$= \frac{2.z^{2f+2}\,dz}{a^{f+1}\sqrt{aa-zz}}$$ qui dépend de la quadrature du cercle (Art. XCVIII.).

2°. On croiroit auffi à la premiere vue, que les différentielles $\dfrac{dx}{x^{f+\frac{1}{2}}\sqrt{a-x}}$ dépendent de cette quadrature.

Mais fi on rapporte ces quantités avec la différentielle générale $g x^m dx \cdot (a+bx^n)^p$, on trouvera

$$n = 1$$
$$m = -f - \tfrac{1}{2}$$
$$p = -\tfrac{1}{2}$$

Donc . . . . $\dfrac{m+1}{n} - p = \dfrac{f + \frac{1}{2} - 1 + \frac{1}{2} = f}{1}$.

Mais f eft ici un nombre entier pofitif. Or par la formule (ω) quand $\dfrac{m+1}{n} - p$ eft égal à un nombre entier pofitif, la différentielle eft abfolument intégrable. Donc les quantités $\dfrac{dx}{x^{f+\frac{1}{2}}\sqrt{(a-x)}}$ paroiffent en même temps intégrables & dépendantes de la quadrature du cercle.

Pour lever cette contradiction, foit $x = \dfrac{zz}{a}$, on a

$$\frac{dx}{x^{f+\frac{1}{2}}\sqrt{a-x}} = \frac{2z\,dz}{a} \times \frac{a^f \sqrt{a}}{z^{2f+1}} \times \frac{\sqrt{a}}{\sqrt{aa-zz}} = \frac{2a^f dz}{z^{2f}\sqrt{aa-zz}}$$

quantité que nous venons de démontrer (Art. c.) être abfolument intégrable.

C V I.

Il y a encore quelques différentielles qui fe rapportent à la quadrature du cercle. Par exemple, $\dfrac{rr\,dx}{x\sqrt{xx-rr}}$ eft l'élément d'un arc de cercle dont r eft le rayon & x la fecante.

En fuivant toujours la méthode du P. Reyneau on trouveroit que les quantités $\dfrac{x^m dx}{\sqrt{(xx-rr)}}$ & $\dfrac{dx}{x^m \sqrt{(xx-rr)}}$ dans lesquelles m est un nombre impair positif, se rapportent à la différentielle $\dfrac{rr\,dx}{x\sqrt{xx-rr}}$ & dépendent par conséquent de la quadrature du cercle.

1°. Les quantités $\dfrac{x^{m}\,dx}{\sqrt{(xx-rr)}}$, lorsque m est un nombre impair positif, sont absolument intégrables par la formule ($\downarrow$) de la première partie de la méthode ; puisque dans ce cas $\dfrac{m+1}{n}$ est égal à un nombre entier positif.

2°. Pour ce qui regarde les quantités $\dfrac{dx}{x^{m}\sqrt{(xx-rr)}}$, soit $x=\dfrac{rr}{z}$, on a $\dfrac{dx}{x^{m}\sqrt{xx-rr}}=\dfrac{-rr\,dz}{zz}\times\dfrac{z^{m}}{r^{2m}}\times\dfrac{z}{r\sqrt{rr-zz}}$

$=\dfrac{-z^{m-1}\,dz}{r^{2m-1}\sqrt{rr-zz}}$, différentielle qui dépend (Art. xcvii.) de la quadrature du cercle, à cause que $m-1$ est un nombre pair positif.

· C V I I.

4°. Enfin des différentielles dépendantes de la quadrature du cercle exprimée par $\int\dfrac{rr\,dx}{rr+xx}$.

On trouveroit enfin que les différentielles $\dfrac{x^{m}\,dx}{rr+xx}$, & $\dfrac{dx}{x^{m}\cdot(rr+xx)}$, dans lesquelles m est un nombre pair positif, se rapportent à la différentielle $\dfrac{rr\,dx}{rr+xx}$ que l'on peut voir (Probl. 2. Art. xciii.) être l'élément d'un arc de cercle dont r est le rayon & x la tangente. Mais on peut encore s'assurer d'une autre maniere, que ces quantités dépendent de la quadrature du cercle.

1°. Pour réduire les quantités $\dfrac{x^{m}\,dx}{rr+xx}$ à la quadrature du cercle, je fais $rr+xx=zz$, & j'ai après les substitutions ordinaires $\dfrac{x^{m}\,dx}{rr+xx}=\dfrac{(zz-rr)^{\frac{m}{2}}z\,dz}{zz\sqrt{zz-rr}}$ qui dépend évidemment de la quadrature du cercle. Car soit, par exemple, $m = 2$, on a $\dfrac{(zz - rr)^{\frac{m}{2}} z \, dz}{z^2 \sqrt{zz - rr}} = \dfrac{z \, dz}{\sqrt{zz - rr}}$ $\dfrac{-rr \, dz}{z \sqrt{zz - rr}}$ dont la premiere partie s'integre tout de suite par la regle fondamentale, son intégrale étant $\sqrt{zz - rr}$, & dont la seconde partie dépend de la quadrature du cercle, ainsi que nous venons de le voir dans l'article précédent.

2°. A l'égard des quantités $\dfrac{dx}{x^m \cdot (rr + xx)}$, si on fait $\dfrac{1}{x} = z$, après avoir pratiqué les différentes substitutions que donne cette transformation, on les changera en $\dfrac{-z^m \, dz}{rr (zz + rr)}$ qui dépend de la quadrature du cercle, comme on vient de le remarquer.

CVIII.

Corollaire 1. De tout ce que nous venons de dire dans les articles précédens, il s'ensuit qu'il ne faut employer la seconde partie de la méthode des binomes qu'avec précaution. Lorsque cette méthode donne quelques différentielles qui se rapportent à la quadrature ou à la rectification d'une courbe, pour s'assurer qu'elle n'induit point en erreur, il faut comparer la différentielle proposée avec les formules (ψ) & (ω) de la premiere partie de cette même méthode, & voir par le moyen des remarques que nous venons de faire, si son intégrale prise en suivant ces formules n'est pas finie & exacte. On remarquera aussi la grande facilité que donnent pour toutes ces opérations les transformations que nous avons détaillées dans le Chapitre second, par l'ufage continuel que nous en avons fait dans celui-ci. Il eft bon d'obferver encore la maniere dont quelquefois nous préparons les quantités pour démêler plus aifément ce qu'elles font, & les rendre plus fufceptibles du calcul.

C I X.

COROLLAIRE 2. Il n'eft pas difficile d'appliquer la théorie précédente aux différentielles qui fuppofent la quadrature ou la rectification de l'hyperbole ou des autres fections coniques. Nous verrons plus bas en parlant des différentielles logarithmiques & exponentielles, & des fractions rationelles, d'autres différentielles qui dépendent de la quadrature du cercle & de l'hyperbole. Nous traiterons auffi féparément des différentielles qui fe rapportent à la rectification de l'ellipfe & de l'hyperbole.

C X.

COROLLAIRE 3. La différentielle $\frac{x^\theta\, dx}{1 \pm x}$ dépend de $\frac{dx}{1 \pm x}$, θ étant un nombre entier pofitif ou négatif. Cette propofition peut fe prouver de la même maniere que les précédentes. Mais nous ne nous arrêterons pas à développer ici ce cas qui dépend de la quadrature de l'hyperbole. Nous le traiterons plus bas à l'article des fractions rationelles. Paffons aux différentielles trinomes.

CHAPITRE IX.

Application de la Méthode des Binomes aux diffé-
rentielles trinomes représentées par la formule
$$g x^m dx . (a + b x^n + c x^{2n})^p \ ou$$
$$g x^{m+2np} dx . (c + b x^{-n} + a x^{-2n})^p .$$

CXI.

Oit d'abord pris la premiere forme de la formule dans laquelle les exposans de la changeante sous le signe sont positifs, on se conduira à peu près de la même façon que pour les binomes. On multipliera la partie hors du signe par x^q, & on divisera par la même quantité la partie sous le signe : cette opération donnera $g x^m dx .$
$$(a + b x^n + c x^{2n})^p = g x^{m+q} dx . (a x^{-\frac{q}{p}} + b x^{n-\frac{q}{p}} + c x^{2n-\frac{q}{p}})^p .$$
Enfuite l'on déterminera la valeur de q, en suppofant $m + q = -\frac{q}{p} - 1$ & non pas $m + q = 2n - \frac{q}{p} - 1$, ni $m + q = n - \frac{q}{p} - 1$. Car ces deux dernieres suppofitions pourroient former quelque embarras.

Celle de $m + q = -\frac{q}{p} - 1$ donne $q = -\frac{mp-p}{p+1}$, & fubftituant cette valeur de q dans l'équation précédente, elle devient $g x^m dx . (a + b x^n + c x^{2n})^p = g x^{\frac{m-p}{p+1}} dx .$
$$\left\{ a x^{\frac{m+1}{p+1}} + b x^{\frac{m+np+n+1}{p+1}} + c x^{\frac{m+2np+2n+1}{p+1}} \right\}^p .$$

A présent je suppofe $z = a x^{\frac{m+1}{p+1}} + b x^{\frac{m+np+n+1}{p+1}}$ $+ c x^{\frac{m+2np+2n+1}{p+1}}$, je prends les valeurs de z^p, de dz, &c. je fais les mêmes fubftitutions que dans les binomes, & je trouve d'abord :

Premier terme de l'intégrale.

$$\int g x^m \, dx \cdot (a + b x^n + c x^{2n})^p = \left\{ \frac{1}{m+1} \right\} \times \frac{1}{a} \,.$$

$$g x^{m+1} \times (a + b x^n + c x^{2n})^{p+1} - \left\{ \frac{m+1+np+n}{m+1} \right\}$$
$$\underset{A}{}$$
$$\times \frac{b}{a} \int g x^{m+n} \, dx \times (a + b x^n + c x^{2n})^p -$$
$$\underset{B}{}$$
$$\left\{ \frac{m+1+2np+2n}{m+1} \right\} \times \frac{c}{a} \int g x^{m+2n} \, dx \times (a + b x^n + c x^{2n})^p \,.$$

Or dans cette expreffion j'ai déja le premier terme de la ferie qui eft la formule générale de l'intégrale des différentielles trinomes : j'ai de plus le moyen de trouver de fuite tous les autres termes par de fimples fubftitutions.

C X I I.

Ainfi fi je veux avoir le fecond terme, je fubftitue dans le premier terme $m + n$ à la place de m dans A & dans B & leurs coefficiens : il me vient par ces fubftitutions trois quantités que je multiplie par le coefficient de A. Cette opération me donne le fecond terme de l'intégrale.

Second terme de l'intégrale.

$$- \left\{ \frac{(m+1+np+n) \times 1}{(m+1) \cdot (m+1+n)} \right\} \frac{b}{aa} g x^{m+1+n} \times (a + b x^n +$$
$$c x^{2n})^{p+1} + \left\{ \frac{[\text{illegible}]}{(m+1) \cdot (m+1+n)} \right\} \times \frac{bb}{aa} \,.$$

$$\int g x$$

$$\overset{\text{C}}{\int} g x^{m+2n} dx . (a+bx^n+cx^{2n})^p + \frac{(m+1+np+n)}{m+1} .$$

$$\left\{\frac{m+1+2np+3n}{m+1+n}\right\} \times \frac{bc}{aa} \overset{\text{D}}{\int} g x^{m+3n} dx . (a+bx^n+cx^{2n})^p .$$

CXIII.

Je passe au troisieme terme. Pour le trouver je n'en fais qu'un seul de B & de C, en réduisant le coefficient de B au dénominateur de C, ce qui donnera

$$-\left\{\frac{(m+1+2np+2n) . (m+1+n)}{(m+1) . \times (m+1+n)} \times \frac{ac}{aa} + \right.$$

$$\left. \frac{(m+1+np+n) . (m+1+np+2n)}{(m+1) . (m+1+n)} \times \frac{bb}{aa}\right\} \times \overset{\text{E}}{\int} g x^{m+2n}$$

$dx \times (a+bx^n+cx^{2n})^p$. Je substitue maintenant dans le premier terme dans A & B, $m+2n$ à la place de m dans les exposans & les coefficiens : puis je multiplie les trois quantités que cette opération me donne par le coefficient de E; on aura en nommant pour abreger k le coefficient de E.

Troisieme terme de l'intégrale.

$$k . \left\{\frac{1}{m+1+2n}\right\} \frac{1}{a} \times g x^{m+1+2n} \times (a+bx^n+cx^{2n})^{p+1}$$

$$-k . \left\{\frac{m+1+np+3n}{m+1+2n}\right\} \times \frac{b}{a} \overset{\text{F}}{\int} g x^{m+3n} dx \times (a+bx^n+$$

$$cx^{2n})^p - k . \left\{\frac{m+1+2np+4n}{m+1+2n}\right\} \times \frac{c}{a} \overset{\text{G}}{\int} g x^{m+4n} dx \times$$

$(a+bx^n+cx^{2n})^p$, & ainsi de suite pour le quatrieme, cinquieme, &c. termes de cette serie.

S

CXIV.

La même méthode nous donnera une formule pour la seconde forme de la formule des différentielles trinomes dans laquelle les expofans de n font négatifs.

C X V.

2°. Pour les différentielles trinomes dépendantes de la quadrature ou de la rectification des sections coniques. Nous avons vu comment on trouvoit les intégrales des différentielles binomes qui dépendent de la quadrature ou de la rectification des sections coniques ; on trouvera par la même méthode les intégrales des différentielles trinomes qui peuvent auffi s'y rapporter. Nous ne nous y arrêterons pas ici. Nous nous contenterons d'obferver que de même que l'intégrale d'une différentielle binome fe trouve en fuppofant celle d'une différentielle du même ordre , l'intégrale d'une trinome fe trouvera en fuppofant celle de deux ; l'intégrale d'une quatrinome fe trouvera en fuppofant celle de trois , & ainfi de fuite.

C X V I.

On formeroit de même des formules pour les différentielles qui ont quatre , cinq , &c. tant de termes qu'on voudra avec les conditions précédentes. Les lecteurs font à préfent en état de les former eux-mêmes ; ils n'auront d'autre difficulté à effuyer que la longueur du calcul.

CHAPITRE X.

Regles du Calcul intégral des fractions rationelles.

CXVII.

Avant d'entrer dans la théorie du Calcul intégral des fractions rationelles, il faut se rappeller ce que nous avons trouvé (Introduction Art. XVIII.) que la différence du logarithme d'une quantité, est la différentielle de cette quantité, divisée par la quantité même : d'où il suit que *l'intégrale d'une différentielle logarithmique , est le logarithme de la quantité qui la divise.*

Regle générale pour trouver l'intégrale des différentielles logarithmiques.

Ainsi l'intégrale de $\frac{dx}{x}$ est $lx + P$; & si cette intégrale devient nulle , lorsque x est égale à une quantité constante, a par exemple, on aura $lx = la$, donc $P = -la$. Donc alors $\int \frac{dx}{x} = lx - la = l\frac{x}{a}$.

Application à des exemples.

En suivant la même regle on trouvera $\int \frac{-dx}{x} = - lx = $ (Art. IV.) $l\frac{1}{x}$ & $\int \frac{-dx}{1+x} = - l\overline{1+x} = l\frac{1}{1+x}$.

CXVIII.

En général toutes les fois que le numérateur d'une fraction est la différentielle même du dénominateur, ou multiple ou sous-multiple de cette différentielle , l'intégrale sera le logarithme du dénominateur ou un multiple ou un sous-multiple.

S ij

Ainsi l'intégrale de $\frac{\pm\,2x\,dx}{aa\pm xx}$ est $l\,(aa\pm xx)$; celle de $\frac{\pm\,3x^2\,dx}{a^3\pm x^3}$ est $l\,(a^3\pm x^3)$. De même $\int\frac{4x\,dx}{aa+xx} = 2\,l\,(aa+xx)$, c'est-à-dire $= l\,(aa+xx)^2$. $\int\frac{x\,dx}{aa+xx} = \frac{1}{2}\,l\,(aa+xx)$ ou $l\,(aa+xx)^{\frac{1}{2}}$. Enfin $\int\frac{\pm\,mx^{n-1}\,dx}{a^n\pm x^n} = \pm\frac{m}{n}\,l\,(a^n\pm x^n) = \pm\,l\,(a^n\pm x^n)^{\frac{m}{n}}$.

CXIX.

Addition de
la constante
pour comple-
ter l'intégra-
le.

AVERTISSEMENT. On doit se souvenir qu'en intégrant les différentielles logarithmiques, il faut quelquefois ajouter une constante à l'intégrale trouvée pour la rendre complette. Cette constante se déterminera par la méthode que nous avons donné (Chap. III.) pour les différentielles ordinaires.

CXX.

SCHOLIE. Il y a des cas dans lesquels l'intégrale des différentielles logarithmiques ne se présente pas aussi facilement que celle des précédentes : souvent même on a besoin d'art & de préparation pour reconnoître qu'une différentielle est logarithmique. Nous allons traiter de ces cas en donnant les méthodes par lesquelles on integre les fractions rationelles.

CXXI.

Définition
des fractions
rationelles.

On entend par fraction rationelle, celle dont le numérateur & le dénominateur sont des quantités sans radicaux. Telles sont, par exemple, celles-ci $\frac{x\,dx}{xx+2bx+aa}$, $\frac{b\,dx+cx\,dx}{ax^3+gx^2+hx+f}$.

CXXII.

Les plus fimples des fractions rationelles font celles dont le dénominateur eft x, enfuite celles dont le dénominateur eft $x + a$: nous avons vu plus haut comment on les intégroit ; enfin celles dont le dénominateur eft $xx + fx + g$: foit que les racines foient réelles ou imaginaires , ou en partie réelles & en partie imaginaires. Nous donnerons dans la fuite des méthodes pour intégrer ces dernieres.

CXXIII.

La difficulté fe réduit aux cas où la plus haute puiffance du numérateur eft moindre que celle du dénominateur : car lorfque l'expofant eft plus petit dans le dénominateur, on peut faire la divifion jufqu'à ce qu'on foit arrivé à un refte qui foit dans le premier cas.

En fuppofant cette divifion faite, foit ce refte repréfenté par $\frac{p}{q} dx$, M. Bernoulli a donné dans les Mémoires de l'Académie 1702 , p. 289 , une méthode pour intégrer ces fractions rationelles. Nous allons d'abord la rapporter telle que nous l'a donnée ce grand Géometre. Nous ajouterons enfuite ce qui eft néceffaire pour qu'elle ait la plus grande généralité poffible.

CXXIV.

PROBLEME 1. Intégrer les différentielles $\frac{p}{q} dx$ dans lefquelles p & q expriment des quantités rationelles compofées comme on voudra d'une seule variable x & de constantes ; ou du moins les réduire à la quadrature de l'hyperbole ou du cercle, l'un ou l'autre étant toujours possible.

SOLUTION. Soit p divisé par q, jusqu'à ce qu'on soit arrivé à un reste plus petit que q ; cette opération réduit la différentielle en deux parties, dont la premiere sera le quotient commensurable venu de la division, & la seconde sera le reste de la division, chacune multipliée par dx. Il est évident qu'on peut toujours trouver l'intégrale de la premiere partie, puisque ce quotient ne contiendra dans ses différens termes que des puissances de x sans aucune fraction. Il ne s'agit donc que de trouver l'intégrale du reste qu'on suppose représenté par $\frac{r}{q} dx$ (si r & q avoient quelque diviseur commun, il faudroit pour abreger les diviser par ce diviseur.)

Je suppose $\frac{r}{q} dx = \frac{a\,dx}{x+f} + \frac{b\,dx}{x+g} + \frac{c\,dx}{x+h} +$ &c. c'est-à-dire, $\frac{r}{q} dx$ égale à autant de différentielles logarithmiques que la plus grande dimension de x dans q a d'unités ; a, b, c, de même que f, g, h, sont des constantes indéterminées, telles que $x+f$, $x+g$, $x+h$ &c. soient les racines du dénominateur.

Pour avoir les valeurs de ces constantes indéterminées, il faut réduire la somme $\frac{a\,dx}{x+f} + \frac{b\,dx}{x+g} + \frac{c\,dx}{x+h}$ à un dénominateur commun le plus petit qu'il soit possible, & il est évident que la plus haute dimension de x sera la même dans le dénominateur de cette somme & dans q ; & si la plus haute dimension de x dans le numérateur surpassoit

celle de x dans r, il faudroit fuppofer les termes qui
manquent dans r chacuns multipliés par zéro. Par cette
opération le numérateur & le dénominateur de la fomme
auront le même nombre de termes que $\frac{r}{q} dx$. Cela fait,
il faut égaler entr'eux les termes correfpondans tant des
numérateurs que des dénominateurs de la propofée & de
la fomme, ce qui donnera autant d'équations qu'il y a de
coefficiens indéterminés a, b, &c. Car pour les coefficiens f, g, h, ils feront connus en remarquant que ces
coefficiens font les racines du dénominateur, & en déterminant ces racines à l'ordinaire par les regles que donne
la Géométrie pour réfoudre les équations : nous en parlerons même plus au long dans la fuite. A préfent il faut
fubftituer ces valeurs à la place des indéterminées dans
$\frac{a\,dx}{x+f} + \frac{b\,dx}{x+g} + $ &c. & elles deviendront les différentielles logarithmiques dont on a befoin.

On fait (Art. CXVII.) que $\frac{dx}{x+f} + \frac{dx}{x+g} + \frac{dx}{x+h}$ font
les différentielles des logarithmes de $x+f, x+g, x+h$.
Ainfi $\int \frac{dx}{x+f} + \int \frac{dx}{x+g} + \int \frac{dx}{x+h} = l(x+f) + l(x+g)$
$+ l(x+h)$. Donc $\int \frac{a\,dx}{x+f} + \frac{b\,dx}{x+g} + \frac{c\,dx}{x+h} = a \times l\,\overline{x+f}$
$+ b \times l\,\overline{x+g} + c \times l\,\overline{x+h} = $ (Art. VII. Introduct.)
$l\,\overline{x+f}^{a} + l\,\overline{x+g}^{b} + l\,\overline{x+h}^{c}$. Donc parce que la
fomme des logarithmes de plufieurs grandeurs eft égale au
feul logarithme du produit de ces grandeurs, on a $\int \frac{r}{q} dx$
$= l\,(\,\overline{x+f}^{a} \times \overline{x+g}^{b} \times \overline{x+h}^{c}\,)$.

CXXV.

COROLLAIRE. On voit par-là comment les équations différentielles rationelles, ou qui par les transformations du Chap. III. peuvent devenir rationelles, se réduisent à des équations exponentielles & quelquefois purement algébriques. En effet si on suppose $\frac{s\,dx}{t} = \frac{\sigma\,dy}{\theta}$, équation dont chaque membre est une différentielle semblable à celle dont on vient d'enseigner à trouver l'intégrale, mais dont le premier ne contient que la changeante x, & le second la changeante y, on peut en trouvant l'intégrale de chaque membre par la méthode précédente, réduire cette équation en une autre purement logarithmique. En effet, soit pris X & Y pour ce que les quotiens qui résultent de la division de s par t, & de σ par θ, ont d'absolument intégrable, c'est-à-dire pour les intégrales de ce que ces quotiens ont d'absolu & sans fraction, on aura en suivant ce qui est dit ci-dessus, $X + l\,\overline{x+f}^{\,a} \times \overline{x+g}^{\,b} \times \overline{x+h}^{\,c}$ $= Y + l\,\overline{y+\varphi}^{\,\alpha} \times \overline{y+\gamma}^{\,\epsilon} \times \overline{y+\lambda}^{\,x}$ &c. Si on prend à présent l'unité par laquelle on conçoit que X & Y sont multipliés, pour un logarithme constant $= l\,n$, la réduction des logarithmes aux puissances donnera (Art. 29 & 30 Introduction) cette équation exponentielle $n^{X} \times \overline{x+f}^{\,a} \times \overline{x+g}^{\,b} \times \overline{x+h}^{\,c} = n^{Y} \times \overline{y+\varphi}^{\,\alpha} \times \overline{y+\gamma}^{\,\epsilon} \times \overline{y+\lambda}^{\,x}$ qui est l'équation exponentielle à laquelle se réduit la proposée. Or cette équation peut quelquefois devenir purement

algébrique,

algébrique, par exemple, lorfque X & Y font nuls, & que
a, b, c, auffi-bien que α, ε, x font commenfurables.

C X X V I.

Voilà la méthode telle que nous l'a donné M. Bernoulli. A examiner cette méthode en elle-même, on voit qu'elle n'apprend à intégrer les fractions rationelles qu'en les réduifant à des logarithmes réels ou imaginaires. Or il eft évident qu'il doit y avoir une infinité de fractions rationelles différentielles qui font intégrables abfolument, d'autres qui font en partie intégrables abfolument, & en partie intégrables par logarithmes. En effet, prenez une fraction rationelle finie telle que $\frac{1}{x+a}$, fa différentielle $\frac{-dx}{(x+a)^2}$ eft intégrable abfolument. De même foit prife la différence de $\frac{1}{x+a}$ + $l(x+b)$, on aura $\frac{xxdx + 2axdx - xdx - bdx + aadx}{(x+a)^2 \times (x+b)}$, différentielle en partie intégrable abfolument & en partie intégrable par logarithmes.

D'où l'on voit en général qu'il peut y avoir plufieurs cas qui ne fauroient être réfolus par la méthode de M. Bernoulli, au moins fi on l'employe de la façon que cet illuftre Géometre l'a prefcrit. Pour mieux nous en convaincre, & fuppléer en même temps à ce qui lui manque, faifons la remarque fuivante.

C X X V I I.

REMARQUE. Il faut diftinguer trois cas dans l'intégration de toute fraction rationelle. Car le dénominateur de la

Examen de la méthode de M. Bernoulli.

Défauts de cette méthode.

Trois cas à diftinguer dans l'intégration des fractions rationelles.

T

fraction rationelle peut avoir fes racines toutes réelles ou toutes imaginaires, ou en partie réelles & en partie imaginaires. Examinons ces trois cas féparément.

CXXVIII.

Premier cas où le dénominateur a fes racines toutes réelles.

Dans le premier cas, lorfque le dénominateur a fes racines toutes réelles, elles peuvent être toutes égales, ou toutes inégales, ou en partie égales & en partie inégales.

1°. *Racines réelles égales.*

1°. Lorfqu'elles font toutes égales, par exemple, quand on a $\frac{dx}{(x+a)^2} = \frac{dx}{(x+a)\,.\,(x+a)}$, fuivant la méthode précédente, on fera $\frac{dx}{(x+a)^2} = \frac{m\,dx}{x+a} + \frac{n\,dx}{x+a}$; en réduifant les deux membres de cette équation au même dénomina-

Inconvénient de la méthode de M. Bernoulli dans ce cas.

teur, on a $\frac{dx}{(x+a)^2} = \frac{(m+n)\,x\,dx}{(x+a)^2} + (m+n) \times \frac{a\,dx}{(x+a)^3}$. Donc en comparant les termes correfpondans, $m+n = 0$ & $ma+na = 1$, ce qui fe contredit.

On trouveroit la même contradiction fi on repréfentoit les racines égales par x^m, ou par $(x+a)^m$. Il eft donc évident que la méthode de M. Bernoulli ne peut fervir, lorfque les racines du numérateur font toutes réelles & égales. Il eft aifé d'en fubftituer une autre.

CXXIX.

Car de ce que nous avons dit (Art. VII.) il fuit que lorfque le dénominateur de la fraction eft fimplement x^m, la fraction a une intégrale exacte, & de même lorfque ce dénominateur eft $(x+a)^m$, on en trouve aifément l'intégration exacte par notre premiere transformation ; à

moins que dans l'un & l'autre cas la plus haute puiſſance
de x dans le numérateur ne fût $m - 1$: car alors il y auroit
une partie de la fraction intégrable par logarithmes. Quelquefois même la fraction entiere feroit intégrable par loga-
rithmes , comme $\frac{x\,x\,dx + 2\,a\,x\,dx + a\,a\,dx}{(x+a)^3}$ qui ſe réduit à
cette différentielle logarithmique $\frac{dx}{x+a}$.

<h2 align="center">C X X X.</h2>

2°. Lorſque les racines du dénominateur ſont toutes
réelles inégales, qui nous aſſurera que la méthode précédente ne donne pas la même contradiction que ci-deſſus ?
Il faut donc avoir recours à une autre méthode pour ne
pas marcher en tâtonnant.

<h2 align="center">C X X X I.</h2>

3°. Soit propoſé d'intégrer $\frac{dx}{x^2.(x+a)}$: ſuivant la méthode de M. Bernoulli on ſuppoſera $\frac{dx}{x^2.(x+a)} = \frac{f\,dx}{x} +$
$\frac{g\,dx}{x} + \frac{h\,dx}{x+a}$, ce qui donnera en comparant enſemble
les deux membres de cette équation :

$$\left.\begin{array}{l} fxx + fax \\ + gxx + gax \\ + hxx \end{array}\right\} = 1 . \text{ Donc } \left.\begin{array}{l} fxx + fax \\ + gxx + gax \\ + hxx \end{array}\right\} - 1 = 0;$$

d'où l'on tire 1°. $fxx + gxx + hxx = 0$, c'eſt-à-dire
$f + g + h = 0$; 2°. $fax + gax = 0$, c'eſt-à-dire
$f + g = 0$; 3°. $-1 = 0$, ce qui eſt abſurde. On trouvera la même difficulté ſi on veut intégrer par la méthode
de M. Bernoulli $\frac{dx}{(x+a)^2 \times (x+b)}$. Voilà donc le même

2°. Racines réelles inéga-les.

3°. Racines en par-tie égales & en partie iné-gales.

La méthode de M. Ber-noulli eſt en-core défec-tueuſe dans ce cas.

T ij

inconvénient que dans le cas des racines réelles toutes égales.

CXXXII.

Nous allons faire voir d'abord que dans le cas des racines réelles toutes inégales, il est toujours possible de trouver chaque coefficient ; nous ferons voir ensuite ce qu'il faut faire dans le cas des racines réelles, en partie égales, & en partie inégales, & enfin nous donnerons la méthode pour trouver les coefficiens des numérateurs dans tous les cas.

CXXXIII.

Expofition d'une autre méthode pour le cas des racines réelles inégales.

PROBLEME 2. Intégrer une fraction rationelle différentielle dont le dénominateur a toutes ses racines réelles inégales.

SOLUTION. Soit

$$\frac{p x^{m-n} dx \ldots \ldots \ldots + q dx}{(x+a).(x+b).(x+c).(x+e) \&c. \ (m)}$$

la fraction dont on cherche l'intégrale. (La quantité m mife ici & ailleurs entre deux parenthefes, au bout du dénominateur, marque l'expofant de la dimenfion du dénominateur ou le nombre de fes racines). En fuppofant $x + a = y$, on a $x = y - a$: mettant à la place de x fa valeur, on aura la transformée fuivante,

$$\frac{(p y^{m-n} \ldots \ldots \ldots + g) dy}{y.(y-a+b).(y-a+c).(y-a+e) \&c. \ (m)}$$

dans laquelle on remarquera qu'aucun des divifeurs du dénominateur, excepté le premier, ne peut fe réduire à y, puifque par l'hypothefe a, b, c, e, font des quantités différentes. Je remarque maintenant que la transformée

$$\frac{(p y^{m-n} \ldots \ldots \ldots + g)\, dy}{y \cdot (y-a+b) \cdot (y-a+c) \cdot (y-a+e)\ \&c.\ (m)} =$$

$$\frac{(p y^{m-n-1} \ldots \ldots \ldots + Q)\, dy}{(y-a+b) \cdot (y-a+c) \cdot (y-a+e,\ \&c.\ (m-1)} +$$

$$\frac{\cdot g\, dy}{y \cdot (y-a+b) \cdot (y-a+c) \cdot y-a+e,\ \&c.\ (m)}.$$

Le premier membre de cette quantité a déja, comme on voit, un facteur de moins à ſon dénominateur. Pour mettre le ſecond membre dans le même cas je fais $\frac{1}{y} = u$, & ce ſecond membre devient

$$\frac{- g\, du}{uu \cdot \frac{1}{u} \left\{ \frac{1-au+bu}{u} \right\} \cdot \left\{ \frac{1-au+cu}{u} \right\} \cdot \left\{ \frac{1-au+eu}{u} \right\}\ (m)}$$

$$= \frac{\dfrac{- g u^{m-2}\, du}{(b-a) \cdot (c-a) \cdot (e-a)\ \&c.}}{\left\{ \frac{1}{b-a} + u \right\} \cdot \left\{ \frac{1}{c-a} + u \right\} \cdot \left\{ \frac{1}{e-a} + u \right\}\ \&c.\ (m-1)}.$$

CXXXIV.

Il eſt donc évident que par cette méthode on transforme la différentielle donnée en deux autres dont le dénominateur de chacune a un expoſant moindre d'une unité que celui de la fraction propoſée, & qu'ainſi pour intégrer une fraction rationelle quelconque dont les facteurs du dénominateur ſont des quantités réelles & inégales, il ne faut que ſavoir intégrer la fraction précédente ; c'eſt-à-dire celle dont le dénominateur a une dimenſion & par conſéquent un facteur de moins ; allant toujours ainſi en remontant de fraction en fraction , il eſt viſible qu'on réduira l'intégration d'une fraction rationelle quelconque dont le dénominateur a ſes racines réelles & inégales , à celle de la fraction ſimple $\frac{n\,dx}{x+a}$. Donc puiſque cette différentielle eſt une différentielle logarithmique , il s'enſuit que toute fraction rationelle dont le dénominateur n'a que des racines réelles & inégales peut toujours être intégrée par logarithmes.

C X X X V.

Corollaire. Par la méthode que nous venons d'expoſer dans le Problême précédent , il eſt clair que l'intégration de $\frac{n\,dx}{x+a}$ donne très-promptement celle de $\frac{f\,x\,dx + g\,dx}{(x+a).(x+b)}$: celle - ci donne de même celle de $\frac{f\,x^2\,dx + g\,x\,dx + h\,dx}{(x+a).(x+b).(x+c)}$. Il eſt donc facile de former par ce moyen une table pour l'intégration de toutes les fractions rationelles dont le dénominateur a ſes racines réelles & inégales.

Pour intégrer une fraction rationelle particuliere la méthode de M. Bernoulli paroîtra plus courte , mais celle que nous expoſons ici a deux uſages : 1°. elle donne très-promptement une table qui dans le beſoin ſeroit très-commode ; 2°. on peut , ce ſemble , par ſon moyen démontrer très - clairement la méthode de M. Bernoulli.

Effectivement nous avons déja vu que toutes les fractions rationelles dont le dénominateur a ſes racines réelles & inégales ſont intégrables par logarithmes ; mais il reſte à prouver que ces fractions peuvent être réduites en autant de différentielles logarithmiques que leur dénominateur a de facteurs différens. C'eſt ce que M. Bernoulli s'eſt

contenté de fuppofer fans le prouver , & la preuve néan‑
moins en paroît d'autant plus néceffaire , qu'on a vu des
exemples auxquels la méthode de cet illuftre Géometre ne
doit être appliquée qu'avec précaution.

CXXXVI.

Pour faire cette démonftration nous nous contenterons
d'un exemple. Soit $\dfrac{f x\, dx + g\, dx}{(x+a)\cdot(x+b)}$ la quantité à intégrer :
faifant par la méthode du Problême précédent $x + a = z$,
elle fe réduit à $\dfrac{f\, dz}{z-a+b}\quad \dfrac{(-f a + g)\, dz}{z\cdot(z-a+b)}$ dont on voit que le
premier membre a déja un facteur de moins. J'opere fur
le fecond , je fais $\dfrac{a\,a}{z} = u$, donc $z = \dfrac{a\,a}{u}$, & $d z =$
$- \dfrac{a\,a\,d u}{u\,u}$. Subftituant pour z & dz ces valeurs en u &

Démonftra‑
tion de la mé‑
thode de M.
Bernoulli.

du , le fecond membre devient $\dfrac{(fa - g)\cdot \dfrac{a\,a\,d u}{u\,u}}{\dfrac{a\,a}{u}\cdot\left\{\dfrac{a\,a}{u} - a + b\right\}} =$

$\dfrac{(f a - g)\, \dfrac{a\,a\,d u}{u\,u}}{\dfrac{a^{+}}{u\,u} - \dfrac{a^{\prime} + a\,a\,b}{u}}$, & en divifant haut & bas par $a\,a$, $=$

$\dfrac{(f a - g)\, \dfrac{d u}{u\,u}}{\dfrac{a\,a}{u\,u} - \dfrac{a + b}{u}} =$, en multipliant haut & bas par $u u$,

$\dfrac{(f a - g)\, d u}{a\,a + (b-a)\, u}$, & enfin en divifant le numérateur & le
dénominateur par $b - a$, cette différentielle fe réduit à
$\dfrac{\dfrac{(f a - g)\, d u}{b-a}}{\dfrac{a\,a}{b-a} + u}$, laquelle quantité a, comme on voit, un facteur
de moins que plus haut. La fraction entiere réduite eft

donc $\dfrac{f\, dz}{z-a+b} + \dfrac{\dfrac{(f a - g)\, d u}{b-a}}{\dfrac{a\,a}{b-a} + u}$ dont l'intégrale eft $f\, l\,(z -$

$a+b) + \frac{fa-g}{b-a} l\left\{\frac{aa}{b-a} + u\right\} = \left\{$ en mettant pour z & pour u leurs valeurs $x+a$ & $\frac{aa}{x+a}\right\} f l(x+b) + \frac{fa-g}{b-a} l(x+b) \times \frac{aa}{(x+a).(b-a)}$. Or la différence de cette intégrale est $\int \frac{(fa-g)}{b-a} \cdot \frac{dx}{x+b} - \frac{\overline{fa+g}}{b-a} \times \frac{dx}{x+a}$. Donc la différentielle $\frac{fx\,dx + g\,dx}{(x+a).\ x+b)}$ peut être représentée par $\frac{p\,dx}{x+a} + \frac{q\,dx}{x+b}$. Il est évident par la nature de notre méthode, que la démonstration que nous venons de donner pour la différentielle simple $\frac{fx\,dx + g\,dx}{(x+a).(x+b)}$ s'appliquera aisément à toutes les autres différentielles plus composées. Donc &c.

CXXXVII.

A présent je passe au cas où les racines du dénominateur étant toutes réelles , sont en partie égales & en partie inégales.

Ce cas peut être représenté par $\dfrac{dx}{x^{m}.(x+a).(x+b)\ \&c.}$, ou $\dfrac{dx}{(x+a)^{m}.(x+b).(x+c)\ \&c.}$, car cette derniere différentielle se réduit à la premiere par la simple transformation de $x+a$ en z.

Application de notre derniere méthode au cas des racines réelles en partie égales & en partie inégales.

CXXXVIII.

PROBLEME 3. Intégrer une fraction rationelle différentielle comme $\dfrac{(Ax^{p}\ldots\ldots+Q)\,dx}{x^{m}.(x+a).(x+b)\ \&c.}$ ou $\dfrac{(Ax^{p}\ldots\ldots+Q)\,dx}{(x+a)^{m}.(x+b).(x+c)\ \&c.}$ dont le dénominateur a ses racines réelles en partie égales & en partie inégales.

SOLUTION. Si la proposée est $\dfrac{(Ax^{p}\ldots\ldots+Q)\cdot dx}{(x+a)^{m}.(x+b).(x+c)\ \&c.}$ on

on la ramene au fimple cas de $\dfrac{(A x^{p} \ldots \ldots + Q)\, dx}{x^{m} \cdot (x+a) \cdot (x+b)\ \&c.}$ par
la feule transformation de $x+a$ en z, deforte que toute
la difficulté fe réduit à trouver l'intégrale de cette derniere
quantité.

Pour y parvenir on divifera le numérateur par x^{m} tant
qu'il fera poffible de le faire, c'eft-à-dire jufqu'à ce qu'on
arrive à un refte où l'expofant de x foit plus petit que m,
& la propofée deviendra par conféquent égale à

$$\frac{(A x^{p-m} \ldots \ldots + K)\, dx}{(x+a) \cdot (x+b) \cdot (x+c)\ \&c.\ (n)} + \frac{(H x^{m-1} \ldots \ldots \ldots + Q)\, dx}{x^{m} \cdot (x+a) \cdot (x+b) \cdot (x+c)\ \&c.\ (m+n)}$$

ou en général à caufe que H peut être $= 0$,

$$\frac{(A x^{p-m} \ldots \ldots + K)\, dx}{(x+a) \cdot (x+b) \cdot (x+c)\ \&c.\ (n)} + \frac{(L x^{r} \ldots \ldots + S)\, dx}{x^{m} \cdot (x+a) \cdot (x+b) \cdot (x+c)\ \&c.\ (m+n)}$$

où l'on obfervera que $r < m$. Soit maintenant $\dfrac{1}{x} = u$,
on aura $x = \dfrac{1}{u}$, $dx = -\dfrac{du}{uu}$: fubftituons ces valeurs
de x & de dx dans le fecond membre : (car le premier
dans lequel les racines font toutes inégales, s'intégre aifément par les articles précédens :) ce fecond membre de-
viendra $\dfrac{\left(S u^{r} \ldots \ldots + L\right) - du}{uu \cdot u \cdot \dfrac{1}{u^{m}} \times \dfrac{(1+au) \cdot (1+bu) \cdot (1+cu,\ \&c.}{u^{n}}} =$

$\dfrac{\left(-S u^{r} \ldots \ldots - L\right) u^{m+n}\, du}{u^{r+2} \cdot (1+au) \cdot (1+bu) \cdot (1+cu)\ \&c.\ (n)}$; or à caufe
que (hyp.) $m > r$ & que n eft au moins $= 1$, il s'en-
fuit que u^{m+n} fe divife par u^{r+2} & que la quantité
entiere fe réduit à $\dfrac{\left(-S u^{m+n-2} \ldots - L u^{m+n-r-2}\right) du}{(1+bu) \cdot (1+cu) \cdot (1+au)\ \&c.\ (n)}$ où
la plus haute dimenfion du dénominateur eft n, & $m+$
$n-2$ celle du numérateur. Or $m+n-2$ eft au moins
$= n$, puifque m eft au moins $= 2$: donc le numérateur

V

peut fe divifer par le dénominateur , ce qui produira un quotient intégrable. Donc la propofée peut être intégrée en partie.

CXXXIX.

COROLLAIRE 1. Il eft évident qu'il y a autant de termes dans le quotient qu'il y a d'unités dans $(m + n - 2)$ $- (n) + 1 = m - 1$; deforte que la différentielle donnée peut être repréfentée dans fon entier par

$$\frac{(Ax^{p-m} \ldots \ldots + K)\,dx}{(x+a).(x+b).(x+c)\,\&c.\,(n)} + Fu^{m-2}\,du. + \ldots$$

$$+ Gdu + \frac{(Mu^{n-1} \ldots \ldots + P)\,du}{(1+au).(1+bu).(1+cu)\,\&c.},\ \text{ou en mettant}$$

pour u fa valeur $\frac{1}{x}$, $\frac{(Ax^{p-m} \ldots \ldots + K)\,dx}{(x+a).(x+b).(x+c)\,\&c.\,(n)} -$

$$\frac{F\,dx}{x^m} - \frac{Q\,dx}{x^{m-1}} \ldots - \frac{G\,dx}{xx} + \frac{S\,du}{1+au} + \frac{R\,du}{1+bu}\ \&c.$$

$$= \frac{B\,dx}{x+a} + \frac{C\,dx}{x+b} + \frac{D\,dx}{x+c}\ \&c. - \frac{F\,dx}{x^m} \ldots - \frac{G\,dx}{xx} -$$

$$\frac{S\,dx}{x.(x+a)} - \frac{R\,dx}{x.(x+b)}\ \&c.\ \&\ \text{à caufe que}\ \frac{S\,dx}{x.(x+a)} +$$

$$\frac{R\,dx}{x.(x+b)} = (\text{Art. CXXXV.})\ \frac{O\,dx}{x} + \frac{V\,dx}{x+b}\ \&c.\ \text{il s'enfuit}$$

que la différentielle propofée peut être repréfentée par

$$- \frac{O\,dx}{x} - \frac{G\,dx}{xx} \ldots - \frac{F\,dx}{x^m} \ldots + \frac{E\,dx}{x+a} +$$

$$\frac{L\,dx}{x+b} + \frac{N\,dx}{x+c}\ \&c.\ \text{ou plus fimplement enfin par}$$

$$\frac{(-Ox^{m-1} - Gx^{m-2} \ldots -F)\,dx}{x^m} + \frac{E\,dx}{x+a} + \frac{L\,dx}{x+b} + \frac{N\,dx}{x+c}\ \&c.$$

CXL.

COROLLAIRE 2. Donc fi on veut intégrer la fraction $\frac{dx}{x^2.(x+a)}$ par notre derniere méthode , on fuppofera $\frac{1}{x}$

$= u$, & elle se changera en $\dfrac{-u\,du}{1+au} = -\dfrac{\dfrac{u\,du}{a}}{\dfrac{1}{a}+u} =$

$$-\dfrac{\dfrac{u\,du}{a}}{\dfrac{1}{a}+u} - \dfrac{\dfrac{1}{a\,a}\,du}{\dfrac{1}{a}+u} + \dfrac{\dfrac{1}{a\,a}\,du}{\dfrac{1}{a}+u} = -\dfrac{du}{a} \times \left\{ \dfrac{u+\dfrac{1}{a}}{\dfrac{1}{a}+u} \right\}$$

$$+ \dfrac{\dfrac{1}{a\,a}\,du}{\dfrac{1}{a}+u} = -\dfrac{du}{a} + \dfrac{\dfrac{1}{a\,a}\,du}{\dfrac{1}{a}+u}$$ dont l'intégrale est $-\dfrac{u}{a}$

$$+ \int \dfrac{\dfrac{1}{a\,a}\,du}{\dfrac{1}{a}+u} = -\dfrac{u}{a} + \dfrac{1}{a\,a}\,l\left\{\dfrac{1}{a}+u\right\}$$. Mais si on

veut se servir de la méthode de M. Bernoulli, il faudra supposer $\dfrac{dx}{x\,.\,(x+a)} = \dfrac{A\,dx}{x+a} + \dfrac{B\,x\,dx + C\,dx}{x\,x}$; on déterminera les coefficiens de la maniere que nous enseignerons bien-tôt ; ensuite on intégrera.

CXLI.

COROLLAIRE 3. Il suit de ce qui a été dit dans le Problême & dans ses Corollaires, que la fraction est en partie intégrable absolument & en partie intégrable par logarithmes, lorsque le dénominateur a ses racines en partie égales & en partie inégales. Ceci peut servir d'éclaircissement à un endroit du Traité de la quadrature des Courbes de M. Newton, où ce grand Géometre s'exprime ainsi : *Si ordinata est fractio rationalis irreducibilis cum denominatore ex duobus vel pluribus terminis composito, resolvendus est denominator in divisores suos omnes primos ; & si divisor sit aliquis cui nullus alius est æqualis , curva quadrari nequit.*

Explication d'un passage de Newton.

En effet nous venons de voir que quand les racines font en partie égales & en partie inégales, ou quand elles font toutes inégales, l'intégration dépend des logarithmes ou de la quadrature de l'hyperbole, & que par conféquent si la différentielle propofée repréfente l'élément de l'aire d'une courbe, eette courbe ne fera point quarrable abfolument.

CXLII.

COROLLAIRE 4. Si la propofée eft

$$\frac{(Ax^p \ldots\ldots\ldots\ldots\ldots +K)\,dx}{(x+a)^m \cdot (x+b)^n \cdot (x+c) \cdot (x+e)\ \&c.},$$ on poutra prendre

$$\frac{(Fx^{m-1}\ldots +G)\,dx}{(x+a)^m} + \frac{(Qx^{n-1}\ldots +P)\,dx}{(x+b)^n} + \frac{R\,dx}{x+c} +$$

$$\frac{S\,dx}{x+e} + \&c.\ \text{ou}\ \frac{(Bx^{m+n-1}\ldots +D)\,dx}{(x+a)^m \cdot (x+b)^n} + \frac{R\,dx}{x+c} + \frac{S\,dx}{x+e}\,\&c.$$

pour la différentielle qui doit repréfenter la propofée. On déterminera les coefficiens par la méthode de l'article CL. que nous donnerons plus bas. Voyons à préfent ce qu'il faut faire pour trouver dans chaque cas la valeur des coefficiens du numérateur. Nous fuppoferons dans le Problême fuivant fur la détermination des coefficiens du numérateur, la fraction débarraffée de dx, il eft aifé de la remettre après l'opération.

CXLIII.

PROBLEME 4. Déterminer les coefficiens des numérateurs des fractions fimples dans lefquelles fe décompofe une fraction rationelle dans le cas où les racines du dénominateur font toutes réelles & inégales.

SOLUTION. Soit cette fraction rationelle repréſentée par $\dfrac{x^{\theta}}{L + Mx + Nx^2 + Px^3 \ldots\ldots + Ux^{\lambda}}$ l'expoſant θ eſt ſuppoſé moindre que λ, & L, M, N &c. ſont des quantités données.

Je ſuppoſe $L + Mx + Nxx + Px^3 \ldots\ldots + Ux^{\lambda} = 0$: je cherche les racines de cette équation qui dans le cas précédent ſont inégales. Soient ces racines repréſentées par $e+fx=0$, $g+hx=0$, $k+lx=0$ &c. on aura donc $L + Mx + Nx^2 + Px^3 \ldots + Ux^{\lambda} = \overline{e+fx} \cdot \overline{g+hx} \cdot \overline{k+lx}$ &c. Je ſuppoſe enſuite

$$\frac{x^{\theta}}{\overline{e+fx} \cdot \overline{g+hx} \cdot \overline{k+lx} \text{ &c.}} = \frac{A}{e+fx} + \frac{B}{g+hx} + \frac{C}{k+lx} + \text{&c.}$$

ce qui donnera, comme tout le monde ſait, $x^{\theta} = A \times \overline{g+hx} \times \overline{k+lx} + B \times \overline{e+fx} \times \overline{k+lx} + C \times \overline{e+fx} \times \overline{g+hx} + $ &c. Pour abréger ſoit $\overline{g+hx} \times \overline{k+lx} = Q$; $\overline{e+fx} \times \overline{k+lx} = R$; $\overline{e+fx} \times \overline{g+hx} = S$, & $L + Mx + Nx^2 + Px^3 \ldots\ldots + Ux^{\lambda} = K$; on aura $x^{\theta} = AQ + BR + CS + $ &c. mais la ſuppoſition de $e+fx = 0$, donne $x = -\dfrac{e}{f}$; $x^{\theta} = -\dfrac{e^{\theta}}{f^{\theta}}$; & $R = 0$; $S = 0$; d'où l'on tire dans ce cas $-\dfrac{e^{\theta}}{f^{\theta}} = AQ$ & $A = -\dfrac{\frac{e^{\theta}}{f^{\theta}}}{Q}$. Mais $\overline{e+fx} \times Q = K$; prenant les différences de part & d'autre, K & Q étant variables, on a $fdx \times Q + dQ \times \overline{e+fx} = dK$: ou plutôt parce que $e+fx = 0$, on a $fdx \times Q = dK$, & ainſi $Q = \dfrac{dK}{fdx}$. Prenons à préſent la différence de $L + Mx + $

$N x^2 + P x^3 \ldots + U x^\lambda$, & mettons pour x sa valeur

$-\dfrac{e}{f}$, nous aurons $Q = \dfrac{M - 2N \times \frac{e}{f} + 3P \times \frac{ee}{ff} \ldots - \lambda U \times \frac{e^{\lambda-1}}{f^{\lambda-1}}}{f}$.

Donc en mettant cette valeur dans l'équation $A = -\dfrac{\frac{e^\theta}{f^\theta}}{Q}$,

on aura $A = \dfrac{-\frac{e^\theta}{f^\theta} \times f}{M - 2N \times \frac{e}{f} + 3P \times \frac{ee}{ff} \ldots \ldots - \lambda U \times \frac{e^{\lambda-1}}{f^{\lambda-1}}}$.

Pareillement si on suppose $g + h x = 0$, on aura $x =$

$-\dfrac{g}{h}$; $x^\theta = -\dfrac{g^\theta}{h^\theta}$ & $Q = 0$ & $S = 0$: par consé-

quent $-\dfrac{g^\theta}{h^\theta} = BR$; & $B = -\dfrac{\frac{g^\theta}{h^\theta}}{R}$. Mais puisque $K =$

$\overline{g + h x} \times R$, on aura $dK = h\, dx \times R + dR \times \overline{g + h x}$;

& dans ce cas $dK = h\, dx \times R$; ce qui donne $R = \dfrac{dK}{h\, dx}$,

d'où l'on tire $R = \dfrac{M - 2N \times \frac{g}{h} + 3P \times \frac{gg}{hh} \ldots - \lambda U \times \frac{g^{\lambda-1}}{h^{\lambda-1}}}{h}$

& par conséquent à cause que $B = -\dfrac{g^\theta}{h^\theta}$ on aura

$B = \dfrac{-\frac{g^\theta}{h^\theta} \times h}{M - 2N \times \frac{g}{h} + 3P \times \frac{gg}{hh} \ldots \ldots - \lambda U \times \frac{g^{\lambda-1}}{h^{\lambda-1}}}$.

L'on trouvera de la même maniere

$C = \dfrac{-\frac{k^\theta}{l^\theta} \times l}{M - 2N \times \frac{k}{l} + 3P \times \frac{kk}{ll} \ldots \ldots - \lambda U \times \frac{k^{\lambda-1}}{l^{\lambda-1}}}$, & ainsi

des autres. Mettant donc ces valeurs de A, B, C &c.
dans les numérateurs des fractions, les coefficiens en font
déterminés. *C. Q. F. T.*

CXLIV.

COROLLAIRE. Il eſt donc clair que puiſque les valeurs
de A, B, C, &c. font toutes ſemblables, on peut avoir
une regle générale pour déterminer les coefficiens indéterminés des numérateurs des fractions dans leſquelles ſe
réſout, ſuivant la méthode de M. Bernoulli, une fraction
rationelle qui a ſes racines réelles & inégales. Car on
voit que la valeur d'une de ces indéterminées quelconques,
de B par exemple, eſt une fraction dont le numérateur eſt
égal à x^θ. multipliée par la fonction de x qui eſt dans le
dénominateur de B; & dont le dénominateur eſt égal à la
différence du dénominateur de la fraction propoſée diviſée
par dx, en mettant dans ce numérateur & ce dénominateur de la valeur de B, la valeur de x tirée de l'équation
reſpective du dénominateur de B, égal à zéro. On doit
obſerver que les numérateurs des valeurs de A, B, C, &c.
ont le ſigne $+$, lorſque θ eſt un nombre pair en y comprenant le zéro; ils ont auſſi ce même ſigne, lorſque les
valeurs de x ſont poſitives, par exemple ſi les diviſeurs du
dénominateur de la propoſée étoient $e - fx$, $g - hx$ &c.
car les valeurs de x feroient dans ce cas, comme on le
voit aiſément, $+ \frac{e}{f}$, $+ \frac{g}{h}$ &c. Auſſi dans ce même
cas le dénominateur de la propoſée auroit cette forme

$L - Mx + Nx^2 - Px^3 +$ &c. puifque toutes fes racines étant pofitives, les termes doivent avoir fucceffivement les fignes $+$ & $-$ fuivant les principes de la formation des équations, connus par tous les Algébriftes.

CXLV.

Cette méthode fe développera encore davantage en l'appliquant à quelques exemples. Soit la fraction $\dfrac{dx}{e+fx \times g+hx}$, changée fuivant la méthode de M. Bernoulli en ces deux autres $\dfrac{A\,dx}{e+fx} + \dfrac{B\,dx}{g+hx}$; il s'agit de déterminer la valeur de A & de B. Je fuppofe d'abord qu'on ait $\dfrac{1}{(e+fx).(g+hx)} = \dfrac{A}{e+fx} + \dfrac{B}{g+hx}$, dans ce cas on a $x^\theta = 1$, donc $\theta = 0$, & fuppofant $e+fx = 0$ on en tire $x = -\dfrac{e}{f}$; donc par la regle donnée dans le précédent Corollaire, le numérateur de la fraction égale à A eft $-\dfrac{e^\theta}{f^\theta} \times f = f$, à caufe que $\theta = 0$; & le dénominateur eft égal à la différence de $(e+fx) \times (g+hx)$; cette différence eft $fg\,dx + fhx\,dx + eh\,dx + fhx\,dx$; laquelle à caufe de $e+fx = 0$, fe réduit à $fg\,dx + fhx\,dx$. Je divife par dx, & je mets pour x fa valeur $-\dfrac{e}{f}$. Cette différence devient $= fg - eh$. Donc on aura $A = \dfrac{f}{fg-eh}$.

De la même maniere en fuppofant $g+hx = 0$, on trouvera $B = \dfrac{h}{eh-fg}$. Donc $\dfrac{1}{(e+fx).(g+hx)} = \dfrac{f}{fg-eh} \times \dfrac{1}{e+fx} - \dfrac{h}{fg-eh} \times \dfrac{1}{g+hx}$; donc $\dfrac{dx}{(e+fx).(g+hx)} = \dfrac{f\,dx}{e+fx}$

✕

$\divideontimes\ \dfrac{1}{fg-eh} - \dfrac{hdx}{g+hx} \times \dfrac{1}{fg-eh}$, qu'on voit évidemment être deux différentielles logarithmiques. Pour être mieux convaincu de la bonté de la méthode, voyons si ces deux différentielles font identiques avec la fraction proposée $\dfrac{dx}{(e+fx)\cdot(g+hx)}$. Ces deux différentielles font $\dfrac{fdx}{(fg-eh)\cdot(e+fx)} - \dfrac{hdx}{(fg-eh)\cdot(g+hx)}$. Je les réduis au même dénominateur, j'ai

$$\frac{fg\,dx + fhx\,dx - ehdx - fhxdx}{(fg-eh)\cdot(e+fx)\cdot(g+hx)} = \frac{(fg-eh)\cdot dx}{(fg-eh)\cdot(e+fx)\cdot(g+hx)} = \frac{dx}{(e+fx)\cdot(g+hx)}.$$

CXLVI.

Si l'on avoit à intégrer $\dfrac{xxdx}{ax^3 - bx^2 + cx - d}$, en suppofant que les divifeurs du dénominateur foient $ex-f$, $gx-h$, $ix-l$, & que par conféquent $\dfrac{xxdx}{ax^3 - bx^2 + cx - d} = \dfrac{Adx}{ex-f} + \dfrac{Bdx}{gx-h} + \dfrac{Cdx}{ix-l}$; on trouvera $\theta = 2$, & la fuppofition de $ex-f=0$ donnera $x = \dfrac{f}{e}$. Continuant l'opération comme dans l'exemple précédent, on aura la valeur de A. En fuppofant enfuite fucceffivement $gx-h=0$, & $ix-l=0$, on trouvera les valeurs de B & de C : fubftituant ces valeurs dans les fractions fimples énoncées ci-deffus, elles deviendront $\dfrac{ff}{3aff + 2bef + cee} \times \dfrac{edx}{ex-f} + \dfrac{hh}{3ahh + 2bgh + cgg} \times \dfrac{gdx}{gx-h} + \dfrac{ll}{3all + 2bil + cii} \times \dfrac{idx}{ix-l}$ qui font trois différentielles logarithmiques.

Second exemple.

CXLVII.

Enfin fi la fraction rationelle avoit cette forme $\dfrac{a + bx + cx^2 + dx^3 + \&c.}{L + Mx + Nx^2 + Px^3 \ldots + Ux^\lambda}$, (λ eft plus grand que

Troifieme exemple.

l'expofant de x dans le numérateur), la méthode qu'on a donnée dans le Problême précédent ferviroit encore pour réfoudre cette fraction en plufieurs fractions fimples $\dfrac{A}{e+fx}$ $+\dfrac{B}{g+hx}+\dfrac{C}{k+lx}+$ &c. (λ). Car fuppofant $L+Mx+Nx^2+Px^3\ldots\ldots+Ux^\lambda=(e+fx)\cdot(g+hx)\cdot(k+lx)$ &c. $=K$, donnant ici les mêmes valeurs que dans le Problême 4. à Q, R, S, on aura $a+bx+cx^2+\delta x^3+$ &c. $=AQ+BR+CS+$ &c. & lorfque $e+fx=0$, ou $x=-\dfrac{e}{f}$, on a $a-b\times\dfrac{e}{f}+c\times\dfrac{ee}{ff}-\delta\times\dfrac{e^3}{f^3}+$ &c. $=AQ$: & puifque $Q=\dfrac{dK}{fdx}=\ldots$

$$\frac{M-2N\times\dfrac{e}{f}+3P\times\dfrac{ee}{ff}\ldots\ldots-\lambda U\times\dfrac{e^{\lambda-1}}{f^{\lambda-1}}}{f}\quad\text{on aura } A=$$

$$\frac{a-b\times\dfrac{e}{f}+c\times\dfrac{e^2}{f^2}-\delta\times\dfrac{e^3}{f^3}+\text{\&c.}}{Q}=\frac{\left(a-b\times\dfrac{e}{f}+c\times\dfrac{ee}{ff}-\delta\times\dfrac{e^3}{f^3}+\text{\&c.}\right)\times f}{M-2N\times\dfrac{e}{f}+3P\times\dfrac{ee}{ff}\ldots-\lambda U\times\dfrac{e^{\lambda-1}}{f^{\lambda-1}}}.$$

De la même maniere en fuppofant $g+hx=0$, on trouvera la valeur de B, & celle de C en fuppofant $k+lx=0$; d'où l'on conclura que les valeurs de A, B, C, dans ce cas font femblables à celles qu'on a trouvées dans le cas du Problême 4. La différence n'eft que dans les numérateurs qui changent fuivant les numérateurs des fractions propofées.

CXLVIII.

2°. Lorfque les racines du dénominateur font en partie égales & en partie inégales.

PROBLEME 5. Déterminer les coefficiens du numérateur des fractions fimples dans lefquelles fe réfout une fraction rationelle différentielle en fuppofant les racines du dénominateur en partie égales & en partie inégales.

SOLUTION. Soit cette fraction repréſentée par la

ſuivante $\dfrac{x^{\theta}}{(e+fx)^{\delta}.(g+hx)^{\lambda}.(k+lx)^{\mu}\ \&c.}$, (la ſomme des

quantités $\delta + \lambda + \mu +$ &c. eſt cenſée plus grande que

l'expoſant θ). Suppoſons cette fraction égale à

$$\dfrac{A+Bx+Cx^2\ldots\ldots+Fx^{\delta-1}}{(e+fx)^{\delta}} + \dfrac{G+Hx+Ix^2\ldots+Mx^{\lambda-1}}{(g+hx)^{\lambda}}$$

$$+ \dfrac{N+Px+Qx^2\ldots\ldots+Tx^{\mu-1}}{(k+lx)^{\mu}} +\ \&c.\ \text{cette ſuppoſition}$$

donnera $x^{\theta} = (A+Bx+Cx^2\ldots\ldots+Fx^{\delta-1}) \times$

$(g+hx)^{\lambda} \times (k+lx)^{\mu} + (G+Hx+Ix^2\ldots$

$+ Mx^{\lambda-1}) \times (e+fx)^{\delta} \times (k+lx)^{\mu} + (N+Px+$

$Qx^2\ldots+Tx^{\mu-1}) \times (e+fx)^{\delta} \times (g+hx)^{\lambda}$ &c.

On égalera à zéro la ſomme de tous les termes qui ſont
multipliés par la grandeur x élevée à une autre puiſſance
que θ, & on égalera à x^{θ} la ſomme des autres termes
qui ſont multipliés par x^{θ}. De cette maniere on aura
autant d'équations qu'il y a de quantités indéterminées
A, B, C &c. dont on trouvera les valeurs par le moyen
de ces équations.

Cette derniere méthode n'eſt autre choſe que celle de
M. Bernoulli appliquée à ce cas particulier, avec les pré-
cautions que nous avons indiquées ci-deſſus, & qui empêchent cette méthode d'être fautive. On peut en effet
s'aſſurer par les moyens que nous avons expoſés plus haut,
que les coefficiens A, B, C &c. feront ou tous réels, ou
tout au plus quelques-uns égaux à zéro ; & qu'ainſi on

pourra toujours les déterminer par la méthode de M.
Bernoulli.

CXXIX.

Application à un exemple.

Soit proposé d'intégrer la fraction $\dfrac{x\,x\,d\,x}{(e+fx)\cdot(g+hx)^2}$; je la suppose égale à $\dfrac{A\,dx+B\,x\,dx}{(e+fx)^2}+\dfrac{C\,dx+D\,x\,dx}{(g+hx)^2}$, ce qui donnera en pratiquant ce qui est prescrit dans le Problême précédent, & en ôtant dx qu'on remettra après l'opération,

$$x\,x=\left\{\begin{array}{l}A\,gg+2A\,ghx+A\,hhxx\\ \qquad +B\,ggx+2B\,ghxx+B\,hhx^3\\ +C\,ee+2C\,efx+C\,ffxx\\ \qquad +D\,eex+2D\,efxx+D\,ffx^3.\end{array}\right.$$

La seconde opération que nous avons dit qu'il falloit faire, c'est de supposer
$$A\,gg+C\,ee=0$$
$$2A\,ghx+B\,ggx+2C\,efx+D\,eex=0$$
$$A\,hhxx+2B\,ghxx+C\,ffxx+2D\,efxx=x\,x$$
$$B\,hhx^3+D\,ffx^3=0.$$

Ensuite on résoudra ces quatre équations par les méthodes algébriques ordinaires ; leur résolution nous donnera les valeurs de A, B, C, D ; après quoi on intégrera aisément.

C L.

Cas où l'on peut abréger la méthode du Problême précédent.

REMARQUE. On peut quelquefois abréger la méthode du Problême précédent : par exemple, lorsque la fraction rationelle différentielle a cette forme $\dfrac{x^{\theta}\,dx}{(e+fx)\cdot(g+hx)^{\lambda}}$.

Car supposant $\dfrac{x^\theta}{(e+fx)\cdot(g+hx)^\lambda} = \dfrac{A}{e+fx} + \dfrac{B+Cx+Dx^2\ldots+Gx^{\lambda-1}}{(g+hx)^\lambda}$, on aura $x^\theta = A\cdot(g+hx)^\lambda + (B+Cx+Dxx\ldots\ldots+Gx^{\lambda-1})\times(e+fx)$. Mais la supposition de $e+fx=0$ donne $x^\theta = A\cdot(g+hx)^\lambda$; $x=-\dfrac{e}{f}$; $x^\theta = \pm\dfrac{e^\theta}{f^\theta}$: donc $\pm\dfrac{e^\theta}{f^\theta} = A\times\left(g-\dfrac{he}{f}\right)^\lambda$, & $A=\dfrac{\pm\dfrac{e^\theta}{f^\theta}\times f^\lambda}{(fg-eh)^\lambda}$, en prenant le signe $+$, lorsque $\theta=0$, ou un nombre pair, & le signe $-$ lorsque θ est un nombre impair.

La valeur de A étant ainsi trouvée, on aura facilement celles de B, C, D par la méthode du dernier Problême. Car, comme on y a vu, on aura $Ag^\lambda + Be = 0$, lorsque θ est un nombre entier positif ; donc $B=-\dfrac{g^\lambda}{e}\times A = \dfrac{\mp g^\lambda e^{\theta-1} f^{\lambda-\theta}}{(fg-eh)^\lambda}$. De même puisque $\lambda g^{\lambda-1} hx$ est le second terme de la quantité $g+hx$ élevée à la puissance λ, on aura $\lambda g^{\lambda-1} hA + Bf + Ce = 0$, lorsque θ est plus grand que l'unité, ou $\lambda g^{\lambda-1} hA + Bf + Ce = 1$, lorsque $\theta=1$; on trouvera par cette équation la valeur de C, & ainsi des autres.

CLI.

La fraction $\dfrac{a+bx+cxx\ \&c.}{(e+fx)\cdot(g+hx)^\lambda}$ se résoudra par la même méthode. Car on fera $\dfrac{a+bx+cxx\ \&c.}{(e+fx)\cdot(g+hx)^\lambda} = \dfrac{A}{e+fx} +$

Autre exemple.

$$\frac{B + Cx + Dx^2 \ldots\ldots + Gx^{\lambda-1}}{(g+hx)^{\lambda}}$$; ainsi on trouvera $A =$ $$\frac{af^{\lambda} - bef^{\lambda-1} + cef^{\lambda-2} - \&c.}{(fg - eh)^{\lambda}}$$. On aura ensuite $Ag^{\lambda} +$ $Be = a$, ce qui donne $B = \frac{a - Ag^{\lambda}}{e} =$ (en mettant pour A sa valeur) $\frac{a}{e} \cdot \frac{-af^{\lambda}g^{\lambda} + beg^{\lambda}f^{\lambda-1} - ceg\lambda f^{\lambda-2} + \&c.}{e \times (fg - eh)^{\lambda}}$. On trouvera de la même maniere les valeurs de C, D, &c.

C L I I.

Il est visible que les termes les plus difficiles à intégrer dans la fraction rationelle ainsi transformée feront de cette forme $\frac{A x^{m} dx}{(x+B)^{n}}$. (A & B étant des constantes, & m, n des nombres entiers positifs) . Or ces termes peuvent s'intégrer aisément soit en entier , soit par logarithmes (Art. XVI.) en faisant $x + B = z$.

S C H O L I E. Par le moyen de ces regles pour déterminer les coefficiens des numérateurs des fractions rationelles , on peut se servir de la méthode de M. Bernoulli sans craindre aucune erreur. Passons au cas des racines imaginaires.

C L I I I.

Dans le cas où le dénominateur a ses racines toutes imaginaires , si on suivoit la méthode de M. Bernoulli , on auroit une expression chargée d'imaginaires aussi impossible à construire sous cette forme que le seroit une équation du troisieme degré dans le cas irréductible, si on la construisoit en fuivant la forme de la racine. Il faut donc chercher par une autre voie l'intégration de ces quantités.

Prenons d'abord le cas le plus fimple, lorfque le dénominateur a deux racines imaginaires.

CLIV.

Problème 6. Intégrer une fraction rationelle dont le dénominateur eft le produit de deux racines imaginaires.

Solution. Soit la fraction repréfentée dans ce cas par $\frac{l\,dx + mx\,dx}{xx + fx + g}$. Je fais d'abord évanouir le fecond terme du dénominateur en fuppofant felon la regle connue par tous les Algébriftes $x + \frac{f}{2} = z$, ce qui donne après les fubftitutions ordinaires $\frac{l\,dx + mx\,dx}{xx + fx + g} = \frac{l\,dz + mz\,dz - \frac{mf}{2}\,dz}{zz + \frac{ff}{4} + g}$, & en faifant $l - \frac{mf}{2} = n$ & (fi g eft $> \frac{ff}{4}$), $\frac{ff}{4} + g = pp$, cette quantité devient $\frac{n\,dz}{zz + pp} + \frac{mz\,dz}{zz + pp}$, dont la premiere partie eft l'élément d'un arc de cercle dont z eft la tangente, & la feconde eft une différentielle lo-garithmique.

CLV.

Remarque 1. Quand $xx + fx + g$ eft le produit de deux racines imaginaires, xx & g font toujours de même figne ; d'où il fuit que s'ils font tous deux négatifs, on peut leur donner à l'un & à l'autre le figne $+$ en changeant les fignes haut & bas. Car fi g avoit le figne $-$, on trouveroit les deux racines réelles.

CLVI.

REMARQUE 2. Lorsque xx n'est point délivré de coefficiens, mais qu'il en a un, C par exemple, on divisera haut & bas par C. Ainsi on peut toujours supposer dans le cas des racines imaginaires que xx a le signe $+$, & est sans coefficiens.

Il ne nous reste donc plus que deux choses à savoir, 1°. si on peut toujours représenter les racines imaginaires par des facteurs trinomes réels ; or nous avons démontré dans l'Introduction Art. LXXXII. que cela est toujours possible. 2°. Il faut trouver la méthode de déterminer les coefficiens n & m du numérateur. Nous allons la donner dans le Problême suivant.

CLVII.

Usage de la méthode de M. Cotes dans le cas des racines imaginaires, pour déterminer les coefficiens du numérateur.

PROBLEME 7. Déterminer les coefficiens du numérateur des fractions partielles dans lesquelles se résout une fraction rationelle, en supposant que les racines du dénominateur sont toutes imaginaires.

SOLUTION. Soit cette fraction rationelle représentée par $\dfrac{x^\theta}{L + Mx + Nx^2 + Px^3 \ldots\ldots + Ux^\lambda}$ (on suppose toujours $\theta < \lambda$) $= \dfrac{A + Bx}{a + bx + cxx} \quad \dfrac{+ C + Dx}{e + fx + gxx} \quad \dfrac{+ E + Fx}{h + kx + lxx}$. Soit pour abréger le calcul $\overline{e + fx + gxx} \times \overline{h + kx + lxx} = Q$; $\overline{a + bx + cxx} \times \overline{h + kx + lxx} = R$; $\overline{a + bx + cxx} \times \overline{e + fx + gxx} = S$; on aura, comme dans les Problêmes précédens

précédens, $x^\theta = \overline{A + Bx} \times Q + \overline{C + Dx} \times R + \overline{E + Fx} \times S +$ &c. Maintenant si on suppose $a + bx + cxx = 0$, on aura $R = 0$, $S = 0$, donc $x^\theta = \overline{A + Bx} \times Q$; & si les racines de l'équation $a + bx + cxx = 0$ sont $m + nx = 0$, $p + qx = 0$, on aura $x = -\frac{m}{n}$, & $x = -\frac{p}{q}$. Lorsque $x = -\frac{m}{n}$, on a $Q = \overline{e - f \times \frac{m}{n} + g \times \frac{m^2}{n^2}} \times \overline{h - k \times \frac{m}{n} + l \times \frac{m^2}{n^2}} \times$ &c. & lorsque $x = -\frac{p}{q}$, $Q = \overline{e - f \times \frac{p}{q} + g \times \frac{p^2}{q^2}} \times \overline{h - k \times \frac{p}{q} + l \times \frac{p^2}{q^2}} \times$ &c. Pour distinguer cette derniere valeur de Q de la premiere nous la marquerons par Q''. Ainsi pour les deux différentes valeurs de x, l'équation $x^\theta = \overline{A + Bx} \times Q$ se résout dans les deux suivantes $-\frac{m^\theta}{n^\theta} = \overline{A - B \times \frac{m}{n}} \times Q$; & $-\frac{p^\theta}{q^\theta} = \overline{A - B \times \frac{p}{q}} \times Q'$; donc on a $A = -\dfrac{\frac{m^\theta}{n^\theta}}{Q} + B\frac{m}{n}$ & $A = -\dfrac{\frac{p^\theta}{q^\theta}}{Q''} + B\frac{p}{q}$.

Comparant ces deux valeurs de A, on trouve celle de $B = \dfrac{Q' \times \frac{q\,m^{\theta-1}}{p\,n^{\theta-1}} - Q \times \frac{n\,p^{\theta-1}}{m\,q^{\theta-1}}}{\frac{q}{p} - \frac{n}{m} \times QQ''}$. Prenant de même les deux valeurs de B dans les deux équations $-\frac{m^\theta}{n^\theta} = \overline{A - B \times \frac{m}{n}} \times Q$, $-\frac{p^\theta}{q^\theta} = \overline{A - B \times \frac{p}{q}} \times Q'$, & comparant ensemble ces deux valeurs, on en tire $A = \dfrac{Q' \times \frac{m^{\theta-1}}{n^{\theta-1}} - Q \times \frac{p^{\theta-1}}{q^{\theta-1}}}{\frac{q}{p} - \frac{n}{m} \times QQ'}$. Ces valeurs supposent que θ est un nombre impair : mais lorſque $\theta = 0$, ou un nombre pair, on aura alors les valeurs ſuivantes $A =$

$$\frac{Q \times \dfrac{p^{\theta-1}}{q^{\theta-1}} - Q'' \times \dfrac{m^{\theta-1}}{n^{\theta-1}}}{\dfrac{q}{p} - \dfrac{n}{m} \times QQ''} \qquad \& \qquad B = \frac{Q \times \dfrac{np^{\theta-1}}{mq^{\theta-1}} - Q'' \times \dfrac{qm^{\theta-1}}{pn^{\theta-1}}}{\dfrac{q}{p} - \dfrac{n}{m} \cdot QQ''}$$

Pareillement en ſuppoſant $e + fx + gxx = 0$, on a $Q = 0$, $S = 0$, &c. & $x^{\theta} = \overline{C+Dx} \times R$; & ſi $r + sx = 0$, $t + vx = 0$ ſont les racines de l'équation $e + fx + gxx = 0$, on aura $x = -\dfrac{r}{s}$, & $x = -\dfrac{t}{v}$, d'où par un calcul ſemblable à celui que nous venons de faire pour A & pour B, on trouvera $C =$

$$\frac{\pm R \times \dfrac{t^{\theta-1}}{v^{\theta-1}} \mp R'' \times \dfrac{r^{\theta-1}}{s^{\theta-1}}}{\dfrac{v}{t} - \dfrac{s}{r} \times RR'} \qquad \& \qquad D = \frac{\pm R \times \dfrac{s^{\theta-1}}{rv^{\theta-1}} \mp R \times \dfrac{vr^{\theta-1}}{ts^{\theta-1}}}{\dfrac{v}{t} - \dfrac{s}{r} \times RR''}$$

Il faut ſe ſervir des ſignes $+ -$, lorſque θ eſt un nombre pair ou zéro, & des ſignes $- +$, lorſque c'eſt un nombre impair. On trouvera de même les valeurs de E, F, &c.

CLVIII.

COROLLAIRE 1. Si la fraction étoit $\dfrac{dx}{(e+fx+gxx)^{\delta} \cdot (h+kx+lxx)^{\lambda}}$ il la faudroit ſuppoſer égale à $\dfrac{(Rx^{2\delta-1} \ldots + Q) \cdot dx}{(e+fx+gxx)^{\delta}} + \dfrac{(Sx^{2\lambda-1} \ldots + P) \cdot dx}{(h+kx+lxx)^{\lambda}}$ & déterminer les coefficiens par la méthode du Problême 5.

COROLLAIRE 2. Si la propoſée étoit $\dfrac{dx}{(e+fx+gxx) \cdot (h+kx+lxx)^{\lambda}}$, on la feroit $= \dfrac{Adx + Bxdx}{e+fx+gxx} + \dfrac{C+Dx+Exx \ldots + Hx^{\lambda-1}}{(h+kx+lxx)^{\lambda}}$,

& on détermineroit les coefficiens comme on a fait dans la remarque qui fuit le Problême 5.

C L I X.

La difficulté fe réduit donc à favoir intégrer une fraction de cette forme $\dfrac{A x^{m} d x}{(B + C x + F x x)^{n}}$; (A, B, C, F étant des coefficiens quelconques, & m, n étant des nombres entiers pofitifs) : or par la méthode expofée dans les articles CLIV. CLV. CLVI. on réduira d'abord l'intégration à celle de différentes quantités dont chacune fera de cette forme $\dfrac{G z^{r} d x}{(z z + p p)^{n}}$; r étant un nombre entier impair ou pair. Dans le premier cas foit $z z + p p = u u$, on aura une transformée compofée d'une fuite de termes tous de cette forme $H u^{q} d u$ (q étant pofitif ou négatif) : ainfi l'intégration n'aura aucune difficulté. Dans le fecond cas où r eft un nombre pair, on fera $z z + p p = u u$, & on trouvera que la transformée fera compofée de termes de cette forme $\dfrac{L u^{s} d u}{\sqrt{(u u - p p)}}$, ($s$ étant un nombre pair pofitif ou négatif) : & cette quantité s'integre ou abfolument, quand s eft négative (Art. c.), ou par la quadrature du cercle (Art. xcvi.) lorfque s eft pofitive.

C L X.

Soit cherchée l'intégrale de cette fraction $\dfrac{x^{3} d x}{(a + b x + c x x) \cdot (e + f x + g x x)}$ dont le dénominateur a fes racines imaginaires.

Application des formules du Problême 7. à un exemple.

$$Y\ ij$$

Pour la trouver nous fuppoferons d'abord la fraction fans dx, il fera facile de la remettre après l'opération. Cela pofé je l'égale à la fomme des deux fuivantes $\frac{A+Bx}{a+bx+cxx} + \frac{C+Dx}{e+fx+gxx}$, ce qui donne $x^\theta = (A+Bx) \times (e+fx+gxx) + (C+Dx) \times (a+bx+cxx)$; donc $Q = e+fx+gxx$, $R = a+bx+cxx$; donc $x^\theta = (A+Bx) \times Q + (C+Dx) \times R$. Si on fuppofe $a+bx+cxx = 0$, on a $R = 0$; & en continuant l'opération comme dans le Problême 7, à caufe que $\theta = 3$ eft un nombre impair, on trouvera

$$A = \frac{Q'' \times \frac{m^{\theta-1}}{n^{\theta-1}} - Q \times \frac{p^{\theta-1}}{q^{\theta-1}}}{\left\{\frac{q}{p} - \frac{n}{m}\right\} \cdot QQ''} = \frac{Q'' \times \frac{m^2}{n^2} - Q \times \frac{p^2}{q^2}}{\left\{\frac{q}{p} - \frac{n}{m}\right\} QQ''}.$$

Si on fuppofe $a+bx+cxx = (m+nx) \times (p+qx) = mp + mqx + npx + nqxx$, on aura $mp = a$; $mq + np = b$; $nq = c$; $\frac{m}{n} + \frac{p}{q} = \frac{b}{c}$, & $\frac{mm}{nn} + \frac{2mp}{nq} + \frac{pp}{qq} = \frac{bb}{cc}$; & mettant pour $\frac{2mp}{nq}$ fa valeur $\frac{2a}{c}$, on a $\frac{mm}{nn} + \frac{pp}{qq} = \frac{bb}{cc} - \frac{2a}{c}$. On aura auffi $Q = e - f \times \frac{m}{n} + g \times \frac{mm}{nn}$; $Q'' = e - f \times \frac{p}{q} + g \times \frac{pp}{qq}$: d'où on déduit $Q'' \times \frac{mm}{nn} - Q \times \frac{pp}{qq} = \frac{m^2}{n^2} \times e - \frac{m^2 p}{n^2 q} \times f + \frac{m^2 p^2}{n^2 q^2} \times g - \frac{p^2}{q^2} \times e + \frac{mp^2}{nq^2} \times f - \frac{m^2 p^2}{n^2 q^2} \times g = \left\{\frac{m^2 q^2 - n^2 p^2}{n^2 q^2}\right\} \times e - \left\{\frac{m^2 pq - mnp^2}{n^2 q^2}\right\} \times f$: & fi on divife cette derniere quantité par $\frac{q}{p} - \frac{n}{m} = \frac{mq-np}{mp}$, le quotient eft $\frac{mp \times (mq+np)}{n^2 q^2} \times e - \frac{m^2 p^2}{n^2 q^2} \times f = \frac{ab}{cc} \times e - \frac{aa}{cc} \times f$.

Si on cherche de même la valeur de QQ'', on trouve

$$A = \dfrac{abe - aaf}{ccee - becf + bbeg - 2aceg + acff - abfg + aagg} =$$

$$\dfrac{abe - aaf}{(ec - ag)^2 + (bg - cf) \times (be - af)}.$$ Pareillement en subſtituant

ces valeurs dans l'équation $B = \dfrac{Q'' \times \dfrac{qm^{\theta-1}}{pn^{\theta-1}} - Q \times \dfrac{np^{\theta-1}}{mq^{\theta-1}}}{\left\{\dfrac{q}{p} - \dfrac{n}{m}\right\} \cdot QQ''}$,

on trouve $B = \dfrac{bbe - ace - abf + aag}{(ec - ag)^2 + (bg - cf) \times (be - af)}.$

Pour trouver les valeurs de C & D, il eſt inutile de faire un calcul ſemblable à celui qu'on vient de faire pour A & B. Car en comparant enſemble les formules, on voit que la formule qui donne la valeur de C eſt ſemblable à celle de A, & la formule de D à celle de B & que tout le changement néceſſaire conſiſte à ſubſtituer a, b, c, à la place de e, f, g; par conſéquent on aura $C = \dfrac{aef - bee}{(ec-ag)^2 + (bg-cf) \times (be-af)}$ & $D = \dfrac{aff - bef - aeg + eec}{(ec-ag)^2 + (bg-cf) \times (be-af)}.$ On a donc toutes les valeurs des indéterminées. Subſtituant donc ces valeurs à la place de A, B, C, D, & remettant dx dans les fractions partielles $\dfrac{Adx + Bxdx}{a + bx + cxx} + \dfrac{Cdx + Dxdx}{e + fx + gxx}$, délivrant xx de ſes coefficiens de la maniere qu'il eſt dit (Art. CLVI.), il eſt aiſé de voir qu'on aura deux fractions de la forme de $\dfrac{ldx + mxdx}{xx + fx + g}$, qu'on intégrera ſéparément par la méthode du Problême 6.

Nous n'avons plus à examiner que le cas où les racines du dénominateur ſont en partie réelles & en partie imaginaires.

CLXI.

PROBLEME 8. Déterminer les coefficiens du numérateur, lorſque les racines du dénominateur ſont en partie réelles & en partie imaginaires.

Usage de la méthode de M. Cotes dans ce cas.

SOLUTION. Dans ce cas on suppofera la fraction repréfentée par

$$\frac{x^{\theta}}{L + Mx + Nx^2 + Px^3 \ldots + Ux^{\lambda}} = \frac{A + Bx}{a + bx + cxx}$$

$+ \frac{C + Dx}{e + fx + gxx} + \frac{H}{k + lx}$: alors comparant avec les formules du Problême 7, on aura $Q = (e + fx + gxx) \times (k + lx)$: $R = (a + bx + cxx) \times (k + lx)$: $S = (a + bx + cxx) \times (e + fx + gxx)$. Or en examinant ces différentes valeurs il eft aifé d'appercevoir la fimilitude des formules qui expriment les quantités A, B, C, D avec celles du Problême 7. La fuppofition de $k + lx = 0$ nous donne

$$Q = 0$$
$$R = 0$$
$$\& \ldots \ldots \ldots \; - \frac{k}{l} = x$$
$$\& \ldots \ldots \ldots \; - \frac{k^{\theta}}{l^{\theta}} = H \times S$$
$$\& \ldots \ldots \ldots \; H = - \frac{k^{\theta}}{l^{\theta}} \times \frac{1}{S}$$

S étant $= (a - b \times \frac{k}{l} + c \times \frac{kk}{ll}) \times (e - f \times \frac{k}{l} + g \times \frac{kk}{ll})$. C'eft la même chofe foit que λ foit pair ou impair.

CLXII.

Application à un exemple.

Soit propofé d'intégrer la fraction $\frac{1}{L + Mx + Nx^2 + Px^3}$. Je fuppofe que le dénominateur de cette fraction eft $(e + fx + gxx) \times (k + lx)$. Cela pofé je fais la fraction entiere égale à la fomme des deux fuivantes $\frac{A + Bx}{e + fx + gxx} + \frac{C}{k + lx}$. Je fuppofe enfuite $e + fx + gxx = 0$: fi les racines de cette équation font $(m + nx) \times (p + qx) =$

$mp + mqx + npx + nqxx$, on a $\ldots\ldots mp = e$

$$mq + np = f$$

$$nq = g,$$

d'où l'on tire $\ldots\ldots\ldots\ldots \dfrac{m}{n} + \dfrac{p}{q} = \dfrac{f}{g}$.

A présent comparant la proposée avec les formules du Problême 7, on voit que $\theta = 0$ & par conséquent

$$A = \frac{Q \times \dfrac{p^{\theta-1}}{q^{\theta-1}} - Q'' \times \dfrac{m^{\theta-1}}{n^{\theta-1}}}{\left\{\dfrac{q}{p} - \dfrac{n}{m}\right\} \cdot QQ''} = \frac{Q \times \dfrac{q}{p} - Q'' \times \dfrac{n}{m}}{\left\{\dfrac{q}{p} - \dfrac{n}{m}\right\} \cdot QQ''}.$$

Mais le cas présent donne $\ldots\ldots Q = k - l\dfrac{m}{n}$

& $\ldots\ldots\ldots\ldots\ldots Q'' = k - l\dfrac{p}{q}$

& $Q \times \dfrac{q}{p} - Q'' \times \dfrac{n}{m} = k \cdot \left\{\dfrac{q}{p} - \dfrac{n}{m}\right\} - \left\{\dfrac{m^2 q^2 - n^2 p^2}{mq \cdot np}\right\} l$.

Divisons cette quantité par $\dfrac{q}{p} - \dfrac{n}{m} = \dfrac{mq - np}{mp}$, on aura

pour quotient $k - \left\{\dfrac{mq + np}{nq}\right\} \times l = k - l \times \dfrac{f}{g}$: &

parce que $QQ'' = kk - kl \times \left\{\dfrac{m}{n} + \dfrac{p}{q}\right\} + \dfrac{mp}{nq} \times ll$

$= kk - \dfrac{fkl}{g} + \dfrac{ell}{g}$, il vient enfin $A = \dfrac{gk - fl}{gkk - fkl + ell}$.

Par un calcul semblable on trouve $B = \dfrac{-gl}{gkk - fkl + ell}$.

Pour trouver la valeur de C, il faut se servir de la formule du Problême 8, H qui est la même que C ici $= \dfrac{k^\theta}{l^\theta} \times \dfrac{1}{S}$. Dans l'exemple présent $\dfrac{k^\theta}{l^\theta} = 1$, & $S = e - f \times \dfrac{k}{l} + g \times \dfrac{kk}{ll}$, ce qui donne $C = \dfrac{ll}{gkk - fkl + ell}$.

On a donc les valeurs de toutes les indéterminées. Substituant ces valeurs & remettant dx, on aura deux fractions partielles dont l'une s'intégrera comme dans le Problême 6, & l'autre sera une différentielle logarithmique.

CLXIII.

Corollaire général. Donc fi le dénominateur d'une fraction rationelle eft ou peut être fuppofé $(a+bx)$. $(g+hx)\ldots$ &c. $\times (e+fx)^\alpha$. $(k+lx)^\varepsilon \ldots$ &c. $\times (i+mx+nxx)^\gamma$. $(p+qx+rxx)^\nu$, il faudra fuppofer cette fraction égale à une fuite d'autres fractions dont les dénominateurs foient $a+bx$; $g+hx$; $\ldots\ldots$ $(e+fx)^\alpha$; $(k+lx)^\varepsilon$; $\ldots\ldots (i+mx+nxx)^\gamma$; $(p+qx+rxx)^\nu$ &c. & appliquer enfuite les méthodes expofées ci-deffus , tant pour trouver les numérateurs que pour intégrer ces fortes de fractions ; au moyen de quoi il ne doit plus refter de difficulté fur quelque efpece de fractions rationelles que ce puiffe être.

CLXIV.

Les numéra-
teurs des fra-
ctions ratio-
nelles étant
déterminés
par les mé-
thodes précé-
dentes , com-
ment on trou-
ve les déno-
minateurs ?

SCHOLIE 1. GÉNÉRAL. Dans tout ce qui précede nous avons fuppofé qu'on connoiffoit les dénominateurs des fractions rationelles différentielles, & nous avons enfeigné la méthode générale de trouver les numérateurs. Mais ces dénominateurs ne font pas effectivement connus : il faut donc les trouver. Or nous favons que les racines de ces dénominateurs font toutes réelles , ou toutes imaginaires, ou en partie réelles & en partie imaginaires.

1°. Lorfqu'elles font toutes réelles , il eft aifé de les avoir en réfolvant l'équation par les régles ordinaires de l'Algebre , ou en la conftruifant géométriquement.

2°.

2°. Lorfqu'elles font toutes imaginaires on les trouvera par la méthode enfeignée dans l'Introd. Art. LXXXIX. & fuiv.

3°. Enfin dans le troifieme cas on cherchera d'abord les réelles & les imaginaires enfuite.

CLXV.

SCHOLIE 2. Il eft évident qu'au moyen de tout ce que nous avons dit dans ce Chapitre on peut intégrer ou abfolument, ou par la quadrature du cercle, ou par celle de l'hyperbole, toute fraction rationelle différentielle quelconque. Mais la méthode générale étant très-pénible par elle-même, les Géometres ont cherché des moyens de la fimplifier. Ils y ont réuffi dans quelques cas, & ces cas font ceux où le dénominateur a une des deux formes fuivantes, $b x^{2m} + g x^m + f$, ou $x^n \pm a^n$. Nous allons les examiner dans le Chapitre fuivant.

CHAPITRE XI.

Examen des cas où le dénominateur eft $b x^{2m} +$ $g x^m + f$, *ou* $x^n \pm a^n$, *dans lefquels on abrege la méthode générale.*

CLXVI.

SOit $b x^{2m} + g x^m + f$ le dénominateur de la fraction; 1°. on peut divifer le haut & le bas de la fraction par le coefficient b du terme $b x^{2m}$; ainfi on peut fuppofer

Z

ce terme fans coefficient. 2°. On peut toujours donner à x^{2m} le figne $+$, puifque s'il avoit le figne $-$ il n'y auroit qu'à changer les fignes de tous les termes du numérateur & du dénominateur, ce qui ne change pas la valeur de la fraction. Dans cet état le premier terme x^{2m} ayant le figne $+$, le dernier terme qui fera $\frac{f}{b}$ & que j'appelle q, doit aufli avoir le figne $+$. Car s'il avoit le figne $-$, on trouveroit, en regardant $x^{2m} + \frac{g x^m}{b} - \frac{f}{b}$ comme une équation du fecond degré, que fes facteurs feroient $x^m + \frac{g}{2b} + \sqrt{\frac{gg}{4bb} + \frac{f}{b}}$ & $x^m + \frac{g}{2b} - \sqrt{\frac{gg}{4bb} + \frac{f}{b}}$: c'eft-à-dire qu'on pourroit réfoudre la fraction rationnelle propofée en deux autres qui auroient pour dénominateur $x^m \pm k$, $x^m \pm l$: or chacune de ces fractions fe réduiroit au cas de $x^n \pm a^n$ dont nous allons parler plus bas.

3°. Enfin dans le dénominateur $x^{2m} + \frac{g}{b} x^m + q$, on peut toujours regarder q comme égale à une quantité a élevée à la puiffance $2m$; & prenant a pour le rayon d'un cercle égal à l'unité, on pourra fuppofer $a^{2m} = 1$.

Donc toute la difficulté fe réduit 1°. à intégrer les fractions dont le dénominateur eft de cette forme $x^{2\lambda} + 2tx^\lambda + 1$; 2°. à intégrer celles dont le dénominateur eft $x^n \pm a^n$, n étant un nombre impair. Car s'il étoit pair, & qu'il y eût $+ a^n$, ce cas fe réduiroit au premier en faifant $t = 0$. S'il étoit pair, & qu'il y eût $- a^n$, il fe réduiroit en deux autres facteurs $x^{\frac{n}{2}} + a^{\frac{n}{2}}$, & $x^{\frac{n}{2}} - a^{\frac{n}{2}}$.

Nous allons expofer les méthodes que les Géometres ont trouvées pour intégrer ces fortes de fractions.

CLXVII.

Problème. Trouver les facteurs de $x^{2\lambda} \pm 2t x^{\lambda} + 1$, & de $x^n \pm a^n$.

Nous avons réfolu ce Problême par le moyen de la divifion d'un arc de cercle en parties égales dans l'Introduction, Articles LXI. & LXII. pour le premier cas, & Art. LXIII. & LXVI. pour le fecond.

Il ne nous refte donc plus qu'à trouver les numérateurs. On les auroit par la méthode générale ; mais il y en a une plus fimple que voici.

CLXVIII.

Suppofons d'abord que la fraction propofée ait cette forme $\dfrac{x^{\theta}}{1 + x^{\lambda}}$, (λ eft un nombre impair) enforte que

$$1 + x^{\lambda} = L + Mx + Nx^2 + Px^3 \ldots + Ux^{\lambda} ;$$

on aura $L = 1$, $M = 0$, $N = 0$, $P = 0$, $U = 1$, & fi on fuppofe (Introduction Art. LXIII.) $1 + x^{\lambda} = (1 - 2ax + xx) \times (1 - 2bx + xx) \times (1 + x)$, &c.

on aura $\dfrac{x^{\theta}}{1 + x^{\lambda}} = \dfrac{A + Bx}{1 - 2ax + xx} + \dfrac{C + Dx}{1 - 2bx + xx} + \dfrac{H}{1 + x}$ &c.

Soit $(1 - 2bx + xx) \times (1 + x) = Q$, $(1 - 2ax + xx) \times (1 + x) = R$ & $(1 - 2ax + xx) \times (1 - 2bx + xx) = S$, voici comment on s'y prendra pour abreger les formules du Problême 7. Soit fuppofé $1 - 2ax + xx = 0$, on

Z ij

2°. Comment on trouve les numérateurs.

1°. Quand le dénominateur eft $1 + x^{\lambda}$.

en déduira $x = a \pm \sqrt{aa - 1}$. Soit $a + \sqrt{aa - 1} = l$, & $a - \sqrt{aa - 1} = m$; les deux racines de l'équation $1 - 2ax + xx = 0$ seront $x - l = 0$, & $x - m = 0$; donc $Q = (1 - 2bl + ll) \times (1 + l)$, & $Q'' = (1 - 2bm + m^2) \times (1 + m)$. On aura aussi $l + m = 2a$, & $lm = 1$.

Or par le Problême 7. $l^\theta = \overline{A + Bl} \times Q$, & $m^\theta = A + Bm \times Q''$; de ces deux équations je tire la valeur de A & celle de B. Car j'ai $\frac{l^\theta}{Ql} - \frac{A}{l} = B$, & $\frac{m^\theta}{Q''m} - \frac{A}{m} = B$. Donc $\frac{l^{\theta-1}}{Q} - \frac{m^{\theta-1}}{Q''} = \frac{A}{l} - \frac{A}{m} = \frac{Am - Al}{lm} = ($ à cause que $lm = 1$) $A \times (m - l)$. Donc enfin $A = \frac{l^{\theta-1}}{Q \cdot (m-l)} - \frac{m^{\theta-1}}{Q'' \cdot (m-l)}$. En suivant le même procédé on trouvera $B = \frac{l^\theta}{Q \cdot (l-m)} - \frac{m^\theta}{Q'' \cdot (l-m)}$. Mais puisque $1 + x^\lambda = Q \times (1 - 2ax + xx)$, on aura $\lambda x^{\lambda-1} dx = dQ \times (1 - 2ax + xx) + Q \times \overline{2xdx - 2adx}$; & dans la supposition de $1 - 2ax + xx = 0$ & de $x = l$, on a en mettant pour x sa valeur l, retranchant $dQ \times \overline{1 - 2ax + xx}$, & divisant les deux membres de l'équation par dx, on a, dis-je, $\lambda l^{\lambda-1} = Q \times (2l - 2a)$.

De même lorsque $x = m$, il viendra en faisant les mêmes opérations que ci-dessus, $\lambda m^{\lambda-1} = Q'' \times (2m - 2a)$. Or de ce que $l + m = 2a$, on a $2l - 2a = l - m$, & $2m - 2a = m - l$; donc $\lambda l^{\lambda-1} = Q \times \overline{l - m}$, & $\lambda m^{\lambda-1} = Q'' \times \overline{m - l}$: de plus la supposition de $1 - 2ax + xx = 0$ donne aussi $1 + x^\lambda = 0$; on aura donc $x^\lambda = -1$, ou $l^\lambda = -1$, & $m^\lambda = -1$, & par conséquent $Q \times \overline{l-m} = \lambda l^{\lambda-1} = -\dfrac{\lambda}{l}$, & $Q'' \times \overline{m-l} = \lambda m^{\lambda-1} = -\dfrac{\lambda}{m}$; mettons ces valeurs dans les formules de A & de B, on trouvera $A = \dfrac{l^\theta + m^\theta}{\lambda}$, $B = -\dfrac{(l^{\theta+1} + m^{\theta+1})}{\lambda}$.

Par les mêmes opérations, en supposant que p & q sont les racines de $1 - 2bx + xx = 0$, on trouvera $C = \dfrac{p^\theta + q^\theta}{\lambda}$, $D = -\dfrac{(p^{\theta+1} + q^{\theta+1})}{\lambda}$.

Pour trouver la valeur de H, on suivra la méthode précédente : car selon ce qui est dit dans le Problême 8, $x^\theta = H \times S$; & supposant $1 + x = 0$ ou $x = -1$, on a $1 = H \times S$, lorsque θ est $= 0$ ou un nombre pair, & $-1 = H \times S$ lorsque θ est un nombre impair. Mais puisque, comme on sait, $1 + x^\lambda = S \times (1 + x)$, on a $\lambda x^{\lambda-1} dx = dS \times \overline{1+x} + S dx$, ce qui donne $S = \lambda$, lorsque $1 + x = 0$: d'où on déduit $H = \dfrac{1}{\lambda}$, lorsque θ est un nombre pair en y comprenant le zéro, & $H = -\dfrac{1}{\lambda}$, lorsque θ est un nombre impair.

CLXIX.

Si le dénominateur de la proposée a cette forme $1 - x^\lambda$, on aura $\dfrac{x^\theta}{1 - x^\lambda} = \dfrac{A + Bx}{1 - 2ax + xx} + \dfrac{C + Dx}{1 - 2bx + xx} + \dfrac{G}{1 - x}$; & en faisant le calcul comme plus haut, on trouve encore $A = \dfrac{l^\theta + m^\theta}{\lambda}$, $B = -\dfrac{(l^{\theta+1} + m^{\theta+1})}{\lambda}$, $C = \dfrac{p^\theta + q^\theta}{\lambda}$, $D = -\dfrac{(p^{\theta+1} + q^{\theta+1})}{\lambda}$, & $G = \dfrac{1}{\lambda}$, θ étant un nombre pair ou impair.

CLXX.

Remarque. Si on avoit eu $\dfrac{A+Bx}{1+2ax+xx}$ &c. en supposant encore $x=l$, $x=m$, $x=p$, $x=q$ &c. on auroit eu les mêmes valeurs de A, B, C, D &c.

CLXXI.

2°. Lorsque le dénominateur est $1-2tx^{\lambda}+x^{2\lambda}$.

Lorsque la fraction est $\dfrac{x^{\theta}}{1-2tx^{\lambda}+x^{2\lambda}}$, on supposera

$$1-2tx^{\lambda}+x^{2\lambda} = \overline{1-2ax+xx} \times \overline{1-2bx+xx} \times \overline{1-2cx+xx}\ \&c.$$

& par conséquent $\dfrac{x^{\theta}}{1-2tx^{\lambda}+x^{2\lambda}}$

$$= \frac{A+Bx}{1-2ax+xx} + \frac{C+Dx}{1-2bx+xx} + \frac{E+Fx}{1-2cx+xx}\ \&c.$$

Il est aisé de voir qu'on auroit ici comme dans le cas que nous venons de traiter, $A = \dfrac{l^{\theta-1}}{Q.\overline{m-l}} - \dfrac{m^{\theta-1}}{Q''.\overline{m-l}}$, $B = \dfrac{l^{\theta}}{Q.\overline{l-m}} - \dfrac{m^{\theta}}{Q''.\overline{l-m}}$. Mais parce que $1-2tx^{\lambda}+x^{2\lambda} = Q \times (1-2ax+xx)$, on aura en différentiant cette équation

$$-2t\lambda x^{\lambda-1}\,dx + 2\lambda x^{2\lambda-1}\,dx = dQ \times (1-2ax+xx) + Q \times \ldots\ldots \overline{2xdx-2adx}.$$

Faisant les mêmes calculs que dans l'Article CLXVIII, cette équation, lorsque $1-2ax+xx=0$, & $x=l$, se change en $\lambda l^{\lambda-1} \times (-2t+2l^{\lambda}) = Q \times (2l-2a) = $ (à cause de ce qu'on a vu ci-dessus Art. CLXVIII.) $Q \times \overline{l-m}$; & lorsque $x=m$, on a $\lambda m^{\lambda-1} \times (-2t+2m^{\lambda}) = Q'' \times \overline{2m-2a} = Q'' \times \overline{m-l}$: mais puisque la supposition de $1-2ax+xx=0$ donne aussi $1-2tx^{\lambda}+x^{2\lambda}=0$, on en tire $2t = x^{\lambda}+\dfrac{1}{x^{\lambda}} = l^{\lambda}+\dfrac{1}{l^{\lambda}}, = l^{\lambda}+m^{\lambda}$,

$\& \; 2t = x^\lambda + \dfrac{1}{x^\lambda} = m^\lambda + \dfrac{1}{m^\lambda} = m^\lambda + l^\lambda$, parce que $lm = 1$ (Art. CLXVIII.), $\&$ par conséquent $l^\lambda = \dfrac{1}{m^\lambda}$, $\& \; m^\lambda = \dfrac{1}{l^\lambda}$. Mettons cette valeur de $2t$, dans les deux équations ci-dessus, on a $\lambda l^{\lambda-1} \times \overline{l^\lambda - m^\lambda} = Q \times \overline{l - m}$, $\&\; \lambda m^{\lambda-1} \times \overline{m^\lambda - l^\lambda} = Q'' \times \overline{m - l}$; ce qui donne

$$A = \frac{l^{\theta-1}}{\lambda . l^{\lambda-1} \times (m^\lambda - l^\lambda)} - \frac{m^{\theta-1}}{\lambda . m^{\lambda-1} \times (m^\lambda - l^\lambda)}$$

$$= \frac{l^{\theta-\lambda}}{\lambda \times (m^\lambda - l^\lambda)} - \frac{m^{\theta-\lambda}}{\lambda \times (m^\lambda - l^\lambda)} \; ; \quad \& \; B = \frac{l^{\theta-\lambda+1}}{\lambda \times (l^\lambda - m^\lambda)}$$

$$- \frac{m^{\theta-\lambda+1}}{\lambda . (l^\lambda - m^\lambda)}.$$

Le calcul pour trouver C, D &c. est le même.

Si on avoit $1 + 2t x^\lambda + x^{2\lambda}$, on trouveroit les mêmes valeurs pour A, B, C &c.

CHAPITRE XII.

Maniere de trouver algébriquement dans certains cas les facteurs de $x^n + a^n$ *& de* $x^{2m} + p x^m + q$.

CLXXII.

NOus avons vu (Art. CLXVII.) comment on trouve les facteurs de $x^n + a^n$ $\&$ de $x^{2m} + p x^m + q$, par la division d'un arc de cercle en parties égales. Mais lorsque la circonférence se divise en un nombre de parties représentées par un des nombres de la progression géométrique, $1, 2, 4, 8, 16$, on sait qu'une telle division

peut toujours se faire géométriquement. Dans ces cas on
peut assigner non-seulement par la division de la circonférence, mais même algébriquement les valeurs des facteurs. Quoique cette recherche ne soit pas ici absolument
nécessaire, puisque la division de la circonférence est plus
commode que la construction algébrique, nous croyons
cependant qu'elle fera plaisir à nos lecteurs.

CLXXIII.

Recherche
des facteurs
de $x^n + a^n$.

PROBLEME. Trouver algébriquement les facteurs de
$x^n + a^n$, n étant un nombre de la progression géométrique 2, 4, 8, 16, &c.

1°. Lorsque
n est un nom-
bre de la pro-
gression géo-
métrique 1,
2, 4, 8, 16
&c.

Pour résoudre ce Problême il faut trouver des facteurs
$xx + fx + g$, $xx + hx + i$ &c. où les coefficiens f,
g, h, i &c. soient des quantités réelles, & qui multipliées
l'une par l'autre rendent la quantité $x^n + a^n$. Soit par
exemple $x^4 + a^4$, on aura

$$\left.\begin{matrix} x^4 + f \\ + h \end{matrix}\right\} x^3 \left.\begin{matrix} + g \\ + fh \\ + i \end{matrix}\right\} x^2 \left.\begin{matrix} + hg \\ + if \end{matrix}\right\} x + gi = x^4 + a^4.$$

en multipliant l'un par l'autre les deux trinomes. On tire
de cette équation en la comparant avec la donnée $x^4 + a^4$
1°. $f + h = 0$, 2°. $g + i + fh = 0$, 3°. $hg + if$, ou
(à cause de $f = -h$) $hg - ih = 0$, 4°. $gi = a^4$.
L'équation $hg - ih = 0$ donne ou $g = i$, ou $h = 0$: en
supposant $h = 0$, on a $f = 0$, $g = -i$, $i = \pm V{-a^4}$;
& les facteurs sont $xx + V{-a^4}$, $xx - V{-a^4}$; ce

qui

qui étant imaginaire ne fait rien connoître. Mais en
suppofant $g = i$, on trouve $g = aa$, $i = aa$, $f = a\sqrt{2}$,
$h = -a\sqrt{2}$, de forte que les facteurs font $xx + ax\sqrt{2}$
$+ aa$, $xx - ax\sqrt{2} + aa$ qui ont la condition qu'on
demande. On trouvera les compofans de ces facteurs par
la méthode générale de l'Article fuivant.

CLXXIV.

En général $x^n + a^n$ (n étant un nombre de la progreffion géométrique 1, 2, 4, 8, 16 &c.) $= (x^{\frac{n}{2}} +$
$a^{\frac{n}{4}} x^{\frac{n}{4}} \sqrt{2} + a^{\frac{n}{2}}) \times (x^{\frac{n}{2}} - a^{\frac{n}{4}} x^{\frac{n}{4}} \sqrt{2} + a^{\frac{n}{2}})$,
comme il eft aifé de s'en affurer en multipliant ces deux
quantités l'une par l'autre. Mais il faut outre cela favoir
fubdivifer ces deux derniers facteurs en deux autres , &
ainfi de fuite , jufqu'à ce que l'expofant de x le plus
haut foit $= 2$; c'eft ce qui fe fera de la maniere fuivante.

Je prends une quantité comme $x^m + q x^{\frac{m}{2}} + a^m$ dans
laquelle m foit divifible par 4. Je cherche les fa-
cteurs $x^{\frac{m}{2}} + g x^{\frac{m}{4}} + a^{\frac{m}{2}}$, $x^{\frac{m}{2}} - g x^{\frac{m}{4}} + a^{\frac{m}{2}}$ qui peuvent
la compofer. Multipliant l'un par l'autre ces deux facteurs ,
il me vient $x^m + 2 a^{\frac{m}{2}} x^{\frac{m}{2}} + a^m$: je compare cette
$$- g g\, x^{\frac{m}{2}}$$
quantité avec $x^m + q x^{\frac{m}{2}} + a^m$: cette comparaifon me
donne $2 a^{\frac{m}{2}} - g g = + q$, donc $g = \pm \sqrt{2 a^{\frac{m}{2}} - q}$.
Par où l'on voit, 1°. que fi q eft une quantité négative,

g est toujours une quantité réelle ; 2°. que si q est positif & $< 2a^{\frac{m}{2}}$, g sera encore une quantité réelle. On voit à présent que les facteurs de $x^{\frac{n}{2}} + a^{\frac{n}{4}} x^{\frac{n}{4}} \sqrt{2} + a^{\frac{n}{2}}$, $x^{\frac{n}{2}} - a^{\frac{n}{4}} x^{\frac{n}{4}} \sqrt{2} + a^{\frac{n}{2}}$ sont $x^{\frac{n}{4}} \pm a^{\frac{n}{8}} x^{\frac{n}{8}} \sqrt{2 - \sqrt{2}} + a^{\frac{n}{4}}$, & $x^{\frac{n}{4}} \mp a^{\frac{n}{8}} x^{\frac{n}{8}} \sqrt{2 + \sqrt{2}} + a^{\frac{n}{4}}$: car comparant les deux quantités $x^{\frac{n}{2}} + a^{\frac{n}{4}} x^{\frac{n}{4}} \sqrt{2} + a^{\frac{n}{2}}$, $x^{\frac{n}{2}} - a^{\frac{n}{4}} x^{\frac{n}{4}} \sqrt{2} + a^{\frac{n}{2}}$ avec $x^m + q x^{\frac{m}{2}} + a^m$,

on a 1° . . . . $m = \dfrac{n}{2}$

donc . . . . $\dfrac{m}{2} = \dfrac{n}{4}$

& . . . . $\dfrac{m}{4} = \dfrac{n}{8}$

2°. on a . . . . $q = \pm a^{\frac{n}{4}} \sqrt{2}$

mettant cette valeur de m & de q à leur place dans l'équation trouvée plus haut $g = \pm \sqrt{(2 a^{\frac{m}{2}} - q)}$, elle devient $g = \pm \sqrt{(2 a^{\frac{n}{4}} \mp a^{\frac{n}{4}} \sqrt{2})} = \pm \sqrt{a^{\frac{n}{4}}} \times \sqrt{(2 \mp \sqrt{2})} = \pm a^{\frac{n}{8}} \sqrt{(2 \mp \sqrt{2})}$. Donc les facteurs $x^{\frac{m}{2}} + g x^{\frac{m}{4}} + a^{\frac{m}{2}}$ & $x^{\frac{m}{2}} - g x^{\frac{m}{4}} + a^{\frac{m}{2}}$ deviennent $x^{\frac{n}{4}} \pm a^{\frac{n}{8}} x^{\frac{n}{8}} \sqrt{(2 - \sqrt{2})} + a^{\frac{n}{4}}$ & $x^{\frac{n}{4}} \mp a^{\frac{n}{8}} x^{\frac{n}{8}} \sqrt{(2 + \sqrt{2})} + a^{\frac{n}{4}}$, qui sont les facteurs de $x^n + a^n$.

On trouvera de même les produisans de ces quatre facteurs. Car g sera toujours ou négatif ou $< 2 a^{\frac{m}{2}}$, puisque $\sqrt{2 + \sqrt{2 + \sqrt{2 + \sqrt{2}}}}$ &c. à l'infini est < 2.

Application
à un exemple. Si, par exemple, $x^8 + a^8$ est le dénominateur de la fraction, les composans seront $x^2 + a x \sqrt{2 + \sqrt{2}} + aa$,

$$x^2 - ax\sqrt{2+\sqrt{2}} + aa, \quad x^2 + ax\sqrt{2-\sqrt{2}} + aa,$$
$$x^2 - ax\sqrt{2-\sqrt{2}} + aa.$$

CLXXV.

Si au lieu de $x^n + a^n$ on avoit $x^n + qx^{\frac{n}{2}} + a^n$, alors 1°. ou q eſt $> 2a^{\frac{n}{2}}$, auquel cas les facteurs ſeront

$$x^{\frac{n}{2}} + \frac{q}{2} + \sqrt{\frac{qq}{4} - a^n}, \quad x^{\frac{n}{2}} + \frac{q}{2} - \sqrt{\frac{qq}{4} - a^n},$$

que l'on diviſera enſuite en leurs facteurs trinomes par la méthode de l'Article précédent; ou bien 2°. q ſera $< 2a^{\frac{n}{2}}$: alors les deux facteurs ſeront $x^{\frac{n}{2}} + x^{\frac{n}{4}}\sqrt{2a^{\frac{n}{2}} - q} + a^{\frac{n}{2}}$,

$$\& \quad x^{\frac{n}{2}} - x^{\frac{n}{4}}\sqrt{2a^{\frac{n}{2}} - q} + a^{\frac{n}{2}}$$ qui ſe diviſeront de même en leurs facteurs trinomes, & ainſi de ſuite.

CLXXVI.

C'eſt une choſe aſſez ſinguliere que dans le cas où la réſolution de $x^n + qx^{\frac{n}{2}} + a^n$ en ſes facteurs par la regle ordinaire donne un binome compoſé de $x^{\frac{n}{2}} + \&$ — une quantité imaginaire, la recherche de ces mêmes facteurs ſuppoſés des trinomes donne des quantités dans leſquelles il n'entre point de coefficiens imaginaires, & au contraire que lorſqu'il y en a dans les trinomes il n'y en ait point dans les binomes. Cette remarque a déja été faite par M. Gabriel Manfredi dans un Mémoire imprimé parmi ceux de l'Académie de l'Inſtitut de Bologne, tome 1.

CLXXVII.

En considérant $x^n + q x^{\frac{n}{2}} + a^n = 0$ comme une équation, si on veut prendre les racines à l'ordinaire, on aura $x^n + q x^{\frac{n}{2}} + \frac{1}{4} qq = \frac{1}{4} qq - a^n$; donc $x^{\frac{n}{2}} = - \frac{q}{2} \pm \sqrt{\frac{qq}{4} - a^n}$, ou bien $x^{\frac{n}{4}} = \pm \sqrt{- \frac{q}{2} \pm \sqrt{\frac{qq}{4} - a^n}}$: & les racines tirées des deux facteurs $x^{\frac{n}{2}} \pm x^{\frac{n}{4}} \sqrt{2 a^{\frac{n}{2}} - q} + a^{\frac{n}{2}}$, sont

$$x^{\frac{n}{4}} = - \frac{\sqrt{2 a^{\frac{n}{2}} - q} \pm \sqrt{- 2 a^{\frac{n}{2}} - q}}{2}$$

&

$$x^{\frac{n}{4}} = + \frac{\sqrt{2 a^{\frac{n}{2}} - q} \pm \sqrt{- 2 a^{\frac{n}{2}} - q}}{2}.$$

Les deux racines précédentes représentent les racines $\pm \sqrt{- \frac{q}{2} \pm \sqrt{\frac{qq}{4} - a^n}}$.

On voit par-là les $\overset{4}{\sqrt{}}$ imaginaires réduites à des $\overset{2}{\sqrt{}}$: on voit aussi comment il peut arriver quelquefois que des racines réelles se présentent sous une forme imaginaire.

CLXXVIII.

2°. Lorsque *n* est un nombre simplement pair.

Toute la difficulté de trouver algébriquement les diviseurs trinomes de $x^n + a^n$, lorsque *n* est un nombre simplement pair, c'est-à-dire, divisible par 2 & non par 4, se réduit à celle de trouver les facteurs trinomes de $x^{\frac{n}{2}} + a^{\frac{n}{2}}$.

CLXXIX.

Soit $x^6 + a^6$ le dénominateur de la fraction dont on demande les facteurs. Comme l'on fait que les diviseurs de $x^3 + a^3$, font $x + a$, $xx - ax + aa$, ce qu'il est aifé de vérifier en multipliant l'un par l'autre ces deux facteurs, on verra que les diviseurs de $x^6 + a^6$ font $xx + aa$ & $x^4 - aaxx + a^4$. A préfent les diviseurs trinomes de $x^4 - aaxx + a^4$ font $xx + ax\sqrt{3} + aa$, $xx - ax\sqrt{3} + aa$. Car fuppofant que ces diviseurs font $xx + fx + aa$, $xx + gx + aa$; les multipliant l'un par l'autre, on trouve

$$\begin{aligned} x^4 &+ gx^3 + 2a^2x^2 + a^2fx + a^4 \\ &+ fx^3 + fgx^2 + a^2gx \end{aligned} = 0$$

D'où l'on tire en comparant cette équation avec $x^4 - aaxx + a^4$

$$1^\circ. \quad \ldots \ldots \ldots \ldots \quad g + f = 0$$
$$\text{donc} \quad \ldots \ldots \ldots \ldots \quad g = -f$$
$$2^\circ. \text{ on a} \quad \ldots \ldots \ldots \quad 2aa + fg = -aa$$

Donc en réduifant & mettant pour g fa valeur, on a
$$3aa - ff = 0$$
$$\text{Donc} \quad \ldots \ldots \ldots \ldots \quad f = a\sqrt{3}$$
$$\& \quad \ldots \ldots \ldots \ldots \quad g = -a\sqrt{3}$$

Donc &c.

CLXXX.

De même les facteurs de $x^{10} + a^{10}$ dépendent de ceux de $x^5 + a^5$ qui font $x + a$, & $x^4 - ax^3 + aaxx -$

$a^3 x + a^4$. Si on suppofe maintenant que les divifeurs trinomes de $x^4 - ax^3 + aaxx - a^3 x + a^4$ font $xx + fx + aa$, $xx + gx + aa$, faifant les mêmes opérations que dans l'exemple précédent, on trouvera

$$1^\circ. \ldots\ldots\ldots\ldots g + f = - a$$

$$\text{donc} \ldots\ldots\ldots\ldots g = - a - f$$

$$2^\circ. \ldots\ldots\ldots\ldots 2aa + fg = aa,$$

donc en réduifant & mettant pour g fa valeur, on a

$$ff + af - aa = 0$$

$$\text{Donc} \ldots\ldots\ldots ff + af + \tfrac{1}{4} aa = a^2 + \tfrac{1}{4} a^2$$

$$\text{Donc} \ldots\ldots\ldots f + \tfrac{1}{2} a = \tfrac{a \sqrt 5}{2}$$

$$\text{Donc enfin} \ldots\ldots\ldots f = - \tfrac{a}{2} + \tfrac{a \sqrt 5}{2}$$

$$\& \ldots\ldots\ldots\ldots g = - \tfrac{a}{2} - \tfrac{a \sqrt 5}{2}.$$

Donc les facteurs trinomes de $x^4 - ax^3 + a^2 x^2 - a^3 x + a^4$ font $xx - \left\{ \tfrac{a}{2} - \tfrac{a \sqrt 5}{2} \right\} x + aa$ & $xx - \left\{ \tfrac{a}{2} + \tfrac{a \sqrt 5}{2} \right\} x + aa$; lefquels étant multipliés enfuite par $x + a$, rendent $x^5 + a^5$. On peut obferver en paffant, qu'en multipliant l'une par l'autre les deux quantités $- \tfrac{a}{2} + \tfrac{a \sqrt 5}{2}$, & $- \tfrac{a}{2} - \tfrac{a \sqrt 5}{2}$, le produit eft aa. On trouve le même réfultat en mettant dans l'équation $ff + af - aa = 0$ les valeurs de ff & de f en g, à leur place : donc f & g font les racines de l'équation $ff + af - aa = 0$.

CLXXXI.

On peut encore, fi l'on veut, faire la divifion de $x^4 -$

$a x^3 + a a x x - a^3 x + a^4$ par $x x + f x + a a$, & on aura au quotient $x x - (a + f) x + a f + f f$, & pour reste on trouve $- f^3 x - a f^2 x + a^2 f x - a^2 f^2 - a^3 f + a^4$. Suppofant ce refte $= 0$, nous avons l'équation $f f + a f - a a = 0$ la même qu'on vient de trouver ; fon autre facteur eft $- a a - f x$.

CLXXXII.

REMARQUE 1. En fe fervant des méthodes que nous venons de donner pour trouver algébriquement les facteurs trinomes de $x^n \pm a^n$, on trouveroit ceux de $x^{2m} \pm p x^m + q$.

Les facteurs de $x^{2m} \pm p x^m + q$ fe trouvent par les mêmes procédés que ceux de $x^n \pm a^n$.

CLXXXIII.

REMARQUE 2. La circonférence du cercle pouvant être divifée géométriquement, c'eft-à-dire par la regle & le compas, non-feulement en 2, 4, 8, &c. mais encore en 3, 5, 15 parties égales, il s'enfuit qu'on pourra affigner algébriquement les facteurs de $x^{2m} + p x^m + q$ & de $x^n + a^n$ non-feulement lorfque m, ou $n = 1, 2, 4, 8$, comme nous l'avons vu plus haut, mais encore toutes les fois que m ou n feront des nombres égaux à 3, 5, 15 multipliés par quelqu'un des termes de la progreffion géométrique 1, 2, 4, 8, 16, &c.

Obfervations particulieres fur ce qui précede.

CLXXXIV.

REMARQUE 3. Tout facteur $x^{3m} + b x^{2m} + g x^m + q$ pourra toujours fe réduire au cas général. Car on pourra toujours regarder ce facteur comme une équation du troisieme degré compofée des deux fuivantes $x^m + g$, & $x^{2m} + hx^m + l$: g, h, & l étant des quantités réelles.

De même tout facteur $x^{4m} + bx^{3m} + cx^{2m} + ex^m + f$ peut être regardé comme compofé de ces deux facteurs trinomes $x^{2m} + kx^m + q$, $x^{2m} + ix^m + p$, dans lefquels les coefficiens feront réels (Art. LXXXIII. Introduct.). Enfin $x^{5m} \dots + S$ peut fe réduire en deux facteurs l'un quatrinome, l'autre fimple où tous les coefficiens feront réels.

CHAPITRE XIII.

Des différentielles qui peuvent fe ramener à des fractions rationelles.

CLXXXV.

IL eft évident par les Chapitres précédens que toute fraction rationelle différentielle non intégrable algébriquement, dépend pour fon intégration de la quadrature du cercle ou de l'hyperbole, ou, ce qui revient au même, de la rectification du cercle ou de la parabole. Donc toute différentielle qui par transformation pourra fe réduire à des fractions rationelles, s'intégrera ou abfolument, ou par les mêmes quadratures ou rectifications.

Nous allons examiner ici les cas généraux dans lefquels cette transformation peut fe faire avec fuccès.

CLXXXVI.

CLXXXVI.

1°. $\dfrac{x^{\frac{m}{r}}\,dx}{e+fx^{n}}$ deviendra rationelle en suppofant $x^{\frac{1}{r}}=z$. Car on aura $x=z^{r}$, $dx=rz^{r-1}\,dz$, & $x^{n}=z^{rn}$. Donc en fubftituant dans la propofée pour x & dx, leurs valeurs en z & en dz, on aura la transformée fuivante $\dfrac{rz^{m+r-1}\,dz}{e+fz^{rn}}$, qu'on voit bien être une fraction rationelle, m, r, & n étant des nombres entiers.

Examen des différentielles les plus générales qui peuvent fe transformer en fractions rationelles.

CLXXXVII.

2°. La transformation réuffira dans les différentielles qui contiendront tant de puiffances $x^{\frac{d}{\lambda}}$, $x^{\frac{m}{n}}$, &c. qu'on voudra fans aucun autre radical. Par exemple, fi j'avois $\dfrac{x^{\frac{m}{n}}\cdot x^{\frac{d}{\lambda}}\cdot x^{\frac{\tau}{\varphi}}\cdot dx}{e+fx^{k}}$, je donnerois à la propofée la forme fuivante $\dfrac{x^{\frac{m}{n}+\frac{d}{\lambda}+\frac{\tau}{\varphi}}\,dx}{e+fx^{k}}$: je réduis enfuite tous les expofans fractionaires au même dénominateur q, & je fais $x^{\frac{1}{q}}=z$, & par conféquent $x=z^{q}$, $dx=qz^{q-1}\,dz$. Par ce moyen tous les radicaux difparoiffent, & la fraction propofée devient rationelle.

CLXXXVIII.

3°. Que la fraction propofée contienne au numérateur $\left\{\dfrac{a+cx}{d+\gamma x}\right\}^{\frac{\tau}{\lambda}}$, $\left\{\dfrac{a+cx}{d+\gamma x}\right\}^{\frac{\mu}{\upsilon}}$, fans autres radicaux, le

B b

dénominateur étant toujours $e + fx^k$, on la réduiroit au cas précédent en faisant $\frac{\alpha + \mathcal{E}x}{\delta' + \gamma x} = z$.

CLXXXIX.

4°. A plus forte raison si elle contenoit simplement $(\alpha + \mathcal{E}x)^{\frac{\tau}{\lambda}}$.

C X C.

5°. Si j'ai à intégrer $\dfrac{x^{\frac{p}{q}}\,dx}{(a+bx)^{\frac{n}{r}}}$, je mets d'abord cette fraction sous la forme suivante $\dfrac{x^{\frac{pr}{qr}}\,dx}{(a+bx)^{\frac{nq}{qr}}}$. Je la multiplie ensuite haut & bas par $x^{\frac{nq}{qr}}$, ou par $(a+bx)^{\frac{pr}{qr}}$. Soit à présent $\frac{x}{a+bx}$ ou $\frac{a+bx}{x} = z$, pratiquant le reste de l'opération ; on parvient à une transformée rationelle si $\frac{pr \mp nq}{qr}$ est un nombre entier.

C X C I.

6°. En faisant $x^n = z$, on ramenera au troisieme cas la fraction suivante $\dfrac{dx}{x \cdot (a+bx^n)^q}$, n & q étant tout ce qu'on voudra.

C X C I I.

7°. Si la différentielle ne contient point d'autre radical que $(a + bx \pm cxx)^{\frac{m}{2}}$, m étant un nombre impair, alors on la pourra réduire en fraction rationelle. Car pour dégager de dessous le signe radical ce qui en peut être ôté, on changera le radical en $\sqrt{\left\{\frac{a}{c} + \frac{bx}{c} + xx\right\}}$. Or on connoît plusieurs façons de faire évanouir ce radical. 1°. Si on a $+xx$, on supposera $x + z = \sqrt{\frac{a}{c} + \frac{bx}{c} + xx}$, ce qui donne en quarrant $xx + 2xz + zz = \frac{a}{c} + \frac{bx}{c} + xx$, & en réduisant $x = \frac{czz - a}{b - 2cz}$. 2°. Si on a $-xx$ on supposera le radical $\sqrt{\frac{a}{c} + \frac{bx}{c} - xx} = \sqrt{f + x} \times \sqrt{g - x}$, ou $\sqrt{-f + x} \times \sqrt{g - x}$. Je fais à présent $\sqrt{\pm f + x} \times \sqrt{g - x} = (g - x) z$, ou $(\sqrt{g - x} \times \sqrt{g - x}) z$, j'en tirerai $\sqrt{\pm f + x} = z\sqrt{g - x}$; donc $\pm f + x = (g - x) zz$; donc $x + xzz = gzz \mp f$, & enfin $x = \frac{gzz \mp f}{zz + 1}$.

CXCIII.

8°. Que l'on ait dans la fraction différentielle proposée $(a + bx)^{\frac{n}{2}}$ & $(c + fx)^{\frac{m}{2}}$ sans autres expressions radicales, m & n représentant des nombres impairs, on la réduira à la précédente, en faisant $c + fx = zz$, ce qui donnera $(c + fx)^{\frac{m}{2}} = z^m$ &c.

CXCIV.

9°. Si la fraction a pour numérateur $X \cdot (a + bx)^{\frac{n}{2}}$, & pour dénominateur $X'(f + gx)^{\frac{m}{2}} + X''(c + hx)^{\frac{r}{2}}$ (X, X', X'' désignant des fonctions rationelles quelconques de x), on multipliera le haut & le bas de la fraction par $X'(f + gx)^{\frac{m}{2}} - X''(c + hx)^{\frac{r}{2}}$. On voit que par cette opération le dénominateur devient $X' \times X' (f+gx)^m$ $- X'' X'' (c+bx)^r$ quantité qui n'a plus de radicaux, & le numérateur se réduit au cas du N°. 3.

CXCV.

10°. Si la fraction proposée a pour numérateur une fonction rationelle de x, & pour dénominateur $X + X'$. $(a+bx)^{\frac{n}{2}} + X' (f+gx)^{\frac{m}{2}}$, on la réduira à la précédente en multipliant haut & bas par $X + X' (a+bx)^{\frac{n}{2}}$ $- X'' . (f+gx)^{\frac{m}{2}}$.

CXCVI.

11°. Quand la fraction aura pour dénominateur X. $(c+fx+gxx)^{\frac{m}{2}} + X' (a+bx+cxx)^{\frac{n}{2}}$, on la réduira à celle du N°. 7 en multipliant le numérateur & le dénominateur par $X . (c+fx+gxx)^{\frac{m}{2}} - X'$ $(a+bx+cxx)^{\frac{n}{2}}$.

CXCVII.

Enfin si la proposée contient $\sqrt[m]{\left\{ a+b\sqrt[n]{c}+e\sqrt[f]{r} + \&c. \left(\frac{g+hx}{l+mx}\right)^{\frac{1}{d}} \right\}}$ δ étant un nombre entier positif ou négatif, $a, b, c,$ &c. des constantes, & $m, n, f,$ &c. des nombres entiers positifs ou négatifs, on pourra faire disparoître tous les radicaux l'un après l'autre, en supposant la quantité $\sqrt[m]{(a+b\sqrt[n]{c}+\&c.)}$ égale à une quantité simple z, ce qui donnera une valeur rationelle de x en z, par le moyen de laquelle la différentielle donnée pourra être changée en fraction rationelle.

CXCVIII.

R E M A R Q U E. On pourra simplifier quelquefois la transformation. Car $x^{n-1} dx$ multiplié par une fonction rationelle de x^n, n étant quelconque, se réduit à une fraction rationelle, en faisant $x^n = z$.

Et en général si ci-dessus on met par-tout $x^{n-1} dx$ pour dx, & x^n pour x, il n'y aura qu'à faire $x^n = z$, & on retombera dans les mêmes cas.

CXCIX.

Voilà ce qu'il est important de savoir sur les fractions rationelles différentielles, & ce qu'on peut regarder comme le résultat de ce qu'ont écrit sur cette matiere M.ᵣˢ Bernoulli, Cotes, & plusieurs autres. Voyez Mém. Acad. Berlin 1746. Au reste l'article des fractions rationelles est un des plus importans & des plus étendus de tout le Calcul intégral, & la maniere dont on l'a traité ici pourra être fort utile aux commençans.

Conclusion de ce qui regarde les fractions rationelles.

Quels sont les Auteurs qui ont écrit sur cette matiere.

CHAPITRE XIV.

Des différentielles qui se rapportent à la rectification de l'ellipse ou de l'hyperbole.

C C.

Quels sont les Géometres qui ont travaillé sur cette matiere.

M^R. Maclaurin dans son *Traité des Fluxions* second volume, page 225. a donné quelques recherches sur les différentielles réductibles à la rectification de l'ellipse & de l'hyperbole ; mais son travail sur cette matiere n'étant pas complet, M. d'Alembert l'a continué dans la seconde partie d'un Mémoire sur le Calcul intégral imprimé parmi ceux de l'Académie de Berlin, tome 4. C'est d'après ces deux grands Géometres que nous allons exposer ici ce qu'on fait sur cette matiere.

C C I.

1°. Elément de la rectification d'une Ellipse dont le grand axe est 2 a, & le parametre p.
Figure 6.

LEMME 1. Soit une ellipse dont le grand axe $Aa' = 2a$, le parametre $= p$, supposons que les coupées KB, Kc &c. prises depuis le centre K sont x, les ordonnées BC, cx, y, l'équation de l'ellipse sera $\frac{2a}{p}yy = aa - xx$, ou $2ayy = aap - pxx$. Prenant les différences il vient $4aydy = -2pxdx$ ou $\frac{2a}{p}ydy = -xdx$, d'où l'on tire $dy = -\frac{pxdx}{2ay}$ & $dy^2 = \frac{pp\,xx}{4aayy}dx^2 = \frac{pp\,xx}{2a \times 2ayy}dx^2$, $=$ (en mettant pour $2ayy$ sa valeur) $\frac{pxx}{2a^3 - 2axx}dx^2$. Substituant cette valeur de dy^2 dans la formule (de l'Art. 91.) $du = \sqrt{dx^2 + dy^2}$, on trouve $du = \sqrt{dx^2 + \dfrac{pxx\,dx^2}{2a^3 - 2axx}} = dx\,\sqrt{1 + \dfrac{pxx}{2a^3 - 2axx}} = dx\,\sqrt{\dfrac{px^2 - 2ax^2 + 2a^3}{2a^3 - 2axx}}$, & en divisant haut & bas par $2a$, on a $dx\,\dfrac{\sqrt{aa + \frac{p-2a}{2a}xx}}{\sqrt{aa - xx}}$

$= dx\,\dfrac{\sqrt{aa + \frac{(p-1)}{2a}\cdot xx}}{\sqrt{aa - xx}}$ pour l'élément de l'ellipse en question. Par la propriété connue de l'ellipse on aura $2pa$ égal au quarré du demi-axe conjugué. Donc si l'on fait $\dfrac{p}{2a} = q$, le quarré du même demi-axe conjugué sera $4qaa$. Soit à présent $aa + (q-1) \times xx = az$, on aura $xx = \dfrac{az - aa}{q-1}$, $2xdx = \dfrac{adz}{q-1}$, $dx = \dfrac{adz}{q-1 \cdot 2\sqrt{\frac{az-aa}{q-1}}} =$

$\dfrac{adz}{\sqrt{q-1} \cdot 2\sqrt{az-aa}}$: substituant cette valeur dans l'équation $du = dx\,\dfrac{\sqrt{(aa + (q-1)xx)}}{\sqrt{(aa - xx)}}$, on aura $du =$

$\dfrac{adz\sqrt{az}}{\sqrt{q-1} \cdot 2\sqrt{az-aa} \cdot \sqrt{\frac{aa-az+aa}{\sqrt{(q-1)}}}} = \dfrac{adz\sqrt{az}}{2\sqrt{az-aa} \cdot \sqrt{qaa-az}}$

$= \dfrac{dz\sqrt{az}}{2\sqrt{z-a} \cdot \sqrt{qa-z}} = \dfrac{dz\sqrt{az}}{2\sqrt{(qa+a)z - zz - qaa}}$.

CCII.

D'où il suit qu'en général $\dfrac{dz\sqrt{z}}{\sqrt{fz - zz - gg}}$ dépend de la rectification d'une ellipse dont g est un des demi-axes, & dont l'autre demi-axe que je nomme r doit être tel

Différentielle qui en dépend immédiatement.

que $fr - rr = gg$. En effet, en comparant les deux
dernieres différentielles entre elles terme à terme, on a
$qaa = gg$; $qa + a = f$, ou $qaa = fa - aa$; donc
$fa - aa = gg$, ou à cause que a (hyp.) $= r$, $gg =$
$fr - rr$, le second axe est donc $\frac{f}{2} \pm \sqrt{\frac{ff}{4} - gg}$.
Car si on multiplie cette quantité par f, & si on lui ajoute
son quarré, on trouvera gg après avoir effacé les termes
qui se détruisent. Il suit aussi de là que les abscisses x
prises depuis le centre doivent être telles que $rz = rr$
$+ \frac{gg}{rr} - 1 . xx$: car nous avons plus haut $aa + (q - 1) xx$
$= az$: or $a = r$, $aa = rr$, $qaa = gg$; donc $q = \frac{gg}{aa}$
$= \frac{gg}{rr}$, donc &c.

CCIII.

R EMARQUE 1. Si ff étoit $< 4gg$, la valeur de r
feroit imaginaire, par conséquent l'ellipse le feroit aussi.
Mais alors la différentielle proposée feroit imaginaire &
sans intégrale; ce qui est évident, puisque dans ce cas
$\sqrt{fz - zz - gg}$ feroit imaginaire, cette quantité étant
la même que celle-ci $\sqrt{\frac{f^2}{4} - gg - \left\{ \frac{f}{2} - z \right\}^2}$.

CCIV.

R EMARQUE 2. Il est clair que $\frac{ff}{4} - gg = \frac{ff}{4} -$
$fr + rr = \overline{\frac{f}{2} - r}^2$. Or comme par la remarque précédente $\sqrt{\frac{ff}{4} - gg - \left\{ \frac{f}{2} - z \right\}^2}$ doit toujours être
réelle, il s'enfuit que $\sqrt{\left\{ \frac{f}{2} - r \right\}^2 - \left\{ \frac{f}{2} - z \right\}^2}$
ou

ou $\sqrt{\left\{r-\frac{f}{2}\right\}^{2}-\left\{z-\frac{f}{2}\right\}^{2}}$, felon que r & z
font $<$ ou $>\frac{f}{2}$, doit être auffi réel : mais fuivant ce
qui eft dit ci-deffus, $fr-rr=gg$ ou $\frac{fr}{2}-\frac{rr}{2}=\frac{gg}{2}$,
ou $\frac{f}{2}-\frac{r}{2}=\frac{gg}{2r}$, ou $\frac{f}{2}=\frac{gg}{2r}+\frac{r}{2}$. Donc fi $r<\frac{f}{2}$,
on a $r<\frac{gg}{2r}+\frac{r}{2}$, ce qui donne $rr<gg$ & $\frac{gg}{rr}>1$;
$\frac{gg}{rr}-1$ eft donc une quantité pofitive. Dans ce cas l'é-
quation $rz=rr+\left\{\frac{gg}{rr}-1\right\}xx$ peut fe changer en
$rz=rr+hxx$, ou $z=r+\frac{hxx}{r}$, d'où il fuit que $z>r$
ce qui eft d'ailleurs évident, puifque dans ce cas on a
$\sqrt{\left\{\frac{f}{2}-r\right\}^{2}-\left\{\frac{f}{2}-z\right\}^{2}}$. La valeur $\frac{rz-rr}{h}$ de
xx fera donc pofitive, donc x fera réelle. Si $r>\frac{f}{2}$,
on aura $r>\frac{gg}{2r}+\frac{r}{2}$, ce qui donnera $rr>gg$ & $\frac{gg}{rr}<1$;
donc $\frac{gg}{rr}-1$ fera une quantité négative : on aura donc
$rz=rr-hxx$, ou $z=r-\frac{hxx}{r}$, donc $z<r$, ce qui
fuit encore de ce qu'alors on a $\sqrt{\left\{r-\frac{f}{2}\right\}^{2}-\left\{z-\frac{f}{2}\right\}^{2}}$.
La valeur $\frac{rz-rr}{-h}$, ou $\frac{rr-rz}{h}$ de xx fera donc encore
pofitive , la valeur de x par conféquent fera encore réelle.

C C V.

REMARQUE 3. Nous avons vu (Art. CCII.) que la
valeur du fecond axe r de l'ellipfe étoit $\frac{f}{2}+\sqrt{\frac{ff}{4}-gg}$.
On peut donc prendre pour r l'une ou l'autre des deux
valeurs $\frac{f}{2}+\sqrt{\frac{ff}{4}-gg}$ ou $\frac{f}{2}-\sqrt{\frac{ff}{4}-gg}$.
Mais cela ne réduit-il pas la différentielle propofée à la
rectification de deux ellipfes différentes ? D'abord on feroit

tenté de le croire, & par ce moyen on trouveroit un arc d'ellipse égal à un autre arc d'ellipse. Ce qui rend encore la chose plus vraisemblable, c'est que ces ellipses ont un axe commun g. Mais en y faisant attention on reconnoîtra que ces deux ellipses sont semblables, g est le grand axe de l'une, & le petit axe de l'autre. Et en effet l'équation

$$gg = \left\{ \frac{f}{2} + \sqrt{\frac{ff}{4} - gg} \right\} \times \left\{ \frac{f}{2} - \sqrt{\frac{ff}{4} - gg} \right\}$$

donne cette proportion $\frac{f}{2} + \sqrt{\frac{ff}{4} - gg} : g :: g : \frac{f}{2} - \sqrt{\frac{ff}{4} - gg}$; donc &c.

CCVI.

Figure 7.

2°. Elément de la rectification d'une hyperbole dont le premier axe est 2a, & le parametre p.

LEMME 2. Soit une hyperbole dont le grand axe $2KA = 2a$, le parametre $= p$, les abscisses x étant prises depuis le centre. Soit l'équation de cette hyperbole $\frac{2a}{p} yy = xx - aa$, ou $2ayy = pxx - aap$. Différentiant cette équation, il vient $4ay\,dy = 2px\,dx$, d'où l'on tire $dy = \frac{p}{2ay} xdx$, & $dy^2 = \frac{ppxxdx^2}{4aayy} = \frac{ppxxdx^2}{2apxx - 2a^3p} = \frac{pxxdx^2}{2axx - 2a^3}$: substituant cette valeur de dy^2 dans la formule de l'Article XCI. $du = \sqrt{dx^2 + dy^2}$, on a $\sqrt{dx^2 + \frac{pxxdx^2}{2axx - 2a^3}}$, ou $dx \frac{\sqrt{2axx + pxx - 2a^3}}{\sqrt{(2axx - 2a^3)}}$, ou enfin

$$dx \frac{\sqrt{\frac{(p+1)}{2a} xx - a^2}}{\sqrt{xx - aa}}$$

pour l'élément d'une hyperbole dont $2a$ est le premier axe, & p le parametre de cet axe.

Faisant comme plus haut $\frac{p}{2a} = q$, & $(q+1) \times xx - aa = az$, on changera par les mêmes opérations que celles qui ont été faites pour l'ellipse, la différentielle proposée en celle-ci $\dfrac{dz\sqrt{az}}{2\sqrt{(zz + \overline{a-q}a \times z-qaa)}}$.

Différentielle qui en dépend immédiatement.

On trouvera de même que $\dfrac{dz\sqrt{z}}{\sqrt{(zz-gg\pm fz)}}$ dépend de la rectification d'une hyperbole dont le second axe $=2g$, & dont le premier axe $2r$ doit être tel que $rr - gg = \pm fr$. Les deux demi-axes sont donc g, & $r = \pm\dfrac{f}{2} + \sqrt{\dfrac{ff}{4} + gg}$. Les abscisses x prises depuis le centre, à cause de $q = \dfrac{gg}{rr}$, sont égales à $\pm \dfrac{\sqrt{(aa+az)}}{\sqrt{(\frac{gg}{rr}+1)}}$.

C C V I I.

Elément de l'hyperbole par rapport à son second axe.

Remarque. Si on prend l'hyperbole par rapport à son second axe DKd, nommant ce second axe $2b$, le parametre de cet axe π, l'abscisse prise sur le second axe x, l'ordonnée parallele au premier axe y, l'équation de l'hyperbole par rapport à ce second axe sera $\frac{2b}{\pi} yy = xx + bb$; & en faisant les mêmes opérations que pour le premier axe, on trouvera $du = dx \dfrac{\sqrt{\left\{\frac{\pi}{2b}+1\right\} xx + bb}}{\sqrt{xx+bb}}$: faisant

Donne la même différentielle que la précédente.

$\frac{\pi}{2b} = q$, & $(q+1) \times xx + bb = bz$, on trouvera la même transformée que ci-dessus ; on n'auroit donc par ce moyen aucune nouvelle différentielle réductible à la rectification de l'hyperbole.

CCVIII.

$C_{OROLLAIRE}$. Si la différentielle proposée étoit $\dfrac{dz\sqrt{z}}{\sqrt{zz-gg}}$, en comparant cette différentielle avec $\dfrac{dz\sqrt{z}}{\sqrt{zz-gg\pm fz}}$ on voit que $f=0$, on aura donc $rr-gg=0$ ou $rr=gg$, c'est-à-dire que les deux axes sont égaux ; la proposée se rapporte donc à la rectification d'une hyperbole dont $2g$ est l'axe.

CCIX.

Pour trouver l'intégrale de $\dfrac{dz\sqrt{z}}{\sqrt{bb\pm fz-zz}}$,

Je fais $z=\dfrac{bb}{u}$, ce qui donne $dz=-\dfrac{bbdu}{uu}$; $\sqrt{z}=\sqrt{\dfrac{bb}{u}}$, ou $\dfrac{b}{\sqrt{u}}$; $zz=\dfrac{b^4}{uu}$. Mettant à la place de z, dz, zz leurs valeurs en u, on a $\dfrac{dz\sqrt{z}}{\sqrt{bb\pm fz-zz}}=$

$$\dfrac{-\dfrac{bbdu}{uu}\times\dfrac{b}{\sqrt{u}}}{\sqrt{bb+\dfrac{fbb}{u}-\dfrac{b^4}{uu}}}=\dfrac{-\dfrac{bbdu}{uu}\times\dfrac{b}{\sqrt{v}}}{\dfrac{b}{u}\sqrt{uu\pm fu-bb}}=\text{enfin}$$

$$\dfrac{-bbdu}{u\sqrt{u}.\sqrt{uu\pm fu-bb}}.$$

Cette différentielle est la même que la suivante $\dfrac{-u^2du-bbdu}{u\sqrt{u}.\sqrt{uu\pm fu-bb}}+\dfrac{du\sqrt{u}}{\sqrt{uu\pm fu-bb}}$.

La premiere partie de cette différentielle s'integre sans peine. Car on a $\dfrac{-u^2du-bbdu}{u\sqrt{u}.\sqrt{uu\pm fu-bb}}=\dfrac{-u^2du-bbdu}{\dfrac{u^2\sqrt{uu\pm fu-bb}}{\sqrt{u}}}$

$$=\dfrac{-du-\dfrac{bbdu}{u^2}}{\dfrac{\sqrt{uu\pm fu-bb}}{\sqrt{u}}}=\dfrac{-du-\dfrac{bbdu}{uu}}{\sqrt{u\pm f-\dfrac{bb}{u}}}, \text{ dont il est aisé de}$$

trouver l'intégrale. Car faifant $u \pm f - \frac{bb}{u} = z$, on a $du \pm \frac{bb\,du}{uu} = dz$; donc il vient $- \frac{dz}{\sqrt{z}}$ dont l'intégrale eft $- 2\sqrt{z}$; donc en remettant pour z & dz leurs valeurs, l'intégrale eft $- \frac{2\sqrt{uu \pm fu - bb}}{\sqrt{u}}$. L'intégrale entiere cherchée eft donc $- \frac{2\sqrt{uu \pm fu - bb}}{\sqrt{u}} + \int \frac{du\sqrt{u}}{\sqrt{uu \pm fu - bb}}$.

Or ce dernier membre qui eft fous le figne $\int$ eft réductible (Art. CCVI.) à la rectification d'une hyperbole dont les deux demi-axes font b, & $\pm \frac{f}{2} + \sqrt{\frac{ff}{4} + bb}$. Donc la différentielle propofée eft réductible à la rectification de l'hyperbole.

CHAPITRE XV.

Des différentielles dont l'intégration dépend à la fois de la rectification de l'ellipfe & de celle de l'hyperbole.

CCX.

Premier exemple de ces différentielles.

PROBLEME 1. ▌Ntégrer $\dfrac{dz}{\sqrt{z} \cdot \sqrt{b^2 \pm fz - zz}}$.

SOLUTION. $b^2 \pm fz - zz$ (les fignes de bb & de zz étant différens) a deux racines réelles, l'une pofitive & l'autre négative. Je les repréfente par $a - z$, $m + z$; la propofée devient donc $\dfrac{dz}{\sqrt{z} \cdot \sqrt{(a-z) \cdot (m+z)}}$

$$= \frac{dz}{m\sqrt{z}} \times \left\{ \frac{m+z}{\sqrt{(a-z) \times (m+z)}} - \frac{z}{\sqrt{(a-z) \times (m+z)}} \right\} =$$

en faisant les réductions ordinaires $\dfrac{dz\sqrt{m+z}}{m\sqrt{z}\cdot\sqrt{a-z}}$ —

$$\dfrac{dz\sqrt{z}}{m\sqrt{(a-z)\times(m+z)}} = \dfrac{dz\sqrt{m+z}}{m\sqrt{z}\cdot\sqrt{a-z}} - \dfrac{dz\sqrt{z}}{m\sqrt{bb\pm fz-zz}}.$$

Or le second membre de cette différentielle s'integre (Art. CCIX.) par la rectification d'une hyperbole dont les deux demi-axes font b & $+\dfrac{f}{2}+A$ en supposant $\dfrac{f^2}{4}+bb=AA$, & par conséquent $\sqrt{\dfrac{f^2}{4}+bb}=A$. Pour intégrer à présent le premier membre de la différentielle transformée, je fais $m+z=x$ ce qui donne 1°. $\sqrt{z}=\sqrt{x-m}$, 2°. $dz=dx$, 3°. $\sqrt{a-z}=\sqrt{m+a-x}$. Substituant toutes ces valeurs on a $\dfrac{dx\sqrt{x}}{m\sqrt{x-m}\cdot\sqrt{m+a-x}}=$

$$\dfrac{dx\sqrt{x}}{m\sqrt{mx+ax-xx-mm-am+mx}} = \dfrac{dx\sqrt{x}}{m\sqrt{(a+2m)x-xx-m(a+m)}}.$$

Cette différentielle se rapporte à la rectification de l'ellipse (Art. CCII.) : la comparant terme à terme avec la différentielle de l'Article CCII. $\dfrac{dz\sqrt{z}}{\sqrt{fz-zz-gg}}$, on a $m\times\overline{a+m}=gg$; $a+2m=f$; les deux demi-axes trouvés g, & $\dfrac{f}{2}+\sqrt{\dfrac{ff}{4}-gg}$ deviennent donc $\sqrt{m(a+m)}$ & $\dfrac{a+2m}{2}+\dfrac{\sqrt{aa+4am+4mm}-am-mm}{4}$, c'est-à-dire, $\sqrt{m(a+m)}$ & $a+m$. Pour trouver à présent ceux de l'ellipse en question ici, il faut chercher les valeurs de a, & de m. Pour cela j'ai d'abord l'équation suivante $\sqrt{bb\pm fz-zz}=\sqrt{(a-z)(m+z)}$; ce qui donne par la comparaison terme à terme $am=bb$

& $a - m = \pm f$. Nous avons encore supposé $\frac{ff}{4} + bb = AA$, donc $\frac{ff}{4} = AA - bb = AA - am = AA - aa \pm fa$, ce qui donne $\pm \frac{f}{2} + A = a$. Mettant cette valeur de a dans $a - m = f$, on aura $\pm \frac{f}{2} + A - f = m$ ou $m = \mp \frac{f}{2} + A$; donc $a + m = \pm \frac{f}{2} + A \mp \frac{f}{2} + A = 2A$, & $\sqrt{m \times (a+m)} = \sqrt{2A . \left\{ A \mp \frac{f}{2} \right\}}$ qui font les deux demi-axes de l'ellipse cherchée.

C C X I.

Corollaire. Si l'on a $\dfrac{dz}{\sqrt{z} . \sqrt{zz - bb \pm fz}}$, il faut essayer si par des transformations on ne peut pas ramener cette différentielle à quelqu'un des cas précédens. Pour y parvenir, je fais $z = \frac{bb}{u}$; ce qui donne en faifant les mêmes calculs que nous avons déja faits (Art. ccix.) la transformée $\dfrac{- du}{\sqrt{u} . \sqrt{bb \pm fu - uu}}$ qu'on voit évidemment s'intégrer par le Problême précédent , & dépendre de la rectification des mêmes ellipse & hyperbole. Les demi-axes de l'hyperbole font b & $\pm \frac{f}{2} + A$, ceux de l'ellipse font $\sqrt{2AA - Af}$ & $2A$. On suppose toujours $A = \sqrt{\left\{ \frac{ff}{4} + bb \right\}}$.

C C X I I.

Remarque. Il est bon de faire observer ici de quel usage fréquent sont les transformations que nous avons enseignées dans le commencement de ce Traité. Elles sont, pour ainsi dire, la clef de tout ce Calcul, du moins le facilitent-elles extrêmement. On voit aussi par les exemples que nous avons donnés jusqu'ici comment on ramene les différentielles dont on cherche l'intégration à d'autres différentielles dont l'intégrale nous est connue. Nous en allons encore donner des exemples.

CCXIII.

Autres différentielles qui font dans le cas des précédentes.

PROBLEME 2. Trouver l'intégrale de $\dfrac{dz}{\sqrt{z}\,.\,\sqrt{zz+bb\pm fz}}$.

SOLUTION. Ce Problême a deux cas, le premier lorsque le trinome $zz+bb\pm fz$ a ses racines réelles, le second lorsqu'il a ses racines imaginaires. Examinons ces deux cas séparément.

PREMIER CAS.

Lorsque $zz+bb\pm fz$ a ses racines réelles, je les représente par $z+m$, & $z+n$, quand il y a $+fz$; & par $z-m$, $z-n$, quand il y a $-fz$. Je suppose $n>m$, supposition que je puis toujours faire. J'ai donc

$$\frac{dz}{\sqrt{z}\,.\,\sqrt{(zz\pm fz+bb)}}=\frac{dz}{\sqrt{z}\,.\,\sqrt{(z\pm m)\,.\,(z\pm n)}}.$$

Soit $z\pm m=u$; on a $dz=du$; $\sqrt{z}=\sqrt{u\mp m}$, & $\sqrt{z\pm n}=\sqrt{u\mp m\pm n}$. La proposée se change donc en

$$\frac{du}{\sqrt{u}\,.\,\sqrt{(u\mp m)\times(u\mp m\pm n)}}=\frac{du}{\sqrt{u}\,.\,\sqrt{uu\mp 2um\pm un+mm-mn}}.$$

Mais comme (hyp.) $n>m$, la transformée peut être représentée par $\dfrac{du}{\sqrt{u}\,.\,\sqrt{uu\pm ku-qq}}$. Elle s'intégrera donc (Article CCXII.) par la rectification de l'ellipse & de l'hyperbole l'hyperbole à la fois. Comparant cette derniere différentielle avec celle de l'Article que nous venons de citer, on trouve que les demi-axes de l'hyperbole font ici q, &

$$\pm \frac{k}{2} + \sqrt{\frac{k^2}{4} + qq},$$

& que les demi-axes de l'ellipfe font

$$2\sqrt{\frac{kk}{4} + qq} \quad \& \quad \sqrt{2\left\{\frac{kk}{4} + qq\right\} \mp k\sqrt{\frac{kk}{4} + qq}}$$

$$= \sqrt{2 \cdot \sqrt{\left(\frac{kk}{4} + qq\right)} \times \sqrt{\left(\frac{kk}{4} + qq\right)} \mp k\sqrt{\left(\frac{kk}{4} + qq\right)}}$$

$$= \sqrt{2\sqrt{\frac{kk}{4} + qq}} \times \sqrt{\mp \frac{k}{2} + \sqrt{\frac{kk}{4} + qq}}.$$

Comparant à préfent

$$\frac{dz}{\sqrt{z} \cdot \sqrt{zz \pm fz + bb}}$$

avec la transformée

$$\frac{dz}{\sqrt{z} \cdot \sqrt{zz \pm nz \pm mz + mn}};$$

on trouve 1°. dans le cas de $+ fz$ . . . . . $mn = bb$

$$m + n = f$$

donc . . . . $n = \frac{bb}{m}$

& $m + n = f$ devient $mm + bb = fm$

ou bien . . $mm - fm + \frac{ff}{4} = \frac{ff}{4} - bb$

ou . . . . $m = \frac{f}{2} \pm \sqrt{\frac{ff}{4} - bb}$,

& par conféquent . . . . . $n = \frac{f}{2} \mp \sqrt{\frac{ff}{4} - bb}$

donc à caufe de $m < n$ on a $m = \frac{f}{2} - \sqrt{\frac{ff}{4} - bb}$

& . . . . $n = \frac{f}{2} + \sqrt{\frac{ff}{4} - bb}$

donc en fuppofant $\frac{ff}{4} - bb = AA$, on a $m = \frac{f}{2} - A$

$$n = \frac{f}{2} + A.$$

Comparant maintenant la transformée $\dfrac{du}{\sqrt{u} \cdot \sqrt{uu \mp 2um \pm un + mm - mn}}$

avec $\dfrac{du}{\sqrt{u} \cdot \sqrt{uu \pm ku - qq}}$, on trouve dans le même cas

de $+ fz$ . . . . . $-2m + n = k$

donc . . . . $\dfrac{k}{2} = -m + \dfrac{n}{2}$

cette comparaison dónne aussi $-mm + mn = qq$

donc . . . . $q = \sqrt{-mm + mn}$,

& en mettant pour m & n leurs valeurs trouvées ci-deffus, il nous viendra . . . $q = \sqrt{fA - 2AA}$:

on a aussi $\dfrac{nn}{4} - mn + m^2 + q^2 = \dfrac{k^2}{4} + q^2$

ou bien . . . . $\dfrac{nn}{4} - q^2 + q^2 = \dfrac{kk}{4} + qq$,

donc . . . . $\dfrac{n}{2} = \sqrt{\dfrac{kk}{4} + qq}$.

Les demi-axes trouvés de l'hyperbole q & $\dfrac{k}{2} + \sqrt{\dfrac{kk}{4} + qq}$

font donc . . . . $q = \sqrt{fA - 2AA}$

& . . . . $-m + n = 2A$.

Les demi-axes de l'ellipse font $\quad n = \dfrac{f}{2} + A$

& $\sqrt{\dfrac{f}{2} + A} \times \sqrt{m - \dfrac{n}{2} + \dfrac{n}{2}} = \sqrt{\dfrac{f}{2} + A} \times$

$\sqrt{\dfrac{f}{2} - A} = b$.

2°. Dans le cas de $-fz$, faifant les mêmes calculs que ci-deffus, on trouve . . . . . $mn = bb$

$$m + n = f$$

$$2m - n = -k$$

$$mm - nm = -qq,$$

donc . . . . $q = \sqrt{fA - 2AA}$

& . . . . $\sqrt{\dfrac{kk}{4} + qq} = \dfrac{n}{2}$.

Les demi-axes de l'hyperbole font donc

$$q = \sqrt{fA - 2AA}$$

$$\&\ \ldots\ldots\ldots\ldots\ldots\ m = \frac{f}{2} - A :$$

$$\text{ceux de l'ellipse sont}\ \ldots\ldots\ n = \frac{f}{2} + A$$

$$\&\ \sqrt{n} \times \sqrt{\left\{ -m + \frac{n}{2} + \frac{n}{2} \right\}} = \sqrt{nn - mn} =$$

$$\sqrt{\left\{ \frac{ff}{4} + fA + AA - \frac{ff}{4} + AA \right\}} = \sqrt{(2AA + fA)}.$$

Si dans le cas de $-fz$, au lieu de supposer que les racines sont $z - m$, & $z - n$, on les suppose $m - z$, & $n - z$, comme on le doit faire lorsque $z < m$ & $< n$ (n étant toujours supposé $> m$) on fera dans ce cas $m - z = t$, & après les réductions & transformations ordinaires on aura $\dfrac{-dt}{\sqrt{t} \cdot \sqrt{(m-t) \cdot (n-m+t)}}$, qui se rapporte à la différentielle du Problême 1. Art. ccx.

Pratiquant ici les mêmes calculs que nous avons faits plus haut, on trouve $\ldots\ldots\ldots$

$$mn = bb$$
$$m + n = f$$
$$m(n - m) = qq$$
$$2m - n = \pm k.$$

Ces équations donnent un résultat qui est le même que le précédent. Je passe au cas où les racines sont imaginaires.

Second Cas.

Si $zz \pm fz + bb$ a ses racines imaginaires, je commence par faire évanouir le second terme, en faisant

$$z \pm \frac{f}{2} = u$$

$$\text{ou}\ \ldots\ldots\ldots\ldots\ z = u \mp \frac{f}{2},$$

D d ij

ce qui donne . . . . $zz = uu \mp fu + \dfrac{ff}{4}$

$dz = du$.

$\sqrt{z} = \sqrt{u \mp \tfrac{f}{2}}$.

Subſtituant ces valeurs dans la propoſée, on a

$$\frac{du}{\sqrt{u \mp \tfrac{f}{2}} \cdot \sqrt{uu - \tfrac{ff}{4} + bb}} \; ,$$

& en ſuppoſant $\dfrac{ff}{4} - bb = - AA$, on a $\dfrac{du}{\sqrt{u \mp \tfrac{f}{2}} \cdot \sqrt{uu + AA}}$. Je fais en-

ſuite . . . . $u + \sqrt{uu + AA} = t$

ou . . . . $t - u = \sqrt{uu + AA}$

& . . . . . . $tt - 2tu + uu = uu + AA$,

donc . . . . $u = \dfrac{tt - AA}{2t}$

$$du = (tt + AA) \times \frac{dt}{2tt}$$

$$\sqrt{u \mp \tfrac{f}{2}} = \frac{\sqrt{tt - AA \mp ft}}{\sqrt{2t}}$$

$$\sqrt{uu + AA} = \frac{\sqrt{t^4 + 2tt\,AA + A^4}}{\sqrt{4tt}} = \frac{tt + AA}{2t} .$$

La nouvelle transformée ſera donc $\dfrac{\dfrac{tt + AA}{2t} \cdot \dfrac{dt}{2tt}}{\dfrac{\sqrt{tt - AA \mp f}}{\sqrt{2t}} \times \left\{ \dfrac{tt + AA}{2t} \right\}}$

$$= \frac{\left\{ \dfrac{tt + AA}{2t} \right\} \times \dfrac{dt}{\sqrt{t} \cdot \sqrt{t}}}{\dfrac{\sqrt{(tt - AA \mp ft)}}{\sqrt{2} \cdot \sqrt{t}} \times \left\{ \dfrac{tt + AA}{2t} \right\}} = \frac{dt \cdot \sqrt{2} \cdot \sqrt{t}}{\sqrt{t} \cdot \sqrt{t} \cdot \sqrt{(tt - AA \mp ft)}}$$

$$= \frac{dt \sqrt{2}}{\sqrt{t} \cdot \sqrt{tt - AA \mp ft}} \; ,$$

qui s'integre par le Corollaire du Problême 1. Art. CCXI.

Si $z < \dfrac{f}{2}$, au lieu de $z - \dfrac{f}{2} = u$, on fera $\dfrac{f}{2} - z = u$.

& en supposant $\sqrt{uu + AA} - u = t$, la transformée

sera $\dfrac{dt\sqrt{2}}{\sqrt{t}\cdot\sqrt{tt - AA + ft}}$, qui s'integre de la même ma-

niere que la précédente.

Pour ce qui regarde les demi-axes de l'ellipse & de l'hyperbole dans ce cas, nous ne nous arrêterons pas à détailler tous les calculs nécessaires pour les trouver, le lecteur doit être suffisamment exercé à les faire lui-même. En supposant, comme nous l'avons dit, $\dfrac{ff}{4} - bb = -AA$, il trouvera que les deux demi-axes de l'hyperbole sont A & $\mp\dfrac{f}{2} + b$, & ceux de l'ellipse $2b$, & $\sqrt{2b \times (\pm\dfrac{f}{2} + b)}$

$= \sqrt{2bb \pm bf}$.

CCXIV.

Problème 3. Trouver l'intégrale de $\dfrac{dz}{\sqrt{z}\cdot\sqrt{(fz - bb - zz)}}$. Troisieme exemple.

Solution. La quantité $\sqrt{fz - bb - zz}$ peut avoir cette autre forme $\sqrt{\dfrac{ff}{4} - bb - \left\{\dfrac{f}{2} - z\right\}^2}$. En la considérant sous cette forme, on remarquera que si $\dfrac{ff}{4}$ est $< bb$, la différentielle proposée est imaginaire, & par conséquent sans intégrale; donc pour que le Problême soit possible, il faut que $fz - bb - zz$ ait ses racines réelles. Je les suppose $a - z$ & $z - c$, la propo-

sée sera $\dfrac{dz}{\sqrt{z}\cdot\sqrt{(a - z)\times(z - c)}} = \dfrac{dz}{\sqrt{z}\cdot\sqrt{a + cz - zz - ac}}$.

Je fais $a - z = u$, donc $dz = -du$, &c; après les opérations ordinaires on trouve la transformée

$\dfrac{-du}{\sqrt{u}\cdot\sqrt{a - u}\cdot\sqrt{a - u - c}} = \dfrac{-du}{\sqrt{u}\cdot\sqrt{aa - ac - 2au + cu + uu}}$

mais a doit toujours être fuppofé $> c$, car $a - z$ & $z - c$ doivent toujours être pofitifs ; fi l'un des deux étoit négatif, la différentielle feroit imaginaire, ce qui eft contre l'hypothefe. S'ils font tous deux négatifs, il les faut changer en $z - a$, & $c - z$ qui ne différent de $a - z$ & de $z - c$ que par le changement des fignes ; donc $a > z$ & $z > c$, donc $a > c$; la propofée peut donc être fuppofée égale à

$$\frac{- d u}{\sqrt{u} \cdot \sqrt{g g \pm k u + u u}}$$ qui s'integre par le Problême 2.

Pour trouver les demi-axes de l'ellipfe & de l'hyperbole, j'ai d'abord en comparant les deux premieres différentielles . . . . $a + c = f$
$$a c = b b .$$

Je compare enfuite les deux dernieres, cette comparaifon me donne . . . . $a a - a c = g g$
$$2 a - c = - k$$
$$a a - a c + \frac{c c}{4} = \frac{k k}{4}$$

donc . . . . $\frac{k k}{4} > g g$,

donc les racines font réelles. De plus $a > c$ donne $2 a > c$; & k pofitif. Comparant maintenant notre transformée $$\frac{- d u}{\sqrt{u} \cdot \sqrt{(u u - k u + g g)}}$$ avec $$\frac{d z}{\sqrt{z} \cdot \sqrt{(z z - f z + b b)}}$$ dont les demi-axes ont été trouvés (Art. CCXIII. n°. 2.), $z z - f z + b b$ ayant fes racines réelles ; faifant $A' = \sqrt{\frac{k k}{4} - g g}$, on trouvera que les demi-axes de l'hyperbole font $\sqrt{k A' - 2 A' A'}$ & $\frac{k}{2} - A'$, & que ceux de l'ellipfe font $\sqrt{2 A' A' + A' k}$, & $A' + \frac{k}{2}$: or $k = 2 a - c$, $g g = a a - a c$, $a + c = f$, & $a c = b b$. Subftituant donc pour A' & k leurs valeurs en b & en f, & faifant $\sqrt{\frac{bb}{4} - ff} = A$, on trouve que les demi-axes de l'hyperbole font $2A$ & $\sqrt{fA - 2AA}$, & ceux de l'ellipfe font b, & $\frac{f}{2} + A$.

CCXV.

Quatrieme exemple.

Problème 5. Trouver l'intégrale de $\dfrac{dz\sqrt{z}}{\sqrt{zz + bb + fz}}$.

Solution. Le dénominateur a fes deux racines réelles, ou il les a imaginaires.

Premier Cas.

Lorfque $zz + bb \pm fz$ a fes deux racines réelles, elles feront $z + a$, & $z + c$ dans le cas de $+ fz$, & $z - a$, $z - c$ dans le cas de $- fz$. A préfent il eft évident que $\dfrac{dz\sqrt{z}}{\sqrt{zz \pm fz + bb}} = \dfrac{z\,dz}{\sqrt{z} \cdot \sqrt{zz \pm az \pm cz + ac}}$. Je fais $z \pm a = y$, en fuppofant $c > a$, on a $z = y \mp a$; $dz = dy$; $z \pm c = y \mp a \pm c$. Subftituant ces valeurs de z on aura $\dfrac{z\,dz}{\sqrt{z} \cdot \sqrt{z \pm a} \cdot \sqrt{z \pm c}} = \dfrac{\overline{y \mp a} \cdot dy}{\sqrt{y} \cdot \sqrt{(y \mp a) \cdot (y \mp a \pm c)}} = \dfrac{dy\sqrt{y}}{\sqrt{(y \mp a) \cdot (y \mp a \pm c)}} \mp \dfrac{a\,dy}{\sqrt{y} \cdot \sqrt{(y \mp a) \cdot (y \mp a \pm c)}}$. Or comme par la fuppofition $c > a$, on voit clairement que ces deux différentielles peuvent fe repréfenter par les deux fuivantes $\dfrac{dy\sqrt{y}}{\sqrt{yy \pm ny - mm}}$ & $\dfrac{dy}{\sqrt{y} \cdot \sqrt{yy \pm ny - mm}}$, la premiere defquelles fe rapporte à l'Article ccvi., & la feconde au Corollaire du Problême 1. Art. ccxi.

On a ici . . . . $ac = bb$

$$a + c = f$$
$$- 2a + c = \pm n$$
$$- aa + ac = mm.$$

Les axes de l'hyperbole sont m & $\pm \frac{n}{2} + \sqrt{\frac{n^2}{4} + mm}$, c'est-à-dire $\sqrt{- aa + ac}$ & $- a + c$. Or a étant par la supposition $< c$, $= \frac{f}{2} - A$, & $c = \frac{f}{2} + A$, donc les axes de l'hyperbole sont $\sqrt{fA - 2AA}$ & $2A$. Les axes de l'ellipse sont $\sqrt{2\sqrt{\frac{nn}{4} + mm} \times (\mp \frac{n}{2} + \sqrt{\frac{nn}{4} + mm})}$ & $2\sqrt{\frac{nn}{4} + mm}$, c'est-à-dire $\sqrt{c \times a} = b$, & c ou $\frac{f}{2} + A$.

CCXVI.

REMARQUE. Si lorsqu'on a $- fz$, les racines au lieu d'être $z - a$ & $z - c$, sont $a - z$, & $c - z$, en supposant toujours $c > a$; alors on fera $a - z = u$, ce qui donne en opérant comme ci-dessus $\dfrac{z\,dz}{\sqrt{z} . \sqrt{(a - z) . (c - z)}}$

$$= \frac{du\sqrt{u}}{\sqrt{(a - u) . (c - a + u)}} - \frac{a\,du}{\sqrt{u} . \sqrt{(a - u) . (c - a + u)}}$$ dont la première partie s'intègre par l'Article CCIX. & la seconde par l'Article CCX. Lorsqu'on a $- fz$, les demi-axes de l'hyperbole sont $\sqrt{fA - 2AA}$ & $\frac{f}{2} - A$, & ceux de l'ellipse sont $\sqrt{2AA + fA}$ & $A + \frac{f}{2}$.

CCXVII.

CCXVII.

Second Cas.

Lorsque $zz \pm fz + bb$ a ses deux racines imaginaires, on fait d'abord évanouir le second terme en faisant $z + \frac{f}{2} = u$, ce qui donne $dz = du$, $\sqrt{z} = \sqrt{u \mp \frac{f}{2}}$; $zz = uu \mp fu + \frac{ff}{4}$; on aura donc la transformée

$$\frac{du\sqrt{u \mp \frac{f}{2}}}{\sqrt{uu + bb - \frac{ff}{4}}} \; : \; \text{\& en faisant } bb - \frac{ff}{4} = AA, \text{il}$$

vient $\dfrac{du\sqrt{u \mp \frac{f}{2}}}{\sqrt{uu + AA}} = \dfrac{udu \mp \frac{f}{2}du}{\sqrt{u \mp \frac{f}{2}} \cdot \sqrt{uu + AA}}$, comme

il est évident en multipliant haut & bas par $\sqrt{u \mp \frac{f}{2}}$, ce qui ne change rien à la valeur.

Soit à présent $u + \sqrt{uu + AA} = y$; donc $uu - 2uy + yy = uu + AA$, donc $u = \frac{yy - AA}{2y}$

$$\text{\& } \ldots \ldots \ldots \ldots \; du = \frac{dy}{2yy} \times yy + AA,$$

$$\text{on a aussi } \ldots \ldots \; \sqrt{uu + AA} = \frac{yy + AA}{2y}$$

$$\text{\& de même } \ldots \ldots \; \sqrt{u \mp \frac{f}{2}} = \frac{\sqrt{yy - AA \mp fy}}{\sqrt{2y}}.$$

La premiere partie $\dfrac{udu}{\sqrt{u \mp \frac{f}{2}} \cdot \sqrt{uu + AA}}$ de la pro-

posée devient donc $\dfrac{\frac{dy}{4y^1} \times \overline{y^4 - A^4}}{\dfrac{\sqrt{yy - AA \mp fy}}{\sqrt{2y}} \times \dfrac{yy + AA}{2y}} =$

$$= \frac{\frac{dy}{2y^2} \times \overline{yy - AA} \times \overline{\frac{yy+AA}{2y}}}{\frac{\sqrt{yy - AA \mp fy}}{\sqrt{2y}} \times \frac{yy + AA}{2y}} = \frac{\frac{dy}{2yy} \times \overline{yy - AA}}{\frac{\sqrt{yy - AA \mp fy}}{\sqrt{2y}}}$$

$$= \frac{dy\sqrt{2}.\sqrt{y}}{\sqrt{2}.\sqrt{2}.\sqrt{yy - AA \mp fy}} - \frac{AA\,dy\sqrt{2}.\sqrt{y}}{\sqrt{2}.\sqrt{2}.\sqrt{y}.y\sqrt{y}.\sqrt{y^2 - A^2 \mp fy}}$$

$$= \frac{dy\sqrt{y}}{\sqrt{2}.\sqrt{yy - AA \mp fy}} - \frac{AA\,dy}{\sqrt{2}.y\sqrt{y}.\sqrt{yy - AA \mp fy}} \cdot \text{ La se-}$$

conde partie $\dfrac{\mp \frac{f}{2}\,du}{\sqrt{u \mp \frac{f}{2}}.\sqrt{uu + AA}} =$ de même

$$\frac{\mp \frac{fdy}{4yy} \times \overline{yy + AA}}{\frac{\sqrt{yy - AA \mp fy}}{\sqrt{2y}} \times \frac{yy + AA}{2y}} = \frac{\mp \frac{fdy}{2y}}{\frac{\sqrt{yy - AA \mp fy}}{\sqrt{2y}}} = \text{ enfin}$$

$\dfrac{\mp fdy}{\sqrt{2}.\sqrt{y}.\sqrt{yy - AA \mp fy}} \cdot$ La transformée entiere eſt donc

$$\frac{dy\sqrt{y}}{\sqrt{yy - AA \mp fy}} - \frac{AA\,dy}{\sqrt{2}.y\sqrt{y}.\sqrt{yy - AA \mp fy}} \mp \frac{fdy}{\sqrt{2}.\sqrt{y}.\sqrt{yy - AA \mp fy}}$$

dont la premiere partie s'integre par l'article CCVI. ; la ſeconde par l'article CCIX., & la troiſieme par l'art. CCXI.

Si quand on a $zz - fz + bb$, z eſt $< \frac{f}{2}$, enſorte qu'il faille ſuppoſer $\frac{f}{2} - z = u$, alors en pratiquant ce qui a déja été fait (Problême 2.) dans un cas ſemblable, on aura (en faiſant $\sqrt{uu + AA} - u = t$) la transformée ſuivante $\dfrac{dt\sqrt{t}}{\sqrt{2}.\sqrt{tt - AA + ft}} - \dfrac{AA\,dt}{\sqrt{2}.t\sqrt{t}.\sqrt{tt - AA + ft}}$

$- \dfrac{fdt}{\sqrt{2t}.\sqrt{tt - AA + ft}}$ dont les trois parties s'integrent de la même maniere que les trois ci-deſſus.

Dans le cas préſent des racines imaginaires, l'intégration. de $\dfrac{dz\sqrt{z}}{\sqrt{zz \pm fz + bb}}$ dépend des mêmes ellipſe & hyperbole que $\dfrac{dz}{\sqrt{z}\,.\,\sqrt{zz+fz+bb}}$ en faisant les mêmes suppositions.

CCXVIII.

COROLLAIRE GÉNÉRAL. On doit conclure de tout ce que nous venons de dire pour résoudre les Problêmes précédens que l'intégration de la différentielle $\dfrac{z^{\pm\frac{n}{i}}\,dz}{\sqrt{a\pm bz\pm czz}}$ dépend toujours de la rectification d'une ou de plusieurs sections coniques.

CHAPITRE XVI.

Suite des Chapitres précédens sur les différentielles dont l'intégration dépend de la rectification des sections coniques.

CCXIX.

SOit cherchée d'abord l'intégrale de $\dfrac{x^{\pm\frac{n}{i}}\,dx}{\sqrt{a+bx+cxx}}$, *n* étant un nombre entier impair, & a, b, c, des coefficiens quelconques.

Application aux exemples les plus généraux.

Pour résoudre ce Problême 1°. prenons la différence de $x^p \times \sqrt{a+bx+cxx}$, elle sera

Premier exemple.

$$p x^{p-1}\,dx \times (a+bx+cxx)^{\frac{1}{i}} + x^p \times \dfrac{\frac{b}{i}\,dx+cxdx}{\sqrt{a+bx+cxx}} =$$

$$\dfrac{p x^{p-1}\,dx \times (a+bx+cxx) + x^p \cdot \left\{ \frac{b}{i}\,dx+cxdx \right\}}{\sqrt{a+bx+cxx}} =$$

$$\frac{p x^{p-1} a\, dx + \left(\frac{b}{2} + bp\right) x^p\, dx + (c + cp)\, x^{p+1}\, dx}{\sqrt{a + bx + cxx}}.$$

On voit par cette différentielle que l'intégrale de $\dfrac{p x^{p-1} a\, dx}{\sqrt{a + bx + cxx}}$ eſt égale à celle de $x^p \sqrt{a + bx + cx^2}$

$- \displaystyle\int \frac{\left(\frac{b}{2} + bp\right) x^p\, dx + (c + cp)\, x^{p+1}\, dx}{\sqrt{a + bx + cxx}}$, c'eſt-à-

dire moins l'intégrale de $\dfrac{\left(\frac{b}{2} + bp\right) x^p\, dx}{\sqrt{a + bx + cxx}}$, & de

$\dfrac{(c + cp)\, x^{p+1}\, dx}{\sqrt{a + bx + cxx}}$; elle dépend donc de ces deux der-

nieres. Donc en général l'intégration de $\dfrac{x^{-q-\frac{1}{2}}\, dx}{\sqrt{a + bx + cxx}}$

dépend de celle de $\dfrac{x^{-q+\frac{1}{2}}\, dx}{\sqrt{a + bx + cxx}}$, & de celle de

$\dfrac{x^{-q+\frac{3}{2}}\, dx}{\sqrt{a + bx + cxx}}$, tant que q n'eſt pas $= 1$; car ſi $q = 1$,

$p - 1 = -\frac{1}{2}$ & $p = -\frac{1}{2}$, & $\frac{b}{2} + bp = 0$.

Donc en donnant ſucceſſivement différentes valeurs à q, on trouvera que toutes les différentielles $\dfrac{dx}{x^q \sqrt{x}} \times$

$\dfrac{1}{\sqrt{a + bx + cxx}}$, q étant un nombre entier poſitif, s'intégreront auſſi-tôt qu'on connoîtra l'intégrale des diffé-

rentielles $\dfrac{dx}{\sqrt{x} \cdot \sqrt{a + bx + cxx}}$ & $\dfrac{dx \sqrt{x}}{\sqrt{a + bx + cxx}}$ que

nous avons appris à trouver dans les deux Chapitres précédens.

C C X X.

On remarquera que l'intégrale de $\dfrac{dx}{x \sqrt{x} \cdot \sqrt{a + bx + cxx}}$
ne dépend que de $\dfrac{dx \sqrt{x}}{\sqrt{a + bx + cxx}}$; car alors $q = + 1$

& par conséquent $\frac{b}{2} + bp = 0$, donc la premiere différentielle s'évanouit. Ainsi il ne reste que la seconde à laquelle répond $\frac{dx\sqrt{x}}{\sqrt{a + bx + cxx}}$. On prouvera aussi que $\frac{x^{q+\frac{1}{2}}dx}{\sqrt{a + bx + cxx}}$ dépend de $\frac{x^{-\frac{1}{2}}dx}{\sqrt{a + bx + cxx}}$ & de $\frac{x^{\frac{1}{2}}dx}{\sqrt{a + bx + cxx}}$. Car comme nous avons vu (Art. précédent) $\frac{x^{-\frac{1}{2}}dx}{\sqrt{a + bx + cxx}}$ dépend de $\frac{x^{\frac{1}{2}}dx}{\sqrt{a + bx + cxx}}$ & de $\frac{x^{\frac{3}{2}}dx}{\sqrt{a + bx + cxx}}$: de même $\frac{x^{\frac{1}{2}}dx}{\sqrt{a + bx + cxx}}$ dépend de $\frac{x^{\frac{3}{2}}dx}{\sqrt{a + bx + cxx}}$, & de $\frac{x^{\frac{5}{2}}dx}{\sqrt{a + bx + cxx}}$ &c. donc réciproquement.

CCXXI.

On peut encore s'en assurer d'une autre maniere en faisant $x = u^{-1}$; $dx = - \frac{du}{uu}$, ce qui donnera la transformée suivante $- \frac{du \times u^{-q-\frac{3}{2}}}{\sqrt{m + nu + quu}}$, qui dépend, comme nous venons de le voir, de $\frac{u^{-\frac{1}{2}}du}{\sqrt{m + nu + quu}}$ & de $\frac{u^{-\frac{1}{2}}du}{\sqrt{m + nu + quu}}$, c'est-à-dire, de $\frac{dx\sqrt{x}}{\sqrt{a + bx + cxx}}$ & de $\frac{dx}{\sqrt{x}.\sqrt{a + bx + cxx}}$.

CCXXII.

COROLLAIRE 1. Il suit de là que l'intégration de $x^{\pm\frac{n}{2}} dx \cdot \overline{a+bx+cxx}^{\frac{p}{2}}$ p étant un nombre entier positif, dépend encore de $\dfrac{dx\sqrt{x}}{\sqrt{a+bx+cxx}}$ & $\dfrac{dx}{\sqrt{x}\cdot\sqrt{a+bx+cxx}}$. En effet si on multiplie la proposée par $\dfrac{\sqrt{a+bx+cxx}}{\sqrt{a+bx+cxx}}$, elle deviendra composée de différentes parties de la forme de $\dfrac{x^{\pm\frac{k}{2}} dx}{\sqrt{a+bx+cxx}}$; donc &c.

CCXXIII.

COROLLAIRE 2. Soit cherchée l'intégrale de $\dfrac{x^{p} dx \cdot x^{\frac{n}{2}} dx}{\overline{a+bx+cxx}^{\frac{n}{2}}}$, p & n étant des nombres entiers positifs. On supposera $\dfrac{x}{a+bx+cxx} = z^{-1}$ ce qui donne $xz = a+bx+cxx$ ou $xx + \dfrac{bx-xz}{c} = -\dfrac{a}{c}$, donc $xx + \dfrac{bx-xz}{c} + \dfrac{bb+zz}{4cc} - \dfrac{bz}{2cc} = -\dfrac{a}{c} + \dfrac{bb+zz}{4cc} - \dfrac{bz}{2cc}$, ou $x = \dfrac{z+b}{2c} \pm \sqrt{-\dfrac{a}{c} + \left\{\dfrac{b-z}{2c}\right\}^{2}}$. Par le moyen de cette valeur de x on trouvera celle de dx ; & en faisant les substitutions ordinaires, on aura une transformée composée de différentes parties intégrables chacune séparément par l'article CCXIX. & dépendantes par conséquent de nos deux différentielles.

CCXXIV.

Corollaire 3. Si on avoit $\dfrac{x^{-p} \cdot x^{\frac{n}{2}}\, dx}{\overline{a + bx + cxx}^{\frac{n}{2}}}$, on

feroit $x = \dfrac{1}{u}$, ce qui donne $x^{-p} = u^{p}$, $dx = -\dfrac{du}{uu}$,

& enfin la transformée fuivante $\dfrac{-u^{p-2} \cdot u^{\frac{n}{2}}\, du}{\overline{m + nu + gu^2}^{\frac{n}{2}}}$ qui

s'integre par l'article précédent, excepté dans le cas de $p = +1$ que nous allons examiner. Donc la propofée dépend de $\dfrac{du\,\sqrt{u}}{\sqrt{(f + gu + hu)}}$ & de $\dfrac{du}{\sqrt{u} \cdot \sqrt{(f + gu + hu^2)}}$, ou ce qui eft la même chofe, de $\dfrac{dx\,\sqrt{x}}{\sqrt{(a + bx + cxx)}}$ & de $\dfrac{dx}{\sqrt{x} \cdot \sqrt{(a + bx + cxx)}}$.

Dans le cas de $p = +1$ la propofée eft $\dfrac{dx \cdot x^{\frac{n}{2}}}{x \cdot \overline{a + bx + cxx}^{\frac{n}{2}}}$.

On fuppofera $\dfrac{x}{a + bx + cxx} = \dfrac{1}{z}$, ce qui donnera comme plus haut $x = \dfrac{-b + z}{2c} \pm \sqrt{-\dfrac{a}{c} + \dfrac{bb - 2bz + zz}{4cc}}$,

$dx = + \dfrac{dz}{2c} \mp \dfrac{bdz - zdz}{4cc \cdot \sqrt{-\dfrac{a}{c} + \left\{\dfrac{b - z}{2c}\right\}^2}}$, & auffi

$\dfrac{x^{\frac{n}{2}}}{\overline{a + bx + cxx}^{\frac{n}{2}}} = \dfrac{1}{z^{\frac{n}{2}}} = z^{-\frac{n}{2}}$: donc en mettant pour

x, dx, &c. leurs valeurs en z & dz, il nous viendra la transformée fuivante $z^{-\frac{n}{2}} \times \dfrac{\left\{+\dfrac{dz}{2c} \mp \dfrac{(b - z)\,dz}{4cc\sqrt{-\dfrac{a}{c} + \left\{\dfrac{b - z}{2c}\right\}^2}}\right\}}{\dfrac{-b + z}{2c} \pm \sqrt{-\dfrac{a}{c} + \left\{\dfrac{b - z}{2c}\right\}^2}}$.

Je multiplie le haut & le bas par $\dfrac{-b+z}{2c} \pm$
$\sqrt{-\dfrac{a}{c} + \left\{\dfrac{b-z}{2c}\right\}^{2}}$; ce qui réduira le dénominateur
à une constante, & la transformée sera en partie intégrable absolument, & en partie intégrable par les Articles CCXIX. & CCXXII. en supposant l'intégration de

$$\frac{dz\sqrt{z}}{\sqrt{-\dfrac{a}{c} + \left\{\dfrac{b-z}{2c}\right\}^{2}}} \quad \text{\& de} \quad \frac{dz}{\sqrt{z} \cdot \sqrt{-\dfrac{a}{c} + \left\{\dfrac{b-z}{2c}\right\}^{2}}},$$

c'est-à-dire de nos deux différentielles en question.

CCXXV.

COROLLAIRE 4. De là il suit que $x^{\pm\frac{n}{2}} dx \times$
$(a+bx+cxx)^{\pm\frac{p}{2}}$ dépend de l'intégration des deux
différentielles $\dfrac{dx\sqrt{x}}{\sqrt{a+bx+cxx}}$ & $\dfrac{dx}{\sqrt{x} \cdot \sqrt{a+bx+cxx}}$,
c'est-à-dire de la rectification des sections coniques.

CCXXVI.

Différentielle qui dépend de la rectification de l'hyperbole seule. REMARQUE. Il arrive cependant quelquefois que la
différentielle $x^{\pm\frac{n}{2}} dx . (a+bx+cxx)^{\frac{p}{2}}$ ne dépend pas
de la rectification de l'ellipse & de l'hyperbole , mais
d'une de ces deux courbes seulement. Soit pour le prouver

$$dx \frac{\sqrt{\dfrac{(p+2a)}{2a} xx - aa}}{\sqrt{xx-aa}} \quad \text{l'élément d'une hyperbole ,}$$

soit $x + \sqrt{xx-aa} = z$, & par conséquent $x = \dfrac{zz+aa}{2z}$
$dx = (zz-aa)\dfrac{dz}{2zz}$; supposons de plus $\dfrac{p}{2a} = q$, on
aura la transformée $\dfrac{dz}{2zz}\left\{(zz+aa)^{2} \times (q+1) - 4aazz\right\}^{\frac{1}{2}}$:

faisons

faiſons $zz = au$, $z = \sqrt{au}$, $dz = \dfrac{a\,du}{2\sqrt{au}}$, on aura la différentielle ſuivante $\dfrac{a\,du}{4au\sqrt{au}} \times \left\{ (au + aa)^2 \times (q+1) \right.$ $\left. - 4a^3u \right\}^{\frac{1}{2}} =$ en diviſant par $\sqrt{a}$, $\dfrac{du}{4u\sqrt{u}} \left\{ (u+q)^2 \right.$ $\left. (qa+a) - 4aau \right\}^{\frac{1}{2}}$, d'où l'on voit que $\dfrac{du\sqrt{uu + 2pua + aa}}{u\sqrt{u}}$ dépend de la rectification de l'hyperbole ſeule, p étant $= \dfrac{q-1}{q+1}$.

CCXXVII.

Si on propoſe de trouver l'intégrale de $x^{\pm\frac{n}{2}}\,dx$. $(a \mp xx)^{\pm\frac{p}{2}}$, p & n exprimant des nombres entiers & a étant poſitif ou négatif.

Second exemple.

1°. On prendra $\dfrac{x^q\,dx}{\sqrt{a \mp x^2}}$. Pour trouver l'intégrale de cette différentielle, comparons-la avec la formule (X) de l'Article LXXXVIII.

$$\int g\,x^m\,dx\,(a + bx^n)^p = \frac{1}{m+1} \times \frac{1}{a}\,u\,x^{m+1}$$
$$\left\{ - \left(\frac{m+1+np+n}{m+1} \right) \times \frac{b}{a} \times \int g\,x^{m+n}\,dx \times \overline{a+bx^n}^p \right\}$$
$-$ &c. on trouvera . . . . $g = 1$
$$m = q$$
$$b = 1$$
$$n = 2$$
$$p = -\tfrac{1}{2}$$
$$u = \overline{a \mp xx}^{+\frac{1}{2}}$$

faiſant ces ſubſtitutions dans la formule, on trouvera

l'intégrale de $\dfrac{x^q\,dx}{\sqrt{a\mp x^2}} = \dfrac{x^{q+1}\sqrt{a\mp xx}}{(q+1)\,a} \pm \dfrac{q+1}{(q+1)\,a}$

$\int \dfrac{x^{q+1}\,dx}{\sqrt{a\mp xx}}$: d'où l'on voit que si on suppose $q = \dfrac{k}{2}$, k étant un nombre impair positif ou négatif, $\dfrac{x^q\,dx}{\sqrt{a\mp x^2}}$ & $\dfrac{x^{q+1}\,dx}{\sqrt{a\mp xx}}$ dépendront toujours l'une de l'autre. Donc $\dfrac{x^{\frac{1}{2}\pm 2f}\,dx}{\sqrt{a\mp xx}}$ dépend toujours de $\dfrac{dx\sqrt{x}}{\sqrt{a\mp xx}}$, c'est-à-dire de la rectification de l'hyperbole, (Art. ccix.) & quelquefois de celle de l'ellipse.

2°. $x^{\frac{1}{2}\pm 2f}\,dx\,(a\mp xx)^{\frac{1}{2}}$ en dépend aussi, parce qu'il n'y a qu'à la multiplier haut & bas par $\sqrt{a\mp xx}$, ce qui la changera en une suite de termes de la forme $\dfrac{x^{\frac{1}{2}\pm 2k}\,dx}{\sqrt{a\mp xx}}$.

3°. On prouvera de même que $\dfrac{dx\cdot x^{-\frac{1}{2}\pm 2f}}{\sqrt{a\mp xx}}$ & $dx\cdot x^{-\frac{1}{2}\pm 2f}\times(a+xx)^{\frac{1}{2}}$ dépendent de $\dfrac{dx}{\sqrt{x}\cdot\sqrt{a\mp xx}}$, c'est-à-dire (Art. ccx. & ccxiii.) de la rectification de l'ellipse & de l'hyperbole.

4°. Si on prend la différence de $\dfrac{x^{\frac{m}{2}}}{(a\mp xx)^{\frac{g}{2}}}$, m & g étant des nombres impairs, & m positif ou négatif, on aura $\dfrac{m\,x^{\frac{m}{2}-1}\,dx}{2\,(a\mp xx)^{\frac{g}{2}}} \pm \dfrac{g\,x^{\frac{m}{2}+1}\,dx}{2\,(a\mp xx)^{\frac{g}{2}+1}}$, ce qui nous montre que l'intégration de $\dfrac{x^{\pm\frac{n}{2}}\,dx}{(a\mp xx)^{\frac{p}{2}}}$ dépend de celle

de $\dfrac{x^{\pm\frac{n}{2}\mp 2}\,dx}{(a\mp xx)^{\frac{p}{2}+1}}$, & qu'ainsi (n°. 1 , 2 , 3 du préfent

Article) elle dépend de $\dfrac{dx\,\sqrt{x}}{\sqrt{a\mp xx}}$ & de $\dfrac{dx}{\sqrt{x}\,.\,\sqrt{a\mp xx}}$;

CCXXVIII.

COROLLAIRE 1. Puifque $x^{\pm\frac{n}{2}}\,dx\,.\,(a\mp xx)^{\pm\frac{p}{2}}$ dépend (Art. CCXXVII.) de la rectification des fections coniques , il s'enfuit en faifant $a\mp xx=uu$, que $(a\mp uu)^{(\pm\frac{n}{2}-1)}\times\frac{1}{2}\times u^{\pm p+1}\,du$ en dépend auffi , & en faifant $u=\frac{1}{y}$, que $(k\pm yy)^{\pm\frac{n-2}{4}}\times y^{\mp p\mp\frac{n}{2}-2}\,dy$ en dépend encore : donc en général $(a\pm byy)^{\pm\frac{n}{4}-\frac{1}{2}}\times y^{\pm p}\,dy$, & $(a\pm byy)^{\pm\frac{n}{4}-\frac{1}{2}}\times y^{\pm\frac{q}{2}}\,dy$ en dépendent.

CCXXIX.

COROLLAIRE 2. Si la propofée étoit $(ax+b)^p\,dx\times(f+gx+hxx\pm x^3)^{\pm\frac{n}{2}}$, n exprimant un nombre entier impair , & p un nombre entier pofitif quelconque, dans ce cas comme (Art. LXXXV. Introd.) $f+gx+hxx\pm x^3$ a toujours au moins une racine réelle , on la fuppofera $c\pm x=z$; faifant la fubftitution , on aura une différentielle compofée de différens termes tous intégrables par l'Article CCXXV.

F f ij

CCXXX.

CORÓLLAIRE 3. Si on a $x^p\, dx\, (f + gx + hxx)^{\frac{n}{3}}$, n & p étant des nombres entiers positifs on fera $f + gx + hxx = z^3$, ce qui donnera $x = \alpha \pm \sqrt{\epsilon + \delta z^3}$, α, ϵ, δ étant des constantes, la transformée s'intégrera par le Corollaire précédent.

Si $n = -1$ ou -2, p étant positif, en faisant la même transformation que dans le commencement de cet article, la proposée s'intégrera de la même maniere ; car

$$\frac{dx}{z^2} = \frac{3\delta z^2\, dz}{2 z^2 \sqrt{\epsilon + \delta z^3}} = \frac{3\delta\, dz}{2\sqrt{\epsilon + \delta z^3}}\ \&c\ ;$$ si p est positif & n un nombre négatif, tel que $1 + \frac{2n}{3} = \pm\frac{k}{2}$, k étant toujours comme ci-dessus un nombre entier impair, alors faisant $f + gx + hxx = a + uu$, on intégrera les différentes parties de la transformée par les Articles CCXXVII. & CCXXVIII. & si k est un nombre pair, la proposée se réduit à des différentielles logarithmiques réelles ou imaginaires.

Si n est positif ou $= -1$, ou $= -2$, ou que $1 + \frac{2n}{3} = \pm\frac{k}{2}$ & que $g = 0$, on réduira la proposée au cas de l'Article CCXXIX. p étant positif ou négatif : car il n'y a qu'à faire $f + hxx = z^3$.

CCXXXI.

COROLLAIRE. 4. Si on avoit à intégrer $x^{\frac{n}{3}}\, dx$ $(a \mp xx)^{\frac{k}{2}}$, & qu'on supposât $a \mp xx = uu$, $\mp 2x\, dx$

$= 2u\,du$, on aura une transformée $u^{k+1}\,du\,(b \mp uu)^{\frac{n-3}{6}}$;
ce qui nous montre que k étant un nombre entier positif
ou négatif, & n un nombre entier positif & impair, la
proposée s'integre (Article précédent) par la rectification
des sections coniques, & qu'elle peut s'intégrer par cette
rectification, n étant impair & négatif.

CCXXXII.

Si on demande l'intégrale de $x^p\,dx\,(f + gx + hxx)^{\frac{n}{4}}$, Troisieme exemple.
p étant un nombre entier positif & n positif ou négatif,
je la trouve ainsi :

Je fais $f + gx + hxx = z^4$; donc $xx + \frac{gx}{h} + \frac{gg}{4hh}$
$= \frac{z^4 - f}{h} + \frac{gg}{4hh}$, & $x = - \frac{g}{2h} \pm \frac{1}{2h}\sqrt{4hz^4 - 4fh + gg}$,
& en faisant $z^4 = uu$, on aura $dx = \pm \dfrac{u\,du}{\sqrt{uuh - fh + \frac{gg}{4}}}$,

& on trouvera en faisant les substitutions une transformée
intégrable par des arcs de sections coniques.

Si $g = 0$, l'intégration ne se fera pas moins de la même
maniere, p & n étant positifs ou négatifs.

CCXXXIII.

Soit encore la différentielle $\dfrac{dx}{\sqrt{(a + bx + cxx + ex^3 + fx^4)}}$ Quatrieme exemple.
dont on cherche l'intégrale. Pour la trouver, je distingue
deux cas ; car le dénominateur a ses racines réelles ou
imaginaires.

1°. S'il a des racines réelles, je suppose que $mx + n$ en est une : je fais $mx + n = z$; donc $x = \frac{z-n}{m}$; $dx = \frac{dz}{m}$. L'autre racine sera du troisieme degré. On aura donc une transformée de cette forme $\dfrac{k\,dz}{\sqrt{z} \cdot \sqrt{(p + qz + rzz + sz^3)}}$.

Soit à présent $z = \frac{1}{u}$; $dz = \frac{-du}{uu}$; $zz = \frac{1}{uu}$, $z^3 = \frac{1}{u^3}$: on aura donc en faisant les substitutions

$$\frac{-\dfrac{K\,du}{uu}}{\sqrt{\dfrac{1}{u}} \cdot \sqrt{\left\{ p + \dfrac{q}{u} + \dfrac{r}{uu} + \dfrac{s}{u^3} \right\}}} = \frac{-\dfrac{K\,du}{uu}}{\dfrac{\sqrt{1}}{\sqrt{u}} \cdot \dfrac{1}{u\sqrt{u}}\,\sqrt{(pu^3 + quu + ru + s)}}$$

$= $ enfin $\dfrac{-du}{\sqrt{(pu^3 + qu^2 + ru + s)}}$. Or on voit que cette transformée se rapporte à des arcs de sections coniques (Art. CCXXX.).

2°. Si le dénominateur $a + bx + cxx + ex^3 + fx^4$ a ses racines imaginaires, nous avons démontré (Introd. Art. LXXXII.) qu'une pareille quantité se pouvoit diviser en deux facteurs trinomes réels. Soient ces deux facteurs $g + lx + kxx$, & $m + nx + rxx$, on aura

$$\frac{dx}{\sqrt{(a + bx + cxx + ex^3 + fx^4)}} = \frac{dx}{\sqrt{(g + lx + kxx)} \cdot \sqrt{(m + nx + rxx)}}$$

$= $ (en multipliant ce dénominateur haut & bas par $\sqrt{g + lx + kxx}$) $\dfrac{dx}{(g + lx + kxx) \cdot \dfrac{\sqrt{(m + nx + rxx)}}{\sqrt{(g + lx + kxx)}}}$, & en nommant φ le quotient de cette division, & $g'x + \delta$ le reste, on a la proposée $= \dfrac{dx}{(g + lx + kxx) \cdot \sqrt{\varphi + \dfrac{g'x + \delta}{g + lx + kxx}}}$

Soit à présent $\dfrac{g'x + \delta}{g + lx + kx^2} = z^{-1}$, on a $g'zx + \delta z = g + lx + kxx$; donc $xx + \dfrac{lx - g'zx}{k} = \dfrac{\delta z - g}{k}$; donc $xx + \dfrac{lx - g'zx}{k} + \dfrac{ll - 2g'lz + g'g'z^2}{4kk} = \dfrac{\delta z - g}{k} +$

$\dfrac{ll - 2g'lz + g'g'zz}{4kk}$: donc enfin prenant la racine quarrée

$$x = \frac{g'z - l}{2k} \pm \sqrt{\frac{\delta z - g}{k} + \left\{\frac{g'z - l}{2k}\right\}^2} \quad \& \quad xx = \left\{\frac{g'z - l}{2k}\right\}^2$$

$$\pm \left\{\frac{g'z - l}{k}\right\}\sqrt{\frac{\delta z - g}{k} + \left\{\frac{g'z - l}{2k}\right\}^2} + \frac{\delta z - g}{k} + \left\{\frac{g'z - l}{2k}\right\}^2.$$

Le dénominateur devient donc $\sqrt{\varphi + \frac{1}{z}} \times \Big\{ g + \dfrac{g'lz - ll}{2k}$

$$\pm l\sqrt{\frac{\delta z - g}{k} + \left\{\frac{g'z - l}{2k}\right\}^2} + 2k\left\{\frac{g'z - l}{2k}\right\}^2 \pm$$

$$g'z\sqrt{\frac{\delta z - g}{k} + \left\{\frac{g'z - l}{2k}\right\}^2} \mp l\sqrt{\frac{\delta z - g}{k} + \left\{\frac{g'z - l}{2k}\right\}^2}$$

$+ \delta z - g \Big\}$. Réduisant cette quantité, elle devient

celle-ci $\sqrt{z}.\sqrt{\varphi z + 1} \times \Big\{ \dfrac{g'g'z - lg'}{2k} + \delta \pm$

$g'\sqrt{\dfrac{\delta z - g}{k} + \left\{\dfrac{g'z - l}{2k}\right\}^2}$. On a aussi $dx = \dfrac{g'dz}{2k} \pm$

$$\frac{\dfrac{\delta dz}{k} \mp \dfrac{lg'dz \pm g'g'z\,dz}{2kk}}{2\sqrt{\dfrac{\delta z - g}{k} + \left\{\dfrac{g'z - l}{2k}\right\}^2}}.$$ La transformée entiere sera

donc

$$\frac{\dfrac{\dfrac{dz}{k} \times \left\{ g'\sqrt{\dfrac{\delta z - g}{k} + \left\{\dfrac{g'z - l}{2k}\right\}^2} \pm \delta \mp \dfrac{lg' \pm g'g'z}{2k}\right\}}{2\sqrt{\dfrac{\delta z - g}{k} + \left\{\dfrac{g'z - l}{2k}\right\}^2}}}{\sqrt{z}.\sqrt{\varphi z + 1}.\times\left\{\dfrac{g'g'z - lg'}{2k} + \delta \pm g'\sqrt{\dfrac{\delta z - g}{k} + \left\{\dfrac{g'z - l}{2k}\right\}^2}\right\}}.$$

Je multiplie cette différentielle haut & bas par $\dfrac{g'g'z - lg'}{2k} + \delta$

$\mp g'\sqrt{\dfrac{\delta z - g}{k} + \left\{\dfrac{g'z - l}{2k}\right\}^2}$, ce qui rend le dénomina-

teur $= \sqrt{z}.\sqrt{(\varphi z + 1)} \times \Big[\left(\dfrac{g'g'z - lg'}{2k}\right)^2 + 2\delta \times$

$\left(\dfrac{g'g'z - lg'}{2k}\right) + \delta\delta - g'g' \times \left\{\dfrac{\delta z - g}{k} + \left(\dfrac{g'z - l}{2k}\right)^2\right\}\Big]$

$= \sqrt{z}.\sqrt{\varphi z + 1}.\times\Big[\dfrac{g'^4 zz}{4kk} - \dfrac{g'^3 lz}{2kk} + \dfrac{llg'g'}{4kk} +$

$\dfrac{\delta g'g'z}{k} - \dfrac{\delta lg'}{k} + \delta\delta - \dfrac{\delta g'g'z}{k} + \dfrac{g'^2 g}{k} - \dfrac{g'^4 zz}{4kk} + \dfrac{g'^3 lz}{2kk} -$

$$\frac{ll g'g'}{4kk} \Big] = \text{(en effaçant ce qui se détruit)} \ \sqrt{z} \cdot \sqrt{\varphi z + 1}$$

$$\times \left\{ \delta\delta - \frac{\delta l g'}{k} + \frac{g'^2 g}{k} \right\}.$$ Le numérateur multiplié par la même quantité devient

$$\frac{dz}{k} \times \left[\frac{g'^3 z - l g'g'}{2k} \sqrt{\frac{\delta z - g}{k} + \left\{ \frac{g'z - l}{2k} \right\}^2} \right.$$

$$\pm \frac{\delta g'g'z \mp \delta l g' \mp 2 g'^3 l z \pm g'^4 z z \pm ll gg}{2k \quad 4kk} + \delta g' \sqrt{\frac{\delta z - g}{k} + \left\{ \frac{g'z - l}{2k} \right\}^2}$$

$$\pm \delta\delta \mp \frac{\delta l g' \pm \delta g'^2 z}{2k} \mp \frac{g'g'\delta z \pm g'g'g}{k} \mp \frac{g'^4 z z \pm 2 g'^3 l z \mp g'g'll}{4kk}$$

$$\left. - \delta g' \sqrt{\frac{\delta z - g}{k} + \left\{ \frac{gz - l}{2k} \right\}^2} + \frac{l g'g' - g'^3 z}{2k} \sqrt{\frac{\delta z - g}{k} + \left\{ \frac{g'z - l}{2k} \right\}^2} \right].$$

On voit en effaçant ce qui se détruit, que cette quantité se réduit à $\frac{dz}{k} \times \pm \left\{ \delta\delta - \frac{\delta l g'}{k} + \frac{g'g'g}{k} \right\}$. La transformée est donc

$$\frac{\frac{\delta z}{k} \times \pm \left\{ \delta\delta - \frac{\delta l g' + g'g'g}{k} \right\}}{\sqrt{z} \cdot \sqrt{\varphi z + 1} \cdot 2 \sqrt{\frac{\delta z - g}{k} + \left\{ \frac{g'z - l}{2k} \right\}^2} \times \left\{ \delta\delta + \frac{g'g'g - \delta l g'}{k} \right\}}$$

$$= \frac{\pm dz}{\sqrt{z} \cdot \sqrt{\varphi z + 1} \times 2k \sqrt{\frac{\delta z - g}{k} + \left\{ \frac{g'z - l}{2k} \right\}^2}}.$$ Pour intégrer cette différentielle, je fais $z = \frac{1}{u}$, $dz = - \frac{du}{uu}$;

ce qui donne

$$\frac{\mp \frac{du}{uu}}{\sqrt{\frac{1}{u}} \cdot \sqrt{\frac{\varphi}{u} + 1} \cdot 2k \sqrt{\frac{\frac{\delta}{u} - g}{k} + \left\{ \frac{\frac{g'}{u} - l}{2k} \right\}^2}}$$

$$= \frac{\mp \frac{du}{uu}}{\frac{1}{u} \sqrt{\varphi + u} \cdot 2k \sqrt{\frac{\delta - gu}{ku} + \frac{g'g' - 2g'lu + ll uu}{4kk uu}}} =$$

$$\frac{\mp \, du}{\sqrt{\varphi + u} \cdot \sqrt{(4\delta k - 2g'l)u + (ll - 4kg)uu + g'g'}} = \frac{\pm \, du}{\sqrt{\varphi + u} \cdot \sqrt{ff \pm pu \pm quu}},$$

qui s'intègre par les Problêmes précédens, & se réduit à des arcs de sections coniques.

CCXXXIV.

CCXXXIV.

REMARQUE. Il faut remarquer que si la quantité $\delta\delta - \frac{\delta g' l}{k} + \frac{g g' g'}{k}$ qui multiplie le haut & le bas de la transformée étoit égale à zéro, alors la solution ne dépendroit plus que des logarithmes. Car résolvant cette équation par les regles ordinaires de l'Algebre, on auroit

$$\delta - \frac{g' l}{2k} = \pm g' \sqrt{\frac{g}{k} + \frac{l l}{4 k k}},$$

d'où on tire $\delta = \frac{g' l}{2k} \pm g' \sqrt{\frac{g}{k} + \frac{l l}{4 k k}}$. Donc $\frac{g' x + \delta}{g + l x + k x x}$ se réduiroit à

$$\frac{g'}{k \left(x + \frac{l}{2k} + \sqrt{\frac{g}{k} + \frac{l l}{4 k k}} \right)}.$$

Donc alors la proposée dépendroit de la quadrature de l'hyperbole.

CCXXXV.

Si on a la différentielle $\dfrac{d x}{(a + b x + c x x + e x^3 + f x^4)^{\frac{p}{2}}}$, elle pourra toujours s'intégrer par des arcs de sections coniques, Conséquences qu'on en peut tirer. pourvu que le dénominateur $a + b x + c x x + e x^3 + f x^4$ ait quelques racines réelles : car alors on supposera, comme dans la premiere partie de l'article précédent, $m x + n = z$ & $z = \frac{1}{u}$.

CCXXXVI.

Qu'on propose à intégrer $\dfrac{x^{\pm p} d x}{\sqrt{x} \cdot (a + b x)^{\frac{n}{2}} \cdot (c + f x + g x x)^{\frac{m}{2}}}$, on fera $x = \frac{1}{y}$, $d x = - \frac{d y}{y y}$, $x^{\pm p} = \frac{1}{y^{\pm p}}$; & en faisant les substitutions on aura la différentielle suivante

Gg

$$\frac{\dfrac{1}{y^{\pm p}} \times \dfrac{-dy}{yy}}{\sqrt{\dfrac{1}{y} \times \left(\dfrac{b+ay}{y}\right)^{\frac{n}{2}} \times \left(\dfrac{g+fy+cyy}{yy}\right)^{\frac{m}{2}}}} =$$

$$\frac{-y^{\pm p-2}\,dy}{\dfrac{1}{y^{\frac{n}{2}+\frac{1}{2}}}(b+ay)^{\frac{n}{2}} \cdot \dfrac{1}{y^m}(g+fy+cyy)^{\frac{m}{2}}} ;\ \text{donc enfin}$$

la transformée sera $\dfrac{-y^{\mp p-2+\frac{n+1}{2}+m}\,dy}{(k+ly)^{\frac{n}{2}} \cdot (p+qy+syy)^{\frac{m}{2}}}$.

Ce qui nous apprend que si l'expofant de y dans le numérateur eſt un nombre entier poſitif, la propoſée s'integrera par des arcs de ſections coniques en faiſant $k+ly = z$.

CHAPITRE XVII.

Des différentielles dont l'intégration dépend de la quadrature des courbes du troiſieme ordre.

CCXXXVII.

Définition des courbes du troiſieme ordre.

LEs lignes du troiſieme ordre ou du ſecond genre ſont celles dans l'équation deſquelles l'expofant de l'indéterminée élevée à la plus haute puiſſance, ou la ſomme des expofans des puiſſances des deux indéterminées, eſt du troiſieme degré. Ces courbes ſont par conſéquent coupées en trois points par une même ligne droite : car on ſait que le degré de l'équation qui exprime la nature d'une ligne géométrique, eſt égal au nombre des points dans leſquels cette ligne géométrique peut être coupée par une même droite.

CCXXXVIII.

L'équation générale la plus compoſée des lignes du troiſieme ordre eſt $a + by + cx + kyy + exy + fxx + gy^3 + hxyy + ixxy + lx^3 = 0$. Mais cette équation peut ſe ſimplifier en donnant aux coordonnées de certaines poſitions. M. Newton eſt le premier qui ait écrit ſur les courbes du ſecond genre, un Ouvrage dans lequel il les détaille & annonce leurs propriétés générales. Il donne quatre équations auxquelles il les rapporte toutes. Ces quatre équations ſont :

$$xyy - ey = ax^3 + bx^2 + cx + f$$
$$xy = ax^3 + bx^2 + cx + f$$
$$yy = ax^3 + bx^2 + cx + f$$
$$y = ax^3 + bx^2 + cx + f. \ *$$

Leur formule générale.

Quels ſont les Géometres qui ont écrit ſur cette matiere.

Quatre équations auxquelles ſe ramenent toutes celles des courbes du troiſieme ordre.

CCXXXIX.

Nous donnerons ci-après les quadratures de ces quatre équations auxquelles ſe réduiſent celles de toutes les courbes du troiſieme ordre. Car quelle que ſoit l'équation d'une courbe de ce genre, ſa quadrature ſe réduira toujours à l'une des quatre précédentes. En effet tranſportant les axes dans une autre poſition pour réduire l'équation donnée

* *Nota.* Voyez pour la démonſtration de cette propoſition un excellent Mémoire de M. Nicole. *Mém. Acad.* 1729.

à l'une des quatre formules générales, on n'aura que des espaces rectilignes à ajouter ou à souftraire pour avoir l'aire rapportée aux coordonnées primitives, ce qu'il eſt aifé de prouver ainſi.

La quadrature de toutes les courbes du 3e. ordre ſe réduit toujours à celle d'une des quatre équations précédentes.

Soit donnée l'équation quelconque d'une courbe du troiſieme ordre BM (Fig. 8.) dont les coordonnées z & u ſont AP & PM, (l'angle qu'elles forment étant quelconque). Tirant la droite AB parallele à PM, l'eſpace qu'il s'agit de quarrer eſt $ABMP$. Transformons l'équation donnée en l'une de nos quatre équations générales, & ſuppoſons que cette transformation introduiſe pour nouvelles coordonnées aQ & Qk, l'origine étant en a. Menant par les points de la courbe M & B les droites Mp & Bb paralleles à la nouvelle ordonnée Qk, on trouvera par la méthode que nous donnerons plus bas l'eſpace $BbpM$. Cet eſpace étant trouvé, comme il n'eſt autre que $APMB - GPM + BAGpb$, il ne s'agira pour avoir la quadrature de l'aire $APMB$ rapportée aux coordonnées primitives, que d'ajouter à l'aire connue $BbpM$ l'eſpace GPM, & d'en retrancher enſuite l'eſpace $BAGpb$. Mais ces deux eſpaces ſont rectilignes. Donc pour avoir la quadrature de l'aire rapportée aux coordonnées primitives, on n'a que des eſpaces rectilignes à ajouter ou à souftraire. *C. Q. F. P.*

Avant de donner la méthode générale de quarrer toutes les courbes du troiſieme ordre, nous allons chercher l'intégration des différentielles générales qui en dépendent.

CCXL.

Lemme. L'intégrale de $\dfrac{dx}{x\sqrt{(a+bx+cxx+fx^3)}}$ dépend de la quadrature d'une courbe du troisieme ordre.

Démonst. Soit $x=\dfrac{1}{u}$, on aura $dx=-\dfrac{du}{uu}$, & la proposée devient

$$\dfrac{-\dfrac{du}{uu}}{\dfrac{1}{u}\cdot\dfrac{\sqrt{(au^3+bu^2+cu+f)}}{\sqrt{u^3}}}=$$

(Différentielle qui dépend de la quadrature d'une courbe du troisieme ordre dont l'équation est $uyy=k+lu+mu^2+nu^3$.)

$$\dfrac{du\sqrt{u}}{\sqrt{(k+lu+mu^2+nu^3)}}.$$

La difficulté se réduit donc à intégrer cette transformée. Pour y parvenir, je cherche l'intégrale de $\dfrac{du\sqrt{(k+lu+mu^2+nu^3)}}{\sqrt{u}}$, qui est l'élément d'un espace curviligne du troisieme ordre dont l'équation, seroit $uyy=k+lu+mu^2+nu^3$. Car cette équation donne $y=\dfrac{\sqrt{(k+lu+muu+nu^3)}}{\sqrt{u}}$, & substituant cette valeur de y dans la formule de l'élément de l'aire des courbes, $dx=ydu$, on trouve $\dfrac{du\sqrt{(k+lu+muu+nu^3)}}{\sqrt{u}}$.

Pour intégrer cette différentielle, je la multiplie haut & bas par $\sqrt{(k+lx+mu^2+nu^3)}$, ce qui me donne

$$\dfrac{kdu}{\sqrt{u}\cdot\sqrt{(k+lu+muu+nu^3)}}+\dfrac{(ldu+mudu+nu^2du)\sqrt{u}}{\sqrt{(k+lu+muu+nu^3)}}.$$

Voilà donc deux membres qui intégrés séparément donneront l'intégrale cherchée.

1°. Je fais dans le premier membre $u=\dfrac{1}{z}$, d'où je tire $du=-\dfrac{dz}{zz}$, $\sqrt{u}=\dfrac{1}{\sqrt{z}}$: donc en faisant ces substitutions

$$\dfrac{kdu}{\sqrt{u}\cdot\sqrt{(k+lu+muu+nu^3)}}=\dfrac{-\dfrac{kdz}{zz}}{\dfrac{1}{\sqrt{z}}\cdot\dfrac{\sqrt{(kz^3+lz^2+mz+n)}}{z\sqrt{z}}}=$$

$$\dfrac{-kdz}{\sqrt{(n+mz+lz^2+kz^3)}}$$ que nous avons vu (Art. CCXXIX..)

se rapporter à des arcs de sections coniques.

2°. J'opere à présent sur le second membre
$$\frac{nu^2\,du\sqrt{u} + mudu\sqrt{u} + ldu\sqrt{u}}{\sqrt{(k+lu+muu+nu^3)}}$$
: ce second membre multiplié haut & bas par $4\sqrt{u}$ devient $\dfrac{4nu^3\,du + 4mu^2\,du + 4ludu}{4\sqrt{u}\cdot\sqrt{(k+lu+muu+nu^3)}}$

$$= \frac{2ludu + 3muudu + 4nu^3\,du}{4\sqrt{u}\cdot\sqrt{(k+lu+mu^2+nu^3)}} + \frac{2ludu + mu^2\,du}{4\sqrt{u}\cdot\sqrt{(k+lu+mu^2+nu^3)}}.$$

Or cette derniere quantité en ajoutant & retranchant
$$\frac{k\,du}{4\sqrt{u}\cdot\sqrt{(k+lu+mu^2+nu^3)}} + \frac{m\,du}{8nu\sqrt{u}}\times\left(\frac{muu+}{\sqrt{(k+lu+mu^2+nu^3)}}\right)$$
devient $\dfrac{kdu + 2ludu + 3mu^2\,du + 4nu^3\,du}{4\sqrt{u}\cdot\sqrt{(k+lu+muu+nu^3)}} + \dfrac{2ludu + mu^2\,du - kdu}{4\sqrt{u}\cdot\sqrt{(k+lu+muu+nu^3)}}$

$$+ \frac{m\,du}{8nu\sqrt{u}}\times\left\{\frac{mu^2+k}{\sqrt{(k+lu+mu^2+nu^3)}}\right\} - \frac{m\,du}{8nu\sqrt{u}}\times$$

$$\left\{\frac{mu^2+k}{\sqrt{(k+lu+mu^2+nu^3)}}\right\} = \frac{kdu + 2ludu + 3muudu + 4nu^3\,du}{4\sqrt{u}\cdot\sqrt{(k+lu+muu+nu^3)}}$$

$$+ \frac{2ludu}{4\sqrt{u}\cdot\sqrt{(k+lu+mu^2+nu^3)}} + \frac{m}{4n}\left\{\frac{mu^2\,du + 2nu^3\,du - kdu}{2u\sqrt{u}\cdot\sqrt{(k+lu+mu^2+nu^3)}}\right\}$$

$$- \frac{mmudu}{8n\sqrt{u}\cdot\sqrt{(k+lu+mu^2+nu^3)}} + \frac{mkdu}{8nu\sqrt{u}\cdot\sqrt{(k+lu+mu^2+nu^3)}}$$

$$- \frac{kdu}{4\sqrt{u}\cdot\sqrt{(k+lu+mu^2+nu^3)}}.$$

En examinant cette différentielle, je remarque deux portions qui sont chacune une différentielle complette, savoir $\dfrac{u}{4}^{-\frac{1}{2}} d u \times$
$(k+2lu+3mu^2+4nu^3)\times(k+lu+mu^2+nu^3)^{-\frac{1}{2}}$,
& $\dfrac{u}{2}^{-\frac{3}{2}} d u \cdot (mu^2+2nu^3-k)\times(k+lu+mu^2$
$+nu^3)^{-\frac{1}{3}}$. Je les compare avec les formules que nous avons données pour les différentielles complexes, & je trouve que leurs intégrales sont $\dfrac{u^{\frac{1}{2}}\sqrt{(k+lu+mu^2+nu^3)}}{2}$,
& $u^{-\frac{1}{2}}\sqrt{(k+lu+mu^2+nu^3)}$. J'ai donc le second membre qui me restoit à intégrer, savoir

$$\frac{nu^2\,du\sqrt{u} + mu\,du\sqrt{u} + l\,du\sqrt{u}}{\sqrt{(k+lu+mu^2+nu^3)}} = d\left\{u^{\frac{1}{2}}\,\frac{\sqrt{(k+lu+mu^2+nu^3)}}{2}\right\} +$$

$$\frac{2\,lu\,du}{4\sqrt{u}\cdot\sqrt{(k+lu+mu^2+nu^3)}} + \frac{m}{4n}\,d\left\{u^{-\frac{1}{2}}\,\sqrt{(k+lu+mu^2+nu^3)}\right\}$$

$$-\frac{mmu\,du}{8n\sqrt{u}\cdot\sqrt{(k+lu+mu^2+nu^3)}} + \frac{m}{4n}\times\left\{\frac{\frac{k}{2}\,du\cdot u^{-\frac{3}{2}} - \frac{k}{m}\,nu^{-\frac{1}{2}}\,du}{\sqrt{(k+lu+mu^2+nu^3)}}\right\}.$$

Je fais dans le dernier terme $u = \frac{1}{z}$, ce qui me donne $u^{-\frac{3}{2}} = z^{\frac{3}{2}}$; $u^{-\frac{1}{2}} = \sqrt{z}$; $du = -\frac{dz}{zz}$. Donc j'ai

$$\frac{\frac{k}{2}\,du\cdot u^{-\frac{3}{2}} - \frac{k}{m}\,nu^{-\frac{1}{2}}\,du}{\sqrt{(k+lu+mu^2+nu^3)}} = \frac{kn\,dz}{m\sqrt{(n+mz+lz^2+kz^3)}}$$

$$-\frac{kz\,dz}{2\sqrt{(n+mz+lz^2+kz^3)}},$$ différentielle dont les deux membres se rapportent à des arcs de sections coniques, comme on l'a déja vu plusieurs fois. Donc en réunissant tous les différens membres de la transformée $\frac{k\,du+lu\,du+mu^2\,du+nu^3\,du}{\sqrt{u}\cdot\sqrt{(k+lu+mu^2+nu^3)}}$, on trouve que l'intégrale de la différentielle $\frac{du\sqrt{(k+lu+mu^2+nu^3)}}{\sqrt{u}}$ dépend de la rectification des sections coniques & de $\left\{\frac{l}{2} - \frac{mm}{8n}\right\}\times\frac{du\sqrt{u}}{\sqrt{(k+lu+mu^2+nu^3)}}$. Donc réciproquement l'intégrale de $\frac{du\sqrt{u}}{\sqrt{(k+lu+mu^2+nu^3)}}$ dépend de celle de $\frac{du\sqrt{(k+lu+mu^2+nu^3)}}{\sqrt{u}}$, & dépend par conséquent de la quadrature d'une courbe du troisieme ordre. Donc $\frac{dx}{x\sqrt{(a+bx+cxx+fx^3)}}$ en dépend aussi. C. Q. F. D.

CCXLI.

Scholie I. Il n'y a qu'un seul cas qui puisse souffrir quelque difficulté, c'est celui dans lequel $\frac{l}{2} = \frac{mm}{8n}$,

Cas unique dans lequel la démonstration précédente peut faire quelque difficulté.

ou $4ln = mm$. Dans ce cas $\dfrac{du\sqrt{(k + lu + mu^2 + nu^3)}}{\sqrt{u}}$ dépend uniquement des sections coniques, donc $\dfrac{du\sqrt{(k + lu + mu^2 + nu^3)}}{\sqrt{u}}$ & $\dfrac{du\sqrt{u}}{\sqrt{(k + lu + mu^2 + nu^3)}}$ ne

Solution de cette difficul-té. dépendent point l'une de l'autre. Mais alors nous venons de voir que la premiere de ces différentielles se réduit à des arcs de sections coniques. La seconde peut se réduire à la quadrature d'un espace curviligne du troisieme ordre, excepté dans un seul cas où elle dépend de la rectification des sections coniques. Voici comme je le prouve.

Soient les trois racines de $k + lu + muu + nu^3$, $au + b$, $cu + e$, $gu + f$; il y en aura au moins une réelle (Art. LXXXV. Introd.), deux peuvent être imaginaires, on aura donc (A) $\dfrac{du\sqrt{u}}{\sqrt{(k + lu + mu^2 + nu^3)}} =$

$$\frac{du\sqrt{u}}{\sqrt{(au + b) . (cu + e) . (gu + f)}} = (B)$$

$$\frac{du\sqrt{u}}{\sqrt{bef + (beg + bcf + aef) u + (bcg + acf + aeg) u^2 + acgu^3}};$$

Comparant terme à terme les deux équations (A) & (B), on a , ... $k = bef$

$$l = beg + bcf + aef$$
$$m = bcg + acf + aeg$$
$$n = acg.$$

On aura donc $4ln = 4abcegg + 4abccfg + 4aacefg$, $mm = bbccgg + 2abccgf + 2abecg^2 + a^2c^2f^2 + 2a^2cefg + a^2e^2g^2$. L'équation $4ln = mm$, qui est la supposition présente, donne donc $4abceg^2 + 4abc^2fg + 4a^2cefg = b^2c^2g^2 + 2abc^2gf + 2abecg^2 + a^2c^2f^2 +$

$+ 2 a^2 cefg + a^2 e^2 g^2$, ou bien $2 abceg^2 + 2 abc^2 fg + 2 a^2 cefg + 2 abceg^2 + 2 abc^2 fg + 2 a^2 cefg = b^2 c^2 g^2 + 2 abc^2 fg + 2 abecg^2 + a^2 c^2 f^2 + 2 a^2 cefg + a^2 e^2 g^2$: donc enfin on a en réduisant (C) $2 abceg^2 + 2 abc^2 fg + 2 a^2 cefg = b^2 c^2 g^2 + a^2 c^2 f^2 + a^2 e^2 g^2$.

Soit maintenant $au + b = x$, on en tire $u = \frac{x-b}{a}$: $du = \frac{dx}{a}$: &c. La proposée se change donc en

$$\frac{\frac{dx}{a} \cdot \frac{\sqrt{x-b}}{\sqrt{a}}}{\sqrt{x} \cdot \sqrt{\left\{\frac{cx - bc + ae}{a}\right\} \cdot \left\{\frac{gx - bg + af}{a}\right\}}} =$$

en multipliant haut & bas par $\sqrt{(x-b)}$

$$\frac{xdx - bdx}{a\sqrt{a} \cdot \sqrt{x} \cdot \sqrt{x-b} \cdot \sqrt{\left\{\frac{cx - bc + ae}{a}\right\} \cdot \left\{\frac{gx - bg + af}{a}\right\}}}.$$

Cette différentielle a deux membres. Le second, en faisant $x = \frac{1}{z}$, devient après les substitutions différentes que donne cette transformation $\frac{dz}{\sqrt{(\alpha z^3 + \varepsilon z^2 + \gamma z + \lambda)}}$, qu'on fait se réduire à des arcs de sections coniques.

A l'égard du premier membre, il se rapporte à la quadrature d'une courbe du troisieme ordre, excepté dans un seul cas dans lequel la différentielle est beaucoup plus simple. En effet, ce premier membre est (D)

$$\frac{dx\sqrt{x}}{\sqrt{cgx^3 + (aeg - 3bcg + afc)x^2 + (3b^2 cg - 2abcf + a^2 ef)x - b^3 cg + ab^2 cf - a^2 ebf + aeb^2 g}}$$

qui dépend d'une quadrature du troisieme ordre, étant la

même différentielle que (A) $\dfrac{du\,\sqrt{u}}{\sqrt{(k+lu+mu^2+nu^3)}}$ que
nous avons démontré en dépendre, hormis quand $4ln =$
mm. Pour trouver ici quel est ce cas, je compare terme
à terme les différentielles (D) & (A) : cette comparaison me donne $l = 3b^2cg - 2abeg - 2abcf + a^2ef$
$$m = -3bcg + aeg + afc$$
$$k = aeb^2g - b^3cg + ab^2cf - a^2ebf$$
$$n = cg$$
donc $4ln = 12b^2c^2g^2 - 8abceg^2 - 8abc^2fg + 4a^2cefg$
& $mm = 9b^2c^2g^2 - 6abceg^2 - 6abc^2fg + a^2e^2g^2 +$
$2a^2cefg + a^2c^2f^2$: donc l'équation $4ln = mm$ devient
ici $12b^2c^2g^2 - 8abceg^2 - 8abc^2fg + 4a^2cegf =$
$9bbc^2g^2 - 6abceg^2 - 6abc^2fg + a^2e^2g^2 + 2a^2cefg$
$+ a^2c^2f^2$, ou bien en réduisant (E) $3c^2g^2b^2 - 2abceg^2 -$
$2abc^2fg = a^2e^2g^2 - 2a^2cefg + a^2c^2f^2$. Quand cette
équation a lieu, la proposée ne dépend point du Lemme
précédent; mais examinons ce qui arrive alors.

Cette équation (E) combinée avec l'équation (C)
donne la suivante $c^2g^2b^2 - aebcg^2 + bc^2agf = 0$;
mais cette derniere équation n'est égale à zéro, que
parce que l'un de ses facteurs est $= 0$: or elle est composée de $cgb \times (cgb - aeg - acf)$; on aura donc ou
$cgb = 0$, ou $cgb - aeg - acf = 0$. 1°. Dans le
cas de $cgb = 0$, on a $c = 0$, ou $b = 0$, ou $g = 0$,
c'est-à-dire en combinant la différentielle (B) avec (A)
$n = 0$, ou $k = 0$. Donc $\dfrac{du\,\sqrt{u}}{\sqrt{(k+lu+mu^2+nu^3)}}$, devient alors $\dfrac{du\,\sqrt{u}}{\sqrt{(lu+mu^2+nu^3)}} = \dfrac{du}{\sqrt{l+mu+nu^2}}$ qui

s'integre par la quadrature du cercle ou de l'hyperbole, suivant ce que nous avons dit dans l'article des fractions rationelles, soit que les racines soient égales ou inégales, réelles ou imaginaires; ou bien $\frac{d u \sqrt{u}}{\sqrt{(k + lu + mu^2)}}$, que nous avons démontré (Art. ccvi.) dépendre des arcs de sections coniques.

2°. Si on avoit $cgb - aeg - acf = 0$, on en tireroit $cgb = aeg + acf$, & en élevant au quarré (F) $c^2 g^2 b^2 = a^2 e^2 g^2 + 2 a^2 e c f g + a^2 c^2 f^2$; mais on a l'équation (E) $2 c^2 g b^2 + c^2 g^2 b^2 - 2 b a e c g^2 - 2 a f c^2 b g = a^2 e^2 g^2 - 2 a^2 e g f c + a^2 f^2 c^2$; mettant dans (E) pour $2 c^2 g^2 b^2$ sa valeur tirée de (F), on a $2 a^2 e^2 g^2 + 4 a^2 e c f g + 2 a^2 c^2 f^2 + c^2 g b^2 - 2 a b e c g^2 - 2 a f c^2 b g = a^2 e^2 g^2 - 2 a^2 e g f c + a^2 f^2 c^2$, & en réduisant (I) $g^2 c^2 b^2 + a^2 e^2 g^2 + a^2 c^2 f^2 = 2 g^2 b c a e + 2 c^2 a f g b - 2 a^2 e g c f$. Cette équation (I) combinée avec l'équation (C) donne $2 a^2 c e f g = 0$, d'où il s'enfuit que a, ou e, ou g, ou c, ou $f = 0$; donc on aura encore ou $k = 0$, ou $n = 0$, & par conséquent la différentielle $\frac{d u \sqrt{u}}{\sqrt{(k + lu + mu^2 + nu^3)}}$ fe réduit encore à des logarithmes ou à des arcs de cercle ou de sections coniques. Donc enfin si $4 l n = mm$, on peut toujours réduire $\frac{d x}{x \sqrt{(a + b x + c x^2 + f x^3)}}$ à la quadrature d'une courbe du troifieme ordre, excepté lorfque $3 c^2 g b^2 - 2 a b c e g^2 - 2 a c^2 f g^2 = a^2 e^2 g^2 - 2 a^2 c e f g + a^2 c^2 f^2$, auquel cas elle s'intégrera par des arcs de sections coniques. *C. Q. F. D.*

CCXLII.

SCHOLIE 2. Si la proposée $\dfrac{d.x}{x\sqrt{(a+bx+cx^2+fx^3)}}$ étoit présentée sous la forme suivante $\dfrac{dx}{x\sqrt{(n+mx)}.\sqrt{(a+bx+cx^2)}}$ qui est la même, on trouveroit encore les différentes transformations dont cette différentielle est susceptible, & les cas dans lesquels ces transformées sont réductibles à la rectification des sections coniques.

Si les racines de $a \pm bx + cxx$ sont imaginaires, on transformera toujours la proposée en d'autres dans lesquels les facteurs du binome sont réels. En effet les racines de $a \pm bx + cxx$ ne sont imaginaires, que lorsque a & c sont positifs & que $4ac$ est $> bb$, puisque l'on a $xx \pm \dfrac{b}{2c} = \sqrt{\left\{ \dfrac{-4ac+bb}{4cc} \right\}}$. Je fais $x \pm \dfrac{b}{2c} = z$, j'aurai en quarrant $xx \pm \dfrac{bx}{c} + \dfrac{bb}{4cc} = zz$; donc $xx \pm \dfrac{bx}{c} + \dfrac{a}{c} = zz + \dfrac{a}{c} - \dfrac{bb}{4cc}$. Mettant les valeurs de x & de dx dans la proposée, elle deviendra la suivante

$$\frac{d.z}{z \mp \dfrac{b}{2c} . \sqrt{\left(mz \mp \dfrac{mb}{2c} + n\right)} . \sqrt{\left(zz + \dfrac{a}{c} - \dfrac{bb}{4cc}\right)}}.$$ Je fais maintenant $z + \sqrt{\left(zz + \dfrac{a}{c} - \dfrac{bb}{4cc}\right)} = u$, j'en tire $zz + \dfrac{a}{c} - \dfrac{bb}{4cc} = uu - 2uz + zz$; c'est-à-dire $\dfrac{a}{c} - \dfrac{bb}{4cc} = uu - 2uz$. Donc $z = \dfrac{uu - \dfrac{a}{c} + \dfrac{bb}{4cc}}{2u}$. Soit pour abréger $\dfrac{a}{c} - \dfrac{bb}{4cc} = qq$, on aura $z = \dfrac{uu - qq}{2u}$; $dz = \dfrac{u^2 du + qq\, du}{2u^2}$, & $\dfrac{dz}{\sqrt{(zz+qq)}} = \dfrac{du}{u}$. On aura

donc
$$\frac{dz}{\left(z \mp \frac{b}{2c}\right) \cdot \sqrt{(zz+qq)}\,\sqrt{\left(mz \mp \frac{mb}{c}+n\right)}} =$$

$$\frac{2\,du\,\sqrt{2u}}{\left(uu - qq \mp \frac{bu}{c}\right) \cdot \sqrt{\left(muu - mqq \mp \frac{mbu}{c}+2nu\right)}}.$$

Je remarque que les racines de $uu - qq \mp \frac{bu}{c}$ font réelles, auffi bien que celles de $muu - mqq \mp \frac{mbu}{c} + 2nu$, uu & qq étant de différens fignes. Je fuppofe donc

$$\frac{1}{uu - qq \mp \frac{bu}{c}} = \frac{N}{u+k} + \frac{R}{u+s},$$

& je fais pour abréger $\mp \frac{mb}{c} + 2n = p$. J'aurai donc la derniere différentielle fous la forme fuivante

$$\frac{2\,N\,du\,\sqrt{2u}}{(u+k)\,\sqrt{(mu^2 - mq^2 + pu)}} +$$

$$\frac{2\,R\,du\,\sqrt{2u}}{(u+s)\,\sqrt{(muu - mqq + pu)}} = \frac{4\,Nu\,du}{(u+k)\cdot\sqrt{2u}\cdot\sqrt{(mu^2 - mq^2 + pu)}}$$

$$+ \frac{4\,Ru\,du}{(u+s)\cdot\sqrt{2u}\cdot\sqrt{(mu^2 - mq^2 + pu)}} :$$ ces deux membres ont abfolument la même forme, ainfi ce que l'on fera pour l'un, doit fe pratiquer de même pour l'autre. Je divife

$$\frac{4\,Nu\,du}{(u+k)\cdot\sqrt{2u}\cdot\sqrt{(mu^2 - mq^2 + pu)}}$$ par $u+k$, ce qui me donne

$$\frac{P\,du}{\sqrt{2u}\cdot\sqrt{(mu^2 - mq^2 + pu)}} + \frac{K\,du}{(u+k)\,\sqrt{mu^2 - mq^2 + pu}\,\sqrt{2u}},$$

différentielle dont la premiere partie eft, comme on fait, dépendante des fections coniques. A l'égard de la feconde, je fais $u+k = x$, ce qui me donnera une transformée de la forme fuivante

$$\frac{K\,dx}{x\cdot\sqrt{(\epsilon + \alpha x)}\cdot\sqrt{(\alpha' + \epsilon'x + \gamma xx)}}$$ qui

eft précifément la même que la propofée, & dans laquelle les racines du binome font réelles. *C. Q. F. F.*

CCXLIII.

Remarque. Donc quand il s'agira dans la suite d'une différentielle réductible à la quadrature des courbes du troisieme ordre, il faudra toujours entendre celles qui ont pour équation $xyy = p + qx + rx^2 + sx^3$, le second membre ayant toutes ses racines réelles.

CCXLIV.

Différentielle dont l'intégrale dépend de la rectification des sections coniques & de la quadrature précédente.

Théoreme 1. L'intégrale des différentielles qui se rapportent à la suivante $\dfrac{dx}{x^n \sqrt{(a+bx+cx^2+fx^3)}}$ dépend d'arcs de sections coniques & de la quadrature d'une courbe du troisieme ordre.

Démonstration. Je prends $\dfrac{\sqrt{(a+bx+cx^2+fx^3)}}{x^q}$ que je différentie : j'ai

$$d\left\{\frac{\sqrt{(a+bx+cx^2+fx^3)}}{x^q}\right\} =$$

$$\frac{bdx+2cxdx+3fx^2dx}{2\sqrt{(a+bx+cx^2+fx^3)}} \times \frac{x^q}{x^{2q}} - \frac{qx^{q-1}dx}{x^{2q}} \sqrt{(a+bx+cx^2+fx^3)},$$

& réduisant ces deux membres au même dénominateur, ils deviennent

$$\frac{(b+2cx+3fx^2)x^qdx - 2qx^{q-1}dx(a+bx+cx^2+fx^3)}{x^{2q}.2\sqrt{(a+bx+cx^2+fx^3)}} =$$

$$\frac{dx}{2\sqrt{(a+bx+cx^2+fx^3)}} \times \left\{ \begin{matrix} bx^{-q} + 2cx^{-q+1} + 3fx^{-q+2} - 2aqx^{-q-1} \\ -2bqx^{-q} - 2cqx^{-q+1} - 2fqx^{-q+2} \end{matrix} \right\} :$$

or cette quantité en ordonnant est égale à

$$\frac{dx}{2\sqrt{(a+bx+cx^2+fx^3)}} \times \left\{ \begin{matrix} -2aqx^{-q-1} - 2bqx^{-q} - 2cqx^{-q+1} - 2fqx^{-q+2} \\ + bx^{-q} + 2cx^{-q+1} + 3fx^{-q+2} \end{matrix} \right\}.$$

En examinant cette différentielle , & donnant à l'indéterminée q différentes valeurs , on trouvera l'intégrale cherchée de la façon suivante.

1°. Si on fait $q = 1$, on a $\dfrac{d x}{2\sqrt{(a + b x + c x^2 + f x^3)}} \times$

$(- 2 a x^{-2} - b x^{-1} + f x) = \dfrac{a\, d x}{- x^2 \sqrt{(a + b x + c x^2 + f x^3)}}$

$+ \dfrac{b\, d x}{- 2 x \sqrt{(a + b x + c x^2 + f x^3)}} + \dfrac{f x\, d x}{2 \sqrt{(a + b x + c x^2 + f x^3)}}$.

Donc l'intégrale de $\dfrac{d x}{x^2 \sqrt{(a + b x + c x^2 + f x^3)}}$ dépend de cel-

les de $\dfrac{d x}{2 a x \sqrt{(a + b x + c x^2 + f x^3)}}$ & de $\dfrac{x\, d x}{2 a \sqrt{(a + b x + c x^2 + f x^3)}}$;

c'est-à-dire (Lemme précédent) de la quadrature d'une
courbe du troisieme ordre , & (Art. CCXXIX.) de la rectification des sections coniques.

2°. Si on fait $q = 2$, on aura la différentielle suivante

$\dfrac{d x}{2 \sqrt{(a + b x + c x^2 + f x^3)}} \times (- 4 a x^{-3} - 3 b x - 2 c x^{-1} - f) =$

$\dfrac{2 a\, d x}{- x^3 \sqrt{(a + b x + c x^2 + f x^3)}} + \dfrac{3 b\, d x}{- 2 x^2 \sqrt{(a + b x + c x^2 + f x^3)}}$

$+ \dfrac{c\, d x}{- x \sqrt{(a + b x + c x^2 + f x^3)}} + \dfrac{f\, d x}{- 2 \sqrt{(a + b x + c x^2 + f x^3)}}$.

Il suit de là que l'intégrale de $\dfrac{d x}{x^3 \sqrt{(a + b x + c x x + f x^3)}}$

dépend de $\dfrac{3 b\, d x}{- 4 a x^2 \sqrt{(a + b x + c x^2 + f x^3)}}$, de $\dfrac{c\, d x}{- 2 a x \sqrt{(a + b x + c x^2 + f x^3)}}$

& de $\dfrac{f\, d x}{- 4 a \sqrt{(a + b x + c x^2 + f x^3)}}$: mais l'intégrale de

$\dfrac{d x}{x^2 \sqrt{(a + b x + c x^2 + f x^3)}}$ dépend de la rectification des se-

ctions coniques , & de $\dfrac{b\, d x}{- 2 a x \sqrt{(a + b x + c x^2 + f x^3)}}$; donc

l'intégrale en question dépend de la rectification des se-

ctions coniques & de $\left\{ \dfrac{3 b b}{8 a a} - \dfrac{3 c}{4 a} \right\} \dfrac{d x}{x \sqrt{(a + b x + c x^2 + f x^3)}}$.

D'où l'on conclura que $\frac{dx}{x^3\sqrt{(a+bx+cx^2+fx^3)}}$ se rapporte uniquement à la rectification des sections coniques, toutes les fois qu'on a $bb = 2ac$.

En donnant ainsi successivement à q différentes valeurs, on trouvera qu'en général l'intégrale de $\frac{dx}{x^n\sqrt{(a+bx+cx^2+fx^3)}}$ se rapporte à la rectification des sections coniques, & de plus à la quadrature d'un espace curviligne du troisieme ordre, excepté les cas cependant où les coefficiens a, b, c, f & l'exposant n sont tels que la différentielle $\frac{dx}{x\sqrt{(a+bx+cx^2+fx^3)}}$ qui exprime cette quadrature, s'évanouit. Car alors la proposée se réduit uniquement à des arcs de sections coniques. *C. Q. F. D.*

Cas dans lesquels l'intégrale cherchée dépend uniquement des arcs de sections coniques.

CCXLV.

Différentielles qui dépendent de la précédente.

COROLLAIRE I. Si dans la proposée b & $c = 0$, elle deviendra $\frac{dx}{x^n\sqrt{(a+fx^3)}}$. En ce cas elle se réduira toujours à des arcs de sections coniques. Car nous avons vu qu'elle dépend de $\frac{dx}{x\sqrt{(a+fx^3)}}$. Soit $x^3 = u$; $x = u^{\frac{1}{3}}$; $dx = \frac{1}{3}u^{-\frac{2}{3}}du$. Substituant on a $\frac{dx}{x\sqrt{(a+fx^3)}} = \frac{du}{3u\sqrt{(a+fu)}}$. Je fais à présent $a+fu = zz$, j'en tire $du = \frac{2zdz}{f}$; $\sqrt{(a+fu)} = z$: ce qui me donne pour transformée $\frac{2dz}{3(zz-a)}$, qui est comme on voit une fraction rationelle. Par conséquent la proposée s'integre par logarithmes, ou par des arcs de cercle. Donc elle dépend de la rectification du cercle ou de la parabole.

CCXLVI.

CCXLVI.

Coroll. 2. Si la proposée étoit $x^{\pm p} dx . (a+bxx)^{\pm\frac{n}{3}}$, dans laquelle p & n représentassent des nombres entiers quelconques, on verroit qu'elle dépend des sections coniques. En effet faisons $a+bxx=z^3$, on en tirera $dx=\dfrac{3 z^2 dz}{2(b z^3 - ab)^{\frac{2}{3}}}$; $x^{\pm p}=\left(\dfrac{z^3-a}{b}\right)^{\pm\frac{p}{3}}$; la transformée sera donc $\left(\dfrac{z^3-a}{b}\right)^{\pm\frac{p}{3}} \times \dfrac{3 z^{2\pm n} dz}{2\sqrt{(b z^3 - ab)}}$ à laquelle par conséquent on pourra donner la forme suivante $z^{\pm q} dz . (e+gz^3)^{\pm\frac{r}{2}}$, q marquant un nombre entier positif, & r aussi un nombre entier positif & impair. Maintenant je dis que cette quantité dépend des arcs de sections coniques, soit qu'on ait $+\frac{r}{2}$, ou $-\frac{r}{2}$.

Soit 1°. $z^{\pm q} dz . (e+gz^3)^{\frac{r}{2}}$; je multiplie haut & bas par $(e+gz^3)^{\frac{1}{2}}$, ce qui me donne $\dfrac{z^{\pm q} dz . (e+gz^3)^{\frac{r}{2}+\frac{1}{2}}}{(e+gz^3)^{\frac{1}{2}}}$; & comme r est un nombre entier impair, il n'y aura plus de radical au numérateur; par conséquent on aura une différentielle dont les différens termes seront de la forme suivante $\dfrac{z^{\pm h} dz}{(e+gz^3)^{\frac{1}{2}}}$, que l'on fait dépendre des sections coniques.

2°. Soit $z^{\pm q} dz . (e+gz^3)^{-\frac{r}{2}}$; pour découvrir quelle est l'intégrale de cette quantité, je prends $\dfrac{z^m}{(a+bz^3)^{\frac{s}{2}}}$

que je différentie ; cette opération me donne

$$\frac{m z^{m-1} dz \times .\, (a+bz^3)^{\frac{s}{2}} - \frac{1}{2}(a+bz^3)^{\frac{s-2}{2}} 3bz^{2+m} dz}{(a+bz^3)^s} =$$

$$\frac{m z^{m-1} dz}{(a+bz^3)^{\frac{s}{2}}} - \frac{3bsz^{m+2} dz}{2.(a+bz^3)^{\frac{s+2}{2}}} ;$$ par où l'on voit que l'in-

tégrale de $\dfrac{m z^{m-1} dz}{(a+bz^3)^{\frac{s}{2}}}$ dépend de celle de $z^{m+2} dz$,

$(a+bz^3)^{-\left(\frac{s+2}{2}\right)}$. D'où il suit que l'intégrale de

$z^{\pm q} dz .\, (e+gz^3)^{-\frac{r}{2}}$ dépend de $z^{\pm q+3} dz$,

$(e+gz^3)^{-\left(\frac{r+2}{2}\right)}$, & ainsi de suite. Donc quel que

soit le signe qui affecte $\dfrac{r}{2}$, l'intégrale de $z^{\pm q} dz \times$

$(e+gz^3)^{\pm\frac{r}{2}}$ dépend de $\dfrac{z^{\pm k} dz}{(e+gx^3)^{\frac{1}{2}}}$, & par conséquent

elle se rapporte à la rectification des sections coniques.

CCXLVII.

R E M A R Q U E. Si dans la différentielle précédente

$z^{\pm q} dz \times (e+gz^3)^{\pm\frac{r}{2}}$, nous faisons $z = \dfrac{1}{u}$, nous au-

rons la transformée suivante $u^{\mp q-2\mp\frac{3r}{2}} du .\, (g+eu^3)^{\pm\frac{r}{2}}$,

d'où il suit que $u^{\pm\frac{n}{2}} du .\, (g+eu^3)^{\pm\frac{r}{2}}$ se réduit aussi

aux arcs de sections coniques, n & r étant des nombres

entiers positifs.

CCXLVIII.

COROLLAIRE GÉNÉRAL. En réuniſſant ce que nous venons de dire, & ce que nous avons trouvé (Article ccxxvii.), on verra qu'en général $z^q\, dz \times (e + g z^m)^n$ dépend de la rectification des ſections coniques, m étant $= 2$, ou $= 3$.

1°. Lorſque $m = 2$, q étant égal à la moitié d'un nombre entier poſitif ou négatif, & n étant égal à la moitié ou au tiers d'un nombre entier poſitif ou négatif; ou bien q étant encore égal à un nombre entier poſitif ou négatif, & n égal au quart d'un nombre entier poſitif ou négatif.

2°. Lorſque $m = 3$, q & n étant égaux à la moitié d'un nombre entier poſitif ou négatif. (Art. CCXLVI.).

CCXLIX.

D'après cela ſoit cherchée l'intégrale de $z^p\, dz \times (a + b z^r)^s$: je fais $a + b z^r = u^t$, ce qui me donne $dz = \frac{t}{r} u^{t-1}\, dt \times \left\{ \frac{u^t - a}{b} \right\}^{\frac{1-r}{r}}$, & $z^p = \left\{ \frac{u^t - a}{b} \right\}^{\frac{p}{r}}$; par conſéquent en faiſant ces ſubſtitutions, on a $z^p\, dz$. $(a + b z^r)^s = \frac{t}{r} u^{ts + t - 1}\, dt \cdot \left\{ \frac{u^t - a}{b} \right\}^{\frac{p+1-r}{r}}$ quantité réductible à des arcs de ſections coniques; 1°. ſi $t = 2$; $2s + 1 = \pm \frac{n}{2}$, & $\frac{p+1-r}{r} = \pm \frac{q}{2}$, ou $\pm \frac{q}{3}$, n & q exprimant des nombres entiers; 2°. en ſuppoſant toujours $t = 2$, & $2s + 1 = \pm n$, & $\frac{p + 1 - r}{r} = \pm \frac{q}{4}$.

3°. si $t = 3$, & $3s + 2 = \pm \frac{n}{2}$, & $\frac{p + 1 - r}{r} = \pm \frac{q}{2}$.
Ce qui est évident.

C C L.

Autre différentielle dépendante des arcs de sections coniques, & de l'aire des courbes du 3e. ordre.

THÉOREME 2. L'intégrale de $(Kx + c)^p \times (f + gx)^{\frac{n}{2}}$ $\times (a + bx + cxx)^{\frac{m}{2}} dx$ (p, n, m exprimant des nombres entiers positifs ou négatifs) dépend de la rectification des sections coniques & de la quadrature d'une courbe du troisieme ordre.

DÉMONSTRATION. Si ces nombres sont positifs, la proposée n'a aucune difficulté : on voit aisément qu'elle se réduit à la rectification des sections coniques.

Si p est un nombre entier négatif, faisons $f + gx = z$, on aura $dx = \frac{dz}{g}$ & après les substitutions ordinaires, la transformée suivante $\left\{ \frac{Kz - Kf + gc}{g} \right\}^{-p} \times \frac{z^{\frac{n}{2}} dz}{g} \cdot$ $\left\{ \frac{ag^2 + bgz - bgf + cz^2 - 2cfz + cf^2}{gg} \right\}^{\frac{m}{2}}$, & en abregeant l'expression de cette différentielle $\frac{z^{\frac{n}{2}} dz \cdot (zz + oz + q)^{\frac{m}{2}}}{(lz + i)^p}$. Je multiplie haut & bas par $z^{\frac{n}{2}} \cdot (zz + oz + q)^{\frac{m}{2}}$, ce qui me donnera $\frac{z^n dz \cdot (zz + oz + q)^m}{z^{\frac{n}{2}} \cdot (lz + i)^p \times (zz + oz + q)^{\frac{m}{2}}}$. On voit par là que la proposée se change en une différentielle dont chaque terme a la forme suivante $\frac{q z^k dz}{(hz + e)^p \times z^{\frac{r}{2}} (a + bz + \delta zz)^{\frac{s}{2}}}$.

On divifera dans chacun d'eux z^k par $(hz + e)^p$, tant que cela fe pourra faire, & chacune des parties du quotient étant multipliée par

$$\frac{dz}{z^{\frac{r}{2}} \times (\alpha + \epsilon z + \delta zz)^{\frac{s}{2}}}$$

s'intégrera par des arcs de fections coniques.

Lorfqu'on fera parvenu à un refte dans lequel k fera $< p$, on multipliera le numérateur & le dénominateur de la propofée par $z^{\frac{s}{2}}$, ce qui donnera

$$\frac{q z^k \times z^{\frac{s}{2}} \, dz}{(hz + e)^p \times z^{\frac{r+s}{2}} \times (\alpha + \epsilon z + \delta zz)^{\frac{s}{2}}},$$

& en fuppofant P & Q des fonctions de x rationelles & fans divifeur, on donnera à cette derniere quantité la forme fuivante, en fe fervant des regles expliquées pour les fractions rationelles

$$\frac{P \, dz \cdot z^{\frac{s}{2}}}{(hz + e)^p \cdot (\alpha + \epsilon z + \delta zz)^{\frac{s}{2}}} +$$

$$\frac{Q \, dz \cdot z^{\frac{s}{2}}}{z^{\frac{r+s}{2}} \cdot (\alpha + \epsilon z + \delta zz)^{\frac{s}{2}}}.$$

La feconde partie de cette différentielle devient

$$\frac{Q \, dz}{z^{\frac{r}{2}} \cdot (\alpha + \epsilon z + \delta zz)^{\frac{s}{2}}},$$

qui s'integre par des arcs de fections coniques, comme il eft aifé de le voir fur le champ.

Pour intégrer la premiere

$$\frac{P \, dz \cdot z^{\frac{s}{2}}}{(hz + e)^p \cdot (\alpha + \epsilon z + \delta zz)^{\frac{s}{2}}},$$

je fuppofe $\dfrac{z}{\alpha + \epsilon z + \delta zz} = y^{-1}$; ce qui donne $zy = \alpha + \epsilon z + \delta zz$, & $zz + \dfrac{\epsilon z - zy}{\delta} = -\dfrac{\alpha}{\delta}$; & en tirant la racine quarrée $z + \dfrac{\epsilon}{2\delta} - \dfrac{y}{2\delta} = \pm \sqrt{\left\{ -\dfrac{\alpha}{\delta} + \left(\dfrac{\epsilon - y}{2\delta}\right)^2 \right\}}$;

ou bien $z = Ay + B \pm \surd\left\{ G + (Ay + B)^2 \right\}$, &

$$\frac{z^{\frac{s}{2}}}{(\alpha + \ell z + \delta zz)^{\frac{s}{2}}} = \frac{1}{y^{\frac{s}{2}}}.$$

Subftituant toutes ces valeurs dans la quantité à intégrer, on a

$$\frac{Pdz \cdot z^{\frac{s}{2}}}{(hz + e)^p \cdot (\alpha + \ell z + \gamma zz)^{\frac{s}{2}}}$$

$$= \frac{PAdy \pm \dfrac{2A^2 Py\,dy + 2ABP\,dy}{2\surd\left\{ G + (Ay + B)^2 \right\}}}{y^{\frac{s}{2}}\left\{ Ahy + Bh + e \pm h\surd{G + (Ay + B)^2} \right\}^p}.$$

J'opere d'abord fur le premier membre : ce qu'on fera fur ce membre fe pourra pratiquer fur les autres. Je multiplie haut & bas par $\left\{ Ahy + Bh + e \mp h\surd{G + (Ay + B)^2} \right\}^p$ ce qui me donne après la réduction

$$\frac{PAdy \cdot \left\{ Ahy + Bh + e \mp h\surd{G + (Ay + B)^2} \right\}^p}{y^{\frac{s}{2}} \cdot (2Beh + ee - hhG + 2Ahey)^p} =$$

$$\frac{PAdy \cdot \left\{ Ahy + Bh + e \mp h\surd{G + (Ay + B)^2} \right\}^p}{y^{\frac{s}{2}} \cdot (Ky + H)^p}.$$

Or on voit que dans cette différentielle il y aura des termes tous rationels qui par conféquent n'auront aucune difficulté ; il y en aura d'autres qui feront affectés du radical $\surd{G + (Ay + B)^2}$: ceux-là on les multipliera haut & bas par ce radical, ce qui le tranfportera au dénominateur. D'où il fuit évidemment que les termes les plus difficiles à intégrer feront de la forme fuivante

$$\frac{y^{\pm \frac{n}{2}}\,dy}{(Ky + H)^p \times (M + Ny + Ryy)^{\frac{1}{2}}}$$

(je néglige les conftantes

au numérateur, ce qui est indifférent pour la justesse du calcul). p est par l'hypothese un nombre entier. Si n étoit négatif, je ferois $y = \frac{1}{u}$, ce qui me donneroit

après les substitutions ordinaires $\dfrac{du \cdot u^{\frac{n}{2} - 1 + p}}{(K + Hu)^p \times \sqrt{(R + Nu + Mu^2)}}$;

D'où il suit qu'on pourra réduire la difficulté à l'intégra-

tion de $\dfrac{y^{\frac{n}{2}}\, dy}{(H + Ky)^p \cdot \sqrt{(M + Ny + Ryy)}}$, n & p étant des

nombres entiers positifs.

Pour intégrer maintenant cette différentielle, de laquelle dépend l'intégrale entiere de la proposée, je suppose $H + Ky = t$, d'où je tire $y = \frac{t - H}{K}$; $dy = \frac{dt}{K}$; donc on a la transformée suivante

$$\frac{\left\{\frac{t - H}{K}\right\}^{\frac{n}{2}} \cdot \frac{dt}{K}}{t^p \cdot \sqrt{\dfrac{MK^2 + H^2 R - HNK + NKt - 2HRt + Rtt}{K^2}}} =$$

$\dfrac{(a - bt)^{\frac{n}{2}} \times dt}{t^p \times \sqrt{(a' + b't + ctt)}}$. Cette quantité peut encore être

développée en plusieurs termes tels que $\dfrac{t^{\pm q}\, dt \times (a - bt)^{\frac{1}{2}}}{\sqrt{(a' + b't + ctt)}}$.

Or 1°. Si q est positif, l'intégrale n'a aucune difficulté, & dépend de la rectification des sections coniques. 2°. Si on

a $\dfrac{dt \sqrt{a - bt}}{t^q \sqrt{(a' + b't + ctt)}}$, on multipliera le numérateur & le

dénominateur par $(a - bt)^{\frac{1}{2}}$, ce qui donnera deux termes tels que $\dfrac{dt}{t^r \sqrt{(\alpha + \beta t + \gamma tt + \lambda t^3)}}$ qui dépendent (Art. CCXLIV.) de la quadrature d'un espace curviligne du troisieme ordre. Donc la proposée dépend de la rectification des sections coniques, & de la quadrature d'une courbe du troisieme ordre. *C. Q. F. D.*

CCLI.

Différentielles qui dépendent de la précédente.

COROLLAIRE. 1. Du Théorême précédent il suit qu'on pourra intégrer le produit de $dx \cdot (e + fx)^{\frac{n}{2}} \cdot (g + kx)^{\frac{m}{2}} \cdot (a + bx + cxx)^{\frac{s}{2}}$ (n, m, & s étant des nombres entiers positifs ou négatifs) par une fonction rationelle de x, pourvu que le dénominateur de la fonction, si c'est une fraction, ait toutes ses racines réelles. Pour s'en convaincre, il n'y a qu'à multiplier la proposée haut & bas par $(g + kx)^{\frac{n}{2}}$, cette opération donnera $dx \cdot \left\{ \frac{e + fx}{g + kx} \right\}^{\frac{n}{2}} \cdot (g + kx)^{\frac{m+n}{2}} \times (a + bx + cxx)^{\frac{s}{2}}$. Soit maintenant $\frac{e + fx}{g + kx} = z$, on en tire $x = \frac{e - gz}{kz - f}$ & $dx = \frac{(gf - ek)}{(kz - f)^2} \, dz$; on aura donc la transformée suivante

$$\frac{(gf - ek)}{(kz - f)^2} \, z^{\frac{n}{2}} \, dz \cdot \left\{ \frac{ke - fg}{kz - f} \right\}^{\frac{m+n}{2}} \times \frac{(\sigma + \epsilon z + \gamma zz)^{\frac{s}{2}}}{(kz - f)^s} ,$$

qu'on voit bien se réduire à $z^{\frac{n}{2}} \, dz \cdot (\alpha + \epsilon z + \gamma zz)^{\frac{s}{2}}$ multipliée par une fonction rationelle de z, & dépendante par conséquent du Théorême précédent.

CCLII.

COROLLAIRE 2. Si on avoit une fonction rationelle de x multipliée par $dx \times (a + bx + cxx)^{\pm \frac{m}{2}} \times (e + fx$

+

$+gxx)^{\pm\frac{n}{2}}$, en supposant toujours que dans cette fonction, si elle est une fraction, on puisse partager le dénominateur en des quantités simples $(x+\varphi)^{\delta}$, en multipliant la proposée haut & bas par $(a+bx+cxx)^{\frac{n}{2}}$, on la développeroit en différens termes de la forme suivante

$$\text{vante } \frac{K\,x\;\;dx}{(lx+n)^{r}.(a+bx+cxx)^{\frac{q+s}{2}}.\left\{\frac{e+fx+gxx}{a+bx+cxx}\right\}^{\frac{s}{2}}} =$$

par les regles des fractions rationelles

$$\frac{Q\,dx}{(lx+n)^{r}.\left\{\frac{e+fx+gxx}{a+bx+cxx}\right\}^{\frac{s}{2}}}$$

$$+\frac{P\,dx}{(a+bx+cxx)^{\frac{q+t}{2}}.\left\{\frac{e+fx+gxx}{a+bx+cxx}\right\}^{\frac{s}{2}}}, \; P \;\&\; Q \text{ étant}$$

des fonctions de x rationelles & sans diviseur.

Mais si on divise $e+fx+gxx$ par $a+bx+cxx$, on aura au quotient une partie toute constante, & un reste tel que $\frac{\gamma x+\delta}{a+bx+cxx}$. Je suppose donc $\frac{e+fx+gxx}{a+bx+cxx}$ $=\varphi+\frac{\gamma x+\delta}{a+bx+cxx}$, & $\frac{\gamma x+\delta}{a+bx+cxx}=\frac{1}{z}$: cette supposition me donnera $(\gamma x+\delta)z=a+bx+cxx$, & $xx+\frac{bx}{c}-\frac{\gamma zx}{c}=\frac{\delta z-a}{c}$; d'où on tire $x=\frac{-b+\gamma z}{2c}$ $\pm \sqrt{\frac{\delta z}{c}-\frac{a}{c}+\left\{\frac{b-\gamma z}{2c}\right\}^{2}}$: $dx=\frac{\gamma\,dz}{2c}+$

$$\frac{\delta\,dz+\frac{\gamma^{2}z\,dz}{2c}-\frac{b\gamma\,dz}{2c}}{2c\sqrt{\frac{\delta z-a}{c}+\left\{\frac{b-\gamma z}{2c}\right\}^{2}}}. \text{ Substituant une des deux}$$

valeurs de x dans le premier membre de la proposée (ce qu'on fera sur l'un, doit aussi se pratiquer pour l'autre), il deviendra

$$\frac{Q\gamma dz}{2c} \pm \frac{\left\{ \delta dz + \frac{\gamma^2 z dz}{2c} - \frac{b\gamma dz}{2c} \right\} \times Q}{2c\sqrt{\frac{\delta z - a}{c} + \left(\frac{b - \gamma z}{2c}\right)^2}}}{\left\{ \frac{l\gamma z - bl}{2c} + l\sqrt{\frac{\delta z - a}{c} + \left(\frac{b - \gamma z}{2c}\right)^2} + n \right\}^r \times \left(\varphi + \frac{1}{z}\right)^{\frac{1}{2}}}$$

Multipliant haut & bas par les valeurs de $(lx + n)^r$ & de $(\gamma x + \delta) z$ qui réfultent de l'autre valeur de x, on aura une différentielle dont les différentes parties feront intégrables par le Corollaire précédent.

CCLIII.

Cas dans lefquels les différentielles précédentes fe rapportent uniquement à des arcs de fections coniques.

SCHÓLIE. Il eft bon d'obferver ici qu'il y a beaucoup de cas dans lefquels par la deftruction de certains coefficiens, les différentielles que nous avons vu fe rapporter à des arcs de fections coniques & à la quadrature de courbes du troifieme ordre, ne dépendront que de la rectification des fections coniques. En général toutes les différentielles telles que

$$\frac{dx}{(a + bx + cxx)^{\frac{1}{2}} \times (e + fx + gxx)^{\frac{1}{2}}}$$

en dépendront uniquement. En voici la preuve qu'il faut s'attacher à bien fuivre.

CCLIV.

Démonftration.

PREMIERE PROPOSITION.
$$\frac{du}{u\sqrt{\varphi + \frac{u}{m}} \cdot \sqrt{A + Bu - uu}}$$

A, B, φ & m étant de fignes quelconques, peut fe réduire à l'intégration d'une différentielle

$$\frac{dz}{z\sqrt{Mz + \frac{A}{\varphi} \times \sqrt{(a + \varepsilon z + \gamma zz)}}}$$, dans laquelle M eft quelconque & a eft pofitif.

Démonst. Soit pour le prouver $\dfrac{du}{u\sqrt{\varphi + \frac{u}{m}} \cdot \sqrt{A + Bu - uu}}$

$=$ (en multipliant haut & bas par φ)

$$\frac{\varphi\, du}{\varphi u \sqrt{(\varphi + \frac{u}{m})} \cdot \sqrt{(A + Bu - uu)}}$$, fi à cette quantité on

ajoute $\dfrac{\frac{u}{m}\, du}{\varphi u \sqrt{(\varphi + \frac{u}{m})} \cdot \sqrt{(\varphi A + Bu - uu)}}$, & qu'on l'en re-

tranche en même temps, ce qui, comme on voit, ne la

changera pas, elle deviendra $\dfrac{\varphi\, du + \frac{u}{m}\, du}{\varphi u \sqrt{(\varphi + \frac{u}{m})} \cdot \sqrt{(A + Bu - uu)}}$

$- \dfrac{\frac{u}{m}\, du}{\varphi u \sqrt{(\varphi + \frac{u}{m})} \cdot \sqrt{(A + Bu - uu)}} =$ (en réduifant)

$$\frac{du\sqrt{(\varphi + \frac{u}{m})}}{\varphi u \cdot \sqrt{(A + Bu - uu)}} - \frac{du}{m\varphi \cdot \sqrt{(\varphi + \frac{u}{m})} \cdot \sqrt{(A + Bu - uu)}} \bullet$$

La feconde partie de cette différentielle s'integre par des arcs de fections coniques. Pour voir ce que devient la

premiere je fuppofe $\dfrac{\varphi + \frac{u}{m}}{A + Bu - uu} = \dfrac{1}{Mz + \frac{A}{\varphi}} = \dfrac{1}{Mz + N}$, en

faifant $\frac{A}{\varphi} = N$; on aura $A + Bu - uu = \varphi Mz + \frac{Muz}{m}$

$+ N\varphi + \frac{uN}{m}$; donc $A - \varphi Mz - N\varphi = uu - Bu + \frac{Mzu}{m}$

$+ \frac{Nu}{m}$; & achevant le quarré du fecond membre, &

prenant la racine quarrée des deux, on a $u - \frac{B}{2} +$

$$\frac{Mz+N}{2m} = \pm \sqrt{A - \varphi Mz - N\varphi + \left(\frac{Mz+N-Bm}{2m}\right)^{2}}$$

$$= \pm \sqrt{\left(A - \varphi Mz - \frac{A\varphi}{\varphi} + \frac{M^2 z^2 - 2BMmz + 2MNz + B^2 m^2 - 2BmN + N^2}{4mm}\right)}$$

$$= \pm \sqrt{\left\{\frac{M^2 z^2}{4m^2} - \varphi Mz + \left(\frac{2N - 2Bm}{4m^2}\right) Mz + \right.}$$

$$\left. \left(\frac{N - Bm}{2m}\right)^{2} \right\} : \text{ donc enfin on trouve } u = \frac{B}{2} \frac{-Mz - N}{2m}$$

$$\pm \sqrt{\left\{\frac{M^2 z^2 + (2N - 2Bm) Mz - 4\varphi Mm^2 z + (N - Bm)^2}{4m^2}\right\}} : du =$$

$$- \frac{Mdz}{2m} + \frac{(M^2 z\,dz + NMdz - BMmdz - 2\varphi Mm^2 dz)}{2m\sqrt{M^2 z^2 + (2N - 2Bm) Mz - 4\varphi m^2 Mz + (N - Bm)^2}}.$$

Subftituant dans la propofée une des deux valeurs de u, & multipliant le haut & le bas par l'autre valeur de u, comme on l'a déja pratiqué, Art. CCLII. on aura une transformée qui fe réduit à des arcs de fections coniques & à l'intégration de $\dfrac{dz}{z\sqrt{Mz+N}\cdot\sqrt{a+\epsilon z+\gamma zz}}$, M étant de figne quelconque, & a pofitif. C. Q. F. D.

CCLV.

SECONDE PROPOSITION. $\dfrac{dx}{(a+bx+cxx)^{\frac{q}{2}} \cdot (e+fx+gxx)^{\frac{s}{2}}}$

s'integre par des arcs de fections coniques, lorfque $a + bx + cxx$ a fes racines réelles, ou ce qui eft la même chofe, lorfque bb eft $> 4ac$. Car foient les deux facteurs réels de cette quantité $mx + n$, $rx + p$, on aura $\dfrac{dx}{\left\{(mx+n)\cdot(rx+p)\right\}^{\frac{q}{2}} \cdot (e+fx+gxx)^{\frac{s}{2}}}$. Soit $mx + n = z$, on en tire $dx = \dfrac{dz}{m}$; $x = \dfrac{z-n}{m}$, donc on a la

transformée
$$\dfrac{\frac{dz}{m}}{z^{\frac{q}{2}} \cdot \left\{\dfrac{rz - rn + pm}{m}\right\}^{\frac{q}{2}} \cdot \left\{\dfrac{em^2 + fmz - fmn + gz^2 - 2gnz + gn^2}{mm}\right\}^{\frac{s}{2}}} :$$

faisons $z = \dfrac{1}{u}$, $dz = -\dfrac{du}{uu}$, on trouvera

$$\dfrac{-\dfrac{du}{muu}}{\dfrac{1}{u^{\frac{q}{2}}} \cdot \left\{\dfrac{r - rnu + pmu}{mu^{\frac{q}{2}}}\right\}^{\frac{q}{2}} \cdot \dfrac{(em^2 u^2 + mfu - fmnu^2 + g - 2gnu + gn^2 u^2)^{\frac{s}{2}}}{m^s u^s}}$$

$$= \dfrac{u^{q+s-2} \, du}{(Au + B)^{\frac{q}{2}} \cdot (C + Du + Euu)^{\frac{s}{2}}},$$ différentielle réductible
aux sections coniques. (Art. CCXXXVI.).

CCLVI.

Troisieme Proposition. Dans la même hypothese, si
on écrit la proposée ainsi
$$\dfrac{dx}{(a + bx + cxx)^{\frac{q+s}{2}} \cdot \left\{\dfrac{e + fx + gxx}{a + bx + cxx}\right\}^{\frac{s}{2}}},$$
on trouvera qu'elle se rapporte à la rectification des sec-
tions coniques, & à l'intégration de la différentielle
$$\dfrac{du}{u\sqrt{\left(\varphi + \frac{u}{m}\right)} \cdot \sqrt{(A + Bu + uu)}}.$$ Car soit $\dfrac{e + fx + gxx}{a + bx + cxx}$
$$= \varphi + \dfrac{\gamma x + \delta}{a + bx + cxx}, \quad \& \quad \dfrac{\gamma x + \delta}{a + bx + cxx} = \dfrac{u}{m},$$ on en tire
$$a + bx + cxx = \dfrac{\gamma mx + \delta m}{u}, \quad \text{donc } x = -\dfrac{b}{2c} + \dfrac{\gamma m}{2cu}$$
$$\pm \sqrt{\left\{\dfrac{\delta m}{cu} - \dfrac{a}{c} + \dfrac{bb}{4cc} - \dfrac{b\gamma m}{2ccu} + \dfrac{\gamma^2 m^2}{4c^2 u^2}\right\}} = -\dfrac{b}{2c} + \dfrac{\gamma m}{2cu}$$
$$\pm \dfrac{1}{2cu} \sqrt{(4c\delta mu - 4acu^2 + bbu^2 - 2b\gamma mu + \gamma^2 m^2)}; \text{donc}$$
enfin $x = \dfrac{-bu + \gamma m}{2cu} \pm \dfrac{1}{2cu} \sqrt{\dfrac{\gamma^2 m^2}{bb - 4ac} + \dfrac{4c\delta mu - 2b\gamma mu}{bb - 4ac} + uu}$

D'ailleurs on aura

$$\frac{d x}{\left\{\frac{\gamma x m + \delta m}{u}\right\}^{\frac{q+s}{2}} \cdot \left\{\varphi + \frac{u}{m}\right\}^{\frac{s}{2}}}$$

qu'on trouvera par la méthode de l'Article CCLII. dépendre de la rectification des sections coniques & de l'intégration de la différentielle suivante,

$$\frac{d u}{u \sqrt{\varphi + \frac{u}{m}} \cdot \sqrt{\frac{\gamma^2 m^2 + 4 c \delta m u - 2 b \gamma m u}{b b - 4 a c} + u u}} .$$ Donc

il est évident que la proposée

$$\frac{d x}{(a + b x + c x x)^{\frac{q}{2}} \cdot (e + f x + g x x)^{\frac{s}{2}}}$$

dépend de la rectification des sections coniques, & de l'intégration de

$$\frac{d u}{u \sqrt{\varphi + \frac{u}{m}} \cdot \sqrt{A + B u + u u}} .$$ Donc puisque

(Prop. Sec.)

$$\frac{d x}{(a + b x + c x^2)^{\frac{q}{2}} \cdot (e + f x + g x^2)^{\frac{s}{2}}}$$ dépend

dans le cas présent des sections coniques, il s'enfuit, ou que le coefficient de

$$\frac{d u}{u \sqrt{\varphi + \frac{u}{m}} \cdot \sqrt{A + B u + u u}}$$ est $= 0$,

tous les termes se détruisant dans ce coefficient, ou bien que fi ce coefficient n'est pas $= 0$,

$$\frac{d u}{u \sqrt{\varphi + \frac{u}{m}} \cdot \sqrt{A + B u + u u}}$$

dépendra de la rectification des sections coniques, excepté peut-être un seul cas particulier, dans lequel le coefficient de cette différentielle seroit égal à zéro, en vertu d'un certain rapport entre a, b, c, e, f, g.

COROLLAIRE. Donc si tous les termes ne se détruisent pas dans le coefficient de (A)

$$\frac{du}{u\sqrt{\varphi+\frac{u}{m}} \cdot \sqrt{\left\{\frac{\gamma^2 m^2+4c\delta mu-2b\gamma mu}{bb-4ac}+uu\right\}}}, \text{ il}$$

s'enfuit que (B) $\dfrac{du}{u\sqrt{\varphi+\frac{u}{m}} \cdot \sqrt{a+bu+uu}}$ dépendra tou-

jours de la rectification des sections coniques, en prenant b, a, c à volonté, pourvu que bb soit $> 4ac$. Car cette derniere différentielle peut toujours se réduire à la premiere. En effet on a $e+fx+gxx = (a+bx+cxx)$ $\times \frac{g}{c} - \frac{gbx}{c} + fx - \frac{ga}{c} + e$. Donc à cause de $\frac{e+fx+gxx}{a+bx+cxx} = \varphi + \frac{\gamma x+\delta}{a+bx+cxx}$, on aura $\varphi = \frac{g}{c}$; $\gamma =$ $-\frac{gb}{c} + f$; $\delta = -\frac{ga}{c} + e$. D'ailleurs en comparant les différentielles (A) & (B), on trouve $a = \frac{\gamma^2 m^2}{bb-4ac}$, donc $\gamma^2 m^2 = a \times (bb-4ac)$, ou $\gamma = \frac{\sqrt{a(bb-4ac)}}{m}$ $= -\frac{gb}{c} + f$; $\epsilon = \frac{4c\delta m-2b\gamma m}{bb-4ac}$, d'où l'on tire $4c\delta m$ $= (bb-4ac)\epsilon + 2b\gamma m$: donc $\delta = \frac{(bb-4ac)}{4cm}\epsilon + \frac{b\gamma}{2c} = -\frac{ga}{c} + e$.

Il ne pourroit tout au plus y avoir d'excepté qu'un cas où $\dfrac{du}{u\sqrt{\varphi+\frac{u}{m}} \cdot \sqrt{a+bu+uu}}$ ne dépendroit pas de la rectification des sections coniques ; ce seroit celui dans lequel il y auroit une certaine équation entre a, b, c, e, f, g, ou ce qui est la même chose entre φ, m, a, ϵ : mais dans tous les autres cas l'intégration réussira.

CCLVII.

QUATRIEME PROPOSITION. Si $a + bx + cxx$ a ses racines imaginaires, on trouvera que la proposée

$$\frac{dx}{(a+bx+cxx)^{\frac{q}{2}} \cdot (e+fx+gx^2)^{\frac{s}{2}}}$$

dépend de la rectification des sections coniques & de l'intégration de

$$\frac{du}{u\sqrt{\varphi+\dfrac{u}{m}} \cdot \sqrt{\dfrac{\gamma^2 m^2}{bb-4ac} - \dfrac{2b\gamma mu + 4c\delta mu}{bb-4ac} - uu}}.$$

Car $a + bx + cxx$ a ses racines imaginaires dans le cas de $bb < 4ac$; il faudra donc écrire alors $- uu.(4ac - bb)$; ce qui donnera

$$\frac{du}{u\sqrt{\varphi+\dfrac{u}{m}} \cdot \sqrt{\left\{\dfrac{\gamma^2 m^2 - 2b\gamma mu + 4c\delta mu}{4ac - bb} - uu\right\}}}$$

différentielle qui est la même que la suivante

$$\frac{du}{u\sqrt{\varphi+\dfrac{u}{m}} \cdot \sqrt{A + Bu - uu}}.$$

Or 1°. si le coefficient de cette différentielle s'évanouit, ce sera une marque que la proposée dépend uniquement des sections coniques.

2°. Si les termes ne se détruisent pas dans ce coefficient, c'est une marque certaine qu'ils ne se détruisent pas non plus dans le cas de la troisieme Proposition. Car ces deux cas sont précisément les mêmes, on n'a fait que mettre $4ac - bb$ pour $bb - 4ac$. Donc dans cette supposition on peut conclure que toute différentielle

$$\frac{du}{u\sqrt{\varphi+\dfrac{u}{m}} \cdot \sqrt{a + Bu + uu}}$$

s'intégrera par des arcs de

sections

sections coniques, au moins quand il n'y aura pas entre les coefficiens α, ϵ, m, φ une certaine équation. Or il est toujours possible d'empêcher que cette équation n'ait lieu ; car

$$\frac{d\,u}{u\sqrt{\varphi + \frac{u}{m}} \cdot \sqrt{A + Bu - uu}}$$

se réduit (I. Prop.) à l'intégration de

$$\frac{d\,z}{z\sqrt{Mz + \frac{A}{\varphi}} \cdot \sqrt{a + \epsilon z + \gamma z}},$$

dans laquelle $a = \dfrac{(N - Bm)^2}{2\,mm}$; $\epsilon = \dfrac{2N - Bm - \varphi}{M}$. Donc puisque M est indéterminée, il s'ensuit qu'on peut la supposer telle que l'équation dont il s'agit n'ait pas lieu. Donc il est évident que

$$\frac{d\,z}{z\sqrt{Mz + \frac{A}{\varphi}} \cdot \sqrt{a + \epsilon z + \gamma z z}}$$

dépendra de la rectification des sections coniques; donc aussi

$$\frac{d\,u}{u\sqrt{\varphi + \frac{u}{m}} \cdot \sqrt{A + Bu - uu}} \; ;$$

donc aussi

$$\frac{d\,x}{(a + bx + cx^2)^{\frac{q}{2}} \cdot (e + fx + gx^2)^{\frac{s}{2}}}$$

lorsque $a + bx + cx^2$ a ses racines imaginaires. Mais nous avons vu (Prop. II.) que cette même différentielle dépend aussi de la rectification des sections coniques, quand $a + bx + cxx$ a ses racines réelles ; donc en général toute différentielle

$$\frac{d\,x}{(a + bx + cxx)^{\frac{q}{2}} \cdot (e + fx + gxx)^{\frac{s}{2}}}$$

se réduit uniquement à la rectification des sections coniques. *C. Q. F. D.*

CCLVIII.

COROLLAIRE GÉNÉRAL. On pourroit par une méthode semblable, s'assurer si toutes les différentielles que nous avons vu dépendre de la quadrature d'une courbe du troisieme ordre, ne se réduisent pas uniquement à des arcs de sections coniques. Il faut pour cela que le coefficient qui affecte la différentielle à laquelle leur intégration est liée en même temps, soit égal à zéro. Mais le calcul pour découvrir si ce coefficient est égal à zéro est très-long : nous ne nous y arrêterons pas ; il nous suffit d'avoir indiqué à nos lecteurs la méthode de le faire.

CCLIX.

PROBLEME. Trouver la quadrature de toutes les courbes du troisieme ordre.

Quadrature des courbes du troisieme ordre.

SOLUTION. Une courbe du troisieme ordre étant donnée avec son équation, on changera les coordonnées, de maniere que son équation devienne une des quatre suivantes ,

$$xyy - ey = ax^3 + bx^2 + ex + f$$
$$xy = ax^3 + bx^2 + ex + f$$
$$yy = ax^3 + bx^2 + ex + f$$
$$y = ax^3 + bx^2 + ex + f$$

que nous avons vu avoir été assignées par M. Newton pour toutes les lignes de cet ordre : on aura pour l'élement de l'aire $y\,dx$. Cette aire étant trouvée, il n'y aura plus que des efpaces rectilignes à ajouter ou à fouftraire pour avoir l'aire rapportée aux coordonnées primitives, comme nous l'avons prouvé Art. CCXXXIX. Toute la difficulté fe réduit donc à trouver l'intégrale de $y\,dx$, dans les quatre équations de M. Newton.

La premiere donne $y = \frac{e}{2x} \pm \frac{1}{2x} \sqrt{(ax^4 + bx^3 + cx^2 + fx + ee)}$; donc $y\,dx = \frac{e\,dx}{2x} \pm \frac{dx}{2x} \sqrt{(ax^4 + bx^3 + cx^2 + fx + ee)}$ qui s'integre par l'Art. CCLII.

La deuxieme & la quatrieme donnent $y\,dx = \frac{dx}{x} \cdot (ax^3 + bx^2 + cx + f)$, & $y\,dx = dx(ax^3 + bx^2 + cx + f)$, qui s'integrent tout de fuite par la regle fondamentale.

La troifieme enfin donne $y\,dx = dx\sqrt{(ax^3 + bx^2 + ex + f)}$, qui s'intégre par des arcs de fections coniques, ainfi que nous l'avons vu plufieurs fois.

Donc toutes lês lignes du troifieme ordre font quarrables ou abfolument ou par logarithmes, ou par des arcs de fections coniques, ou par la quadrature de la courbe dont l'équation eft $xyy = a + bx + cxx + fx^3$, le fecond membre ayant toutes fes racines réelles. (Art. CCXLIII.).

CCLX.

Remarque i. Nous venons de dire, que ydx étoit l'élément de l'aire de toute courbe du troifieme ordre rapportée à l'une des quatre équations générales. Cependant il faut obferver que fouvent les coordonnées de ces courbes ne font pas rectangles. Alors l'élément de l'aire n'eſt pas $y\,dx$, mais $y\,dx$ multipliée par le rapport du ſinus de l'angle des coordonnées au ſinus total ; & comme ce rapport eſt une quantité conſtante, l'intégration n'en devient pas plus difficile.

CCLXI.

REMARQUE 2. Toutes les différentielles dont nous avons recherché l'intégration dans l'article des fractions rationelles, dans celui de la rectification de l'ellipſe & de l'hyperbole, & enfin dans ce dernier ci, s'intégreroient par les mêmes méthodes ſi on y mettoit x^n pour x, & $nx^{n-1}\,dx$ pour dx.

CHAPITRE XVIII.

De la quadrature des courbes dont les équations ont trois termes.

CCLXII.

Formule générale des équations qui contiennent trois termes.

SOit l'équation à trois termes $Ay^a x^q + By^r x^p + Cy^\omega x^s = 0$ (A, B, C repréſentent des coefficiens quelconques) on propoſe de trouver l'aire $\int y\,dx$ de la courbe à laquelle appartient cette équation.

Je diviſe l'équation par $x^q y^\omega$, ce qui la change en $Ay^{a-\omega} + By^{r-\omega} x^{p-q} + Cx^{s-q} = 0$, & en faiſant

$$a - \omega = \lambda$$
$$r - \omega = \mu$$
$$p - q = \sigma$$
$$s - q = \tau$$

on aura . . . . $Ay^{\lambda} + By^{\mu}x^{\sigma} + Cx^{\tau} = 0$.
Cette équation repréfentera donc toutes les équations poffibles à trois termes.

Je fuppofe à préfent $y = x^{r}u$ (r & u font indéterminées). J'aurai . . . . $y^{\lambda} = x^{r\lambda}u^{\lambda}$
$$y^{\mu} = x^{r\mu}u^{\mu}.$$

Transforma-
tion nécessai-
re pour pré-
parer l'équa-
tion ; $y = x^{r}u$.

Donc on aura la transformée fuivante $Ax^{r\lambda}u^{\lambda} + Bx^{r\mu+\sigma}$
$u^{\mu} + Cx^{\tau} = 0$. Je divife par x^{τ}, & j'ai $Ax^{r\lambda-\tau}u^{\lambda}$
$+ Bx^{r\mu+\sigma-\tau}u^{\mu} + C = 0$. La même fuppofition de
$y = x^{r}u$, nous donne $ydx = x^{r}udx$. Donc fi de l'é-
quation précédente on peut tirer la valeur de x en u,
on aura celle de ydx en u & en du. Or on trouve
la valeur de x en u dans tous les cas fuivans.

CCLXIII.

Il eft évident que , fi $r\lambda - \tau = 0$, il n'y aura plus
qu'un terme qui contiendra x & u, & qu'ainfi en divifant par une puiffance de u, on aura la valeur cherchée.
Il en fera de même, fi $r\mu + \sigma - \tau = 0$. On la trouvera
auffi fort aifément, fi $r\lambda - \tau = r\mu + \sigma - \tau$; car alors
on n'aura à réfoudre qu'une équation fort fimple du pre-
mier degré. Enfin on la trouvera encore, fi $r\lambda - \tau$ eft
le double ou la moitié de $r\mu + \sigma - \tau$, puifqu'il ne
s'agira dans ce cas que de réfoudre une équation ordinaire
du fecond degré.

Cas dans lef-
quels on trou-
ve la valeur
de x en u.

CCLXIV.

Ils font au nombre de cinq pour les équations à trois termes.

Voilà donc cinq cas dans lefquels on aura la valeur de x en u, en donnant à l'indéterminée r une des valeurs contenues dans les cinq équations fuivantes.

$$1^\circ.\quad r\lambda - \tau = 0$$
$$2^\circ.\quad r\mu + \sigma - \tau = 0$$
$$3^\circ.\quad r\lambda - \tau = r\mu + \sigma - \tau$$
$$4^\circ.\quad r\lambda - \tau = 2(r\mu + \sigma - \tau)$$
$$5^\circ.\quad r\lambda - \tau = \tfrac{1}{2}(r\mu + \sigma - \tau).$$

Comme nous n'avons à la fois qu'une feule équation de condition, la valeur de r fe préfentera tout de fuite. D'où il fuit qu'on peut toujours réduire la quadrature d'une courbe dont l'équation a trois termes à l'intégration d'une quantité $x^r u\,dx$, dans laquelle on aura la valeur de x en u.

CCLXV.

Examen d'un de ces cinq cas précédens.

Pour le mieux faire fentir, nous allons détailler un des cinq cas précédens. Soit $r\lambda - \tau = 0$, on en tire $\dots\dots\dots\dots r = \dfrac{\tau}{\lambda}$.

Donc $A x^{r\lambda - \tau} u^\lambda + B x^{r\mu + \sigma - \tau} u^\mu + C = 0$

devient $A u^\lambda + B x^{\frac{\tau}{\lambda}\mu + \sigma - \tau} u^\mu + C = 0$; donc

$$x^{\frac{\tau\mu}{\lambda} + \sigma - \tau} = \frac{-Au^{\lambda-\mu} - Cu^{-\mu}}{B}, \quad \text{ou} \quad x = -$$

$$\left\{\frac{Au^{\lambda-\mu} + Cu^{-\mu}}{B}\right\}^{\frac{1}{\frac{\tau\mu}{\lambda}+\sigma-\tau}}; \quad \text{donc} \quad dx =$$

$$\left\{\frac{\lambda}{\tau\mu + \sigma\lambda - \tau\lambda}\right\} \times -\left\{\frac{Au^{\lambda-\mu} + Cu_{-\mu}}{B}\right\}^{\frac{\lambda}{\tau\mu+\sigma\lambda-\tau\lambda}-1} \times$$

$$\left\{\frac{\overline{\lambda-\mu}\cdot Au^{\lambda-\mu-1}\,du - \mu Cu^{-\mu-1}\,du}{B}\right\},\ \&\ x^{r} =$$

$$-\left\{\frac{Au^{\lambda-\mu}+Cu^{-\mu}}{B}\right\}^{\frac{\tau}{\tau\mu+\sigma\lambda-\tau\lambda}}. \text{ Faifant ces diffé-}$$

rentes fubftitutions, on aura $\int x^{r}u\,dx = \frac{\lambda}{\tau\mu+\sigma\lambda-\tau\lambda}\times$

$$\left\{\frac{-Cu^{-\mu}-Au^{\lambda-\mu}}{B}\right\}^{\frac{\lambda+\tau}{\tau\mu+\sigma\lambda-\tau\lambda}-1}\times\left(-\frac{\mu Cu^{-\mu}\,du}{B}\right.$$

$$+\ \frac{\overline{\lambda A-\mu A}}{B}\cdot u^{\lambda-\mu}\,du\,) = \left\{\frac{\lambda}{\tau\mu+\sigma\lambda-\tau\lambda}\right\}\times$$

$$\frac{C\mu}{B}\cdot u^{\frac{-\tau\mu-\lambda\mu}{\tau\mu+\sigma\lambda-\tau\lambda}}\,du\ \times\ \left\{\frac{-C-Au^{\lambda}}{B}\right\}^{\frac{\tau+\lambda}{\tau\mu+\sigma\lambda-\tau\lambda}-1}$$

$$+\ \left\{\frac{\lambda}{\tau\mu+\sigma\lambda-\tau\lambda}\right\}\times\frac{\overline{-\mu A+\lambda A}}{B}\cdot u^{\frac{-\tau\mu-\lambda\mu}{\tau\mu+\sigma\lambda-\tau\lambda}}\,du\ \times$$

$$\left\{\frac{-C-Au^{\lambda}}{B}\right\}^{\frac{\tau+\lambda}{\tau\mu+\sigma\lambda-\tau\lambda}-1}. \text{ Or cette équation,}$$

comme on le voit, contient deux membres qui peuvent fe

repréfenter chacun en particulier par $u^{m}\,du\cdot(a+bu^{n})^{p}$.

CCLXVI.

Pour trouver maintenant les cas dans lefquels la courbe eft quarrable, il faut fe rappeller ceux dans lefquels u^{m} $du(a+bu^{n})^{p}$ eft intégrable.

1°. $u^{m}\,du\cdot(a+bu^{n})^{p}$ eft intégrable (Art. XI.) toutes les fois que p eft un nombre entier pofitif, n étant tout ce qu'on voudra. Il faut cependant en ex-cepter un cas ; c'eft celui dans lequel $\frac{m+1}{-n}$ eft égal à un nombre entier pofitif, ou eft plus petit que p. Alors nous avons démontré (Scholic Art. XII. & XIII.) qu'un des termes contenoit une différentielle logarithmique. Donc la différentielle dépend alors de la quadrature de l'hyperbole.

2°. La même différentielle s'integre (Art. LXXIX.) fi $\frac{m+1}{n}$ eft égal à un nombre entier pofitif, à moins que p ne foit égal à un nombre entier négatif plus petit que $\frac{m+1}{n}$. Dans ce cas (Art. LXXXIII.) il y aura un terme intégrable par logarithmes.

.3°. Cette même différentielle s'intégrera (Art. LXXIX.) toutes les fois que $\frac{m+1}{n} - p$ eft un nombre entier pofitif. Il faut cependant en excepter auffi un cas ; c'eft celui dans lequel p eft égal à un nombre entier négatif. Car dans ce cas on a prouvé (Art. LXXXVI.) que l'intégrale de quelqu'un des termes dépend de la quadrature de l'hyperbole.

CCLXVII.

Examen de ceux dans lefquels l'intégrale dépend de la quadrature du cercle ou de l'hyperbole.

Cherchons à préfent les cas dans lefquels la formule des équations à trois termes peut s'intégrer par la quadrature du cercle ou de l'hyperbole : nous avons déja vu ceux dans lefquels p étant un nombre entier pofitif, elle dépend de la quadrature de l'hyperbole.

1°. $u^m du . (a + bu^n)^p$ eft réduĉible en fraĉions rationelles, fi p eft un nombre entier négatif, m & n étant fraĉionaires. On fait que l'intégrale de $\dfrac{u^m du}{\overline{a + bu^n}^p}$

dépend

dépend de celle de $\dfrac{u^m\,du}{a+bu^n}$. Or soit $m=\dfrac{q}{p}$, & $n=\dfrac{r}{s}$, on a $\dfrac{u^m\,du}{a+bu^n}=\dfrac{u^{\frac{q}{p}}\,du}{a+bu^{\frac{r}{s}}}$. Je fais $u^{\frac{1}{s}}=z$, j'aurai $u=z^s$; $du=sz^{s-1}\,dz$; $u^{\frac{q}{p}}=z^{\frac{qs}{p}}$: donc on aura la transformée suivante $\dfrac{sz^{\frac{qs}{p}+s-1}\,dz}{a+bz^r}$. Soit encore $z^{\frac{1}{p}}=y$, on a $z=y^p$; $dz=py^{p-1}\,dy$; donc la transformée sera $\dfrac{psy^{qs+ps-1}\,dy}{a+by^{pr}}$, quantité qui est une simple fraction rationelle, p, r, q, s étant des nombres entiers; & par conséquent intégrable par les méthodes que nous avons données pour ces fractions.

2°. $u^m\,du.(a+bu^n)^p$ est intégrable par la quadrature du cercle ou de l'hyperbole, lorsque $\dfrac{m+1}{n}-1$ est égal à un nombre entier négatif, quel que soit p. Pour s'en convaincre il n'y a qu'à faire $u^n=z$, on aura $u=z^{\frac{1}{n}}$; $du=\dfrac{1}{n}z^{\frac{1}{n}-1}\,dz$; $u^m=z^{\frac{m}{n}}$. Donc $u^m\,du.(a+bu^n)^p$ $=\dfrac{1}{n}z^{\frac{m}{n}+\frac{1}{n}-1}\,dz.(a+bz)^p$. Je fais ensuite $a+bz=t$; $z=\dfrac{t-a}{b}$; $dz=\dfrac{dt}{b}$; $z^{\frac{m}{n}+\frac{1}{n}-1}=\left\{\dfrac{t-a}{b}\right\}^{\frac{m+1}{n}-1}$; ce qui donne en faisant les substitutions, $\left\{\dfrac{t-a}{b}\right\}^{\frac{m+1}{n}-1}.\dfrac{t^p\,dt}{b^n}$, quantité que je dis être une fraction rationelle lorſque $\frac{m+1}{n} - 1$ eſt un nombre entier négatif, quel que ſoit p. Si p eſt auſſi un nombre entier, cette propoſition ne ſouffre aucune difficulté; elle n'eſt pas moins vraie ſi p eſt un nombre fractionaire. Car ſoit $\frac{m+1}{n} - 1 = -k$, & $p = \frac{q}{r}$, on aura $\dfrac{t^{\frac{q}{r}}\,dt}{(t-Q)^k}$. Soit $t^{\frac{1}{r}} = u$, on en tire $t = u^r$; $dt = r u^{r-1}\,du$; $t^{\frac{q}{r}} = u^q$: donc on a la transformée ſuivante $\dfrac{r u^{r+q-1}\,du}{(u^r-Q)^k}$ qui eſt une fraction rationelle, r, q, & k étant des nombres entiers. C'eſt ce qu'on auroit pu voir ſur le champ en rapprochant la propoſée de l'Art. cxc.

3°. La même différentielle dépend de la quadrature du cercle ou de l'hyperbole, toutes les fois que $\frac{m+1}{-n} - p - 1$ eſt égal à un nombre entier négatif, p étant tout ce qu'on voudra. Pour le prouver, faiſons $u = \frac{1}{z}$, après les ſubſtitutions qu'exige cette transformation, j'ai $u^m\,du$. $(a+bu^n)^p = \dfrac{-dz}{z^{m+2}} \cdot \left\{a + \dfrac{b}{z^n}\right\}^p$. Soit $z^n = t$, cette ſuppoſition me donne $\dfrac{-dz}{z^{m+2}} \cdot \left\{a + \dfrac{b}{z^n}\right\}^p = -\dfrac{t^{\frac{1}{n}-1}\,dt}{n t^{\frac{m+2}{n}}}$;

$$\frac{(at+b)^p}{t^p} = -\frac{t^{\frac{m+1}{-n}-p-1}}{n}\,dt \cdot (at+b)^p.$$ Soit enfin $at+b = s$, on trouvera pour derniere transformée $\left\{\dfrac{b-s}{a}\right\}^{\frac{m+1}{-n}-p-1} \cdot \dfrac{s^p\,ds}{an}$, quantité qu'on voit bien être une fraction rationelle, ſi $\frac{m+1}{-n} - p - 1$ eſt un nombre

entier négatif, & fi p eft un nombre entier. Mais fi p exprime un nombre rompu, alors on reduira la propofée en fraction rationelle, en fuivant le calcul de l'article précédent.

4°. Si on fait $u^{n} = t$, on aura après les fubftitutions ordinaires $t^{\frac{m+1}{n}-1} dt . (a+bt)^{p}$ pour transformée; laquelle en fuppofant $p = \frac{q}{2}$, & $\frac{m+1}{n} - 1 = \frac{r}{2}$ (q & r étant des nombres entiers impairs pofitifs ou négatifs) devient $t^{\frac{r}{2}} dt . (a+bt)^{\frac{q}{2}}$.

Pour la réduire en fraction rationelle, fuppofé que q foit un nombre pofitif, je la multiplie haut & bas par $(a+bt)^{\frac{q}{2}}$, ce qui me donne $\dfrac{t^{\frac{r}{2}} dt . (a+bt)^{q}}{(a+bt)^{\frac{q}{2}}}$, différentielle aifément réductible en fraction rationelle, Art. CLXXXVIII.

5°. La même chofe aura encore lieu fi $p = \frac{q}{2}$ & $\frac{m+1}{-n} - p - 1 = \frac{r}{2}$; ce qu'il eft aifé de voir en appliquant le calcul de l'article précédent à $\left\{\dfrac{b-t}{a}\right\}^{\frac{m+1}{-n}-p-1} . \dfrac{t^{p} dt}{an}$.

6°. Soit enfin dans la propofée $u^{m} du . (a+bu^{n})^{p}$, $u^{n} = t^{2}$, on aura la transformée fuivante $t^{\frac{2m+2}{n}-1} dt . (a+bt^{2})^{p}$, dépendante des fractions rationelles, toutes les fois que $p = \frac{q}{2}$, & $\frac{2m+2}{n} - 1 = r$, r étant un nombre entier pair ou impair, pofitif ou négatif. Car on a $t^{r} dt . (a+bt^{2})^{\frac{q}{2}}$. Soit dans cette quantité $tt = z$, on en tire $t = z^{\frac{1}{2}}$, $t' = z^{\frac{r}{2}}$: donc on a la tranformée suivante $z^{\frac{r}{2} - \frac{1}{2}} dz . (a + bz)^{\frac{q}{2}}$, qui eft la même que celle du N°. 4.

CCLXVIII.

La quadrature de la courbe de notre équation à trois termes peut auffi fe réduire à la rectification des fections coniques. On trouvera les cas fufceptibles de cette réduction en faifant $u^n = t^2$, ou t^3, ou t^4, & en appliquant les transformées aux différentes formules que nous avons développées dans les Chapitres 14, 15, & 16 fur les différentielles dont l'intégrale dépend de la rectification de l'ellipfe & de l'hyperbole.

Moyen d'avoir les cas dans lefquels l'intégration dépend de la rectification des fections coniques.

CCLXIX.

Appliquons préfentement les principes que nous venons d'expofer, à un exemple. Soit demandée la quadrature de la courbe que les Géometres ont nommée *folium*, & dont l'équation eft $y^3 + g x^3 - a x y = 0$. Je fais fuivant ce qui a été prefcrit plus haut $y = x^r z$, ce qui me donne en fubftituant cette valeur d'y dans l'équation précédente, $x^{3r} z^3 + g x^3 - a x^{r+1} z = 0$. Je divife par x^3, l'équation devient $x^{3r-3} z^3 + g - a x^{r+1-3} z = 0$. Soit à préfent felon la premiere condition $r + 1 - 3 = 0$, c'eft-à-dire, $r = 2$, nous aurons $x^3 z^3 + g - a z = 0$; donc $x^3 = \frac{a z - g}{z^3}$. Maintenant

Application des principes précédens à la quadrature du folium.

l'aire de la courbe $\int y\,dx$ est devenue par la supposition de $y = x^r z$, $\int x^r z\,dx$, & ensuite $\int x^2 z\,dx$. Mais l'équation $x^3 = \frac{az-g}{z^3}$, donne $x = \left\{\frac{az-g}{z^3}\right\}^{\frac{1}{3}}$; $dx = \frac{1}{3} \cdot \left\{\frac{a}{z^2} - \frac{g}{z^3}\right\}^{-\frac{2}{3}} \times \left\{-\frac{2a\,dz}{z^3} + \frac{3g\,dx}{z^4}\right\}$: on a aussi $x^2 = \left\{\frac{a}{z^2} - \frac{g}{z^3}\right\}^{\frac{2}{3}}$. Donc en mettant les valeurs de x^2 & de dx dans l'aire de la courbe exprimée par $\int x^2 z\,dx$, on aura $\int x^2 z\,dx = \int -\frac{2a\,dz}{zz} + \frac{3g\,dz}{z^3} = \frac{2a}{z} - \frac{3g}{2zz} + C$.

CHAPITRE XIX.

De la quadrature des courbes dont les équations contiennent quatre termes.

CCLXX.

Soit l'équation à quatre termes $Ay^a x^q + By^r x^p + Cy^\omega x^s + Dy^\varphi x^k = 0$, je la divise par $x^q y^\varphi$; ce qui me donne celle-ci, $Ay^{a-\varphi} + By^{r-\varphi} x^{p-q} + Cy^{\omega-\varphi} x^{s-q} + Dx^{k-q} = 0$, & supposant,

$$a - \varphi = \lambda$$
$$r - \varphi = \mu$$
$$p - q = \sigma$$
$$\omega - \varphi = \theta$$
$$s - q = \rho$$
$$k - q = \tau$$

j'ai $Ay^\lambda + By^\mu x^\sigma + Cy^\theta x^\rho + Dx^\tau = 0$. Cette équation représente toutes les équations possibles à quatre termes.

Formule des équations à quatre termes.

CCLXXI.

On se sert encore de la transformation $y=x^r u$.

Je fais à présent comme dans le Chapitre précédent $y = x^r u$, ce qui me donne la transformée suivante $A x^{\lambda r} u^{\lambda} + B x^{r\mu + \sigma} u^{\mu} + C x^{r\theta + \rho} u^{\theta} + D x^{\tau} = 0$, qui devient étant divisée par x^{τ}, $A x^{\lambda r - \tau} u^{\lambda} + B x^{r\mu + \sigma - \tau} u^{\mu} + C x^{r\theta + \rho - \tau} u^{\theta} + D = 0$.

CCLXXII.

Cas dans lesquels on a la valeur de x en u.

Si on cherche les cas dans lesquels on peut tirer de cette équation la valeur de x en u, on trouvera,

1°. Que si dans deux des quatre termes les exposans de x sont égaux à zéro, comme alors il n'y aura plus qu'un terme qui contienne x & u, il sera aisé d'avoir la valeur de x en u, en divisant par la puissance de u qui affecte x; ce qui donne les trois conditions suivantes.

1. $r\lambda - \tau = 0$, & $r\mu + \sigma - \tau = 0$
2. $r\lambda - \tau = 0$, & $r\theta + \rho - \tau = 0$
3. $r\mu + \sigma - \tau = 0$, & $r\theta + \rho - \tau = 0$

2°. Si dans l'un des trois termes affectés de x & de u, l'exposant de x est égal à zéro, & qu'il soit le même dans les deux autres, on aura la valeur de x en u, en divisant par les fonctions de u, qui multiplient x dans ces deux termes. Cette supposition donne encore trois conditions.

4. $r\lambda - \tau = 0$, & $r\mu + \sigma - \tau = \theta r + \rho - \tau$
5. $r\mu + \sigma - \tau = 0$, & $r\lambda - \tau = \theta r + \rho - \tau$
6. $\theta r + \rho - \tau = 0$, & $r\lambda - \tau = r\mu + \sigma - \tau$

3°. Si dans l'un des termes l'expofant de x eft zero, & que dans un des deux autres cet expofant foit ou le double ou la moitié de celui qu'a le même x dans le troifieme, on pourra encore alors avoir la valeur de x en u. Pour le faire mieux fentir, je repréfente le cas préfent par $a u^{\lambda} + b x^{2\beta} u^{\mu} + c x^{\beta} u^{\theta} + d' = 0$. J'ai par conféquent $b x^{2\beta} u^{\mu} + c x^{\beta} u^{\theta} = - a u^{\lambda} - d'$, ou $x^{2\beta} + \dfrac{c x^{\beta} u^{\theta-\mu}}{b} = \dfrac{- a u^{\lambda-\mu} - d' u^{-\mu}}{b}$. J'acheve le quarré dans le premier membre de cette équation, ce qui donne $x^{2\beta} + \dfrac{c x^{\beta} u^{\theta-\mu}}{b} + \dfrac{c c u^{2\theta-2\mu}}{4bb} = \dfrac{- a u^{\lambda-\mu} - d' u^{-\mu}}{b}$ $+ \dfrac{c c u^{2\theta-2\mu}}{4bb}$, & en extrayant la racine quarrée, j'aurai la valeur de x en u. Cette troifieme fuppofition me donne les fix conditions fuivantes.

7. $r\lambda - \tau = 0$, & $r\mu + \sigma - \tau = 2(\theta r + \rho - \tau)$

8. $r\lambda - \tau = 0$, & $r\mu + \sigma - \tau = \frac{1}{2}(\theta r + \rho - \tau)$

9. $r\mu + \sigma - \tau = 0$, & $r\lambda - \tau = 2(\theta r + \rho - \tau)$

10. $r\mu + \sigma - \tau = 0$, & $r\lambda - \tau = \frac{1}{2}(\theta r + \rho - \tau)$

11. $\theta r + \rho - \tau = 0$, & $r\lambda - \tau = 2(r\mu + \sigma - \tau)$

12. $\theta r + \rho - \tau = 0$, & $r\lambda - \tau = \frac{1}{2}(r\mu + \sigma - \tau)$

4°. Si l'expofant de x eft le même dans deux des trois termes affectés de x & de u, & en même temps double ou la moitié de l'expofant de x dans le troifieme, on tirera encore la valeur de x en u. Ce cas peut fe repréfenter par $a x^{2\beta} u^{\lambda} + b x^{2\beta} u^{\mu} + c x^{\beta} u^{\theta} + d' = 0$; donc j'aurai $x^{2\beta} + \dfrac{c x^{\beta} u^{\theta}}{a u^{\lambda} + b u^{\mu}} = - \dfrac{d'}{a u^{\lambda} + b u^{\mu}}$. J'acheve le quarré, je prends enfuite la racine quarrée, ce qui me donnera, comme on voit, la valeur de x en u. Cette derniere combinaison fournit encore fix conditions que voici :

$$13. \quad r\lambda - \tau = r\mu + \sigma - \tau, \ \& \ r\lambda - \tau = 2\,(\theta r + \rho - \tau)$$
$$14. \quad r\lambda - \tau = r\mu + \sigma - \tau, \ \& \ r\lambda - \tau = \tfrac{1}{2}\,(\theta r + \rho - \tau)$$
$$15. \quad r\lambda - \tau = \theta r + \rho - \tau, \ \& \ r\lambda - \tau = 2\,(r\mu + \sigma - \tau)$$
$$16. \quad r\lambda - \tau = \theta r + \rho - \tau, \ \& \ r\lambda - \tau = \tfrac{1}{2}\,(r\mu + \sigma - \tau)$$
$$17. \quad r\mu + \sigma - \tau = \theta r + \rho - \tau, \ \& \ r\mu + \sigma - \tau = 2\,(r\lambda - \tau)$$
$$18. \quad r\mu + \sigma - \tau = \theta r + \rho - \tau, \ \& \ r\mu + \sigma - \tau = \tfrac{1}{2}\,(r\lambda - \tau).$$

Voilà donc dix-huit cas dans lefquels on peut avoir la valeur de x en u , en déterminant r par le moyen des équations de condition.

CCLXXIII.

S C H O L I E. Mais il faut faire ici une remarque effentielle. Dans les équations à trois termes , comme il n'y avoit à la fois qu'une feule équation de condition , nous avons vu qu'on tiroit la valeur de x en u , en déterminant r , pourvu qu'une de nos cinq conditions eût lieu. Cela ne fuffit pas pour les équations à quatre termes. Il y a toujours deux équations de condition à la fois. C'eft ce qui fait que pour avoir la valeur de l'indéterminée r il doit fe trouver un certain rapport entre les expofans λ, μ, σ, &c. Par exemple , la premiere condition $r\lambda - \tau = 0$, $\& \ r\mu + \sigma - \tau = 0$, donne $r = \dfrac{\tau}{\lambda}$, $\&$ $r = \dfrac{\tau - \sigma}{\mu}$; ainfi pour pouvoir fixer ici la valeur de r, il faut que dans la propofée $\dfrac{\tau}{\lambda} = \dfrac{\tau - \sigma}{\mu}$. Il en eft ainfi des autres.

CCLXXIV.

CCLXXIV.

J'en conclus qu'on ne peut réduire que dans certains cas, la quadrature des courbes dont les équations ont quatre termes à l'intégration d'une différentielle $x' u dx$, dans laquelle x foit donnée en u.

CCLXXV.

En fuivant à peu près les mêmes procédés que nous avons pratiqués dans la premiere partie de ce Chapitre, on parviendra à déterminer dans le cas préfent des équations à quatre termes les courbes qui font quarrables ou abfolument, ou par la quadrature du cercle ou de l'hyperbole, ou par la rectification de l'ellipfe & de l'hyperbole; il n'y aura de difficulté que la longueur du calcul.

On trouve par la méthode du Chapitre précédent les cas d'intégration des équations à quatre termes.

CHAPITRE XX.

Des différentielles qui renferment des logarithmes & des exponentielles.

CCLXXVI.

NOus avons déja vu à la tête du Chapitre fur les fractions rationelles une regle pour trouver l'intégrale des différentielles logarithmiques les plus fimples. Mais il en eft de très-compliquées auxquelles on appliqueroit difficilement cette regle. Nous allons donner ici

1°. Sur l'intégration de celles qui contiennent des logarithmes.

N n

une autre méthode fort utile dans beaucoup de cas. Cette méthode confiste à faire ufage de fubftitutions, ce qui fe préfente d'autant plus naturellement que nous nous en fommes fervi dans la différentiation de ces mêmes quantités.

CCLXXVII.

Ufage des fubftitutions pour intégrer ces quantités.

Premier exemple.

Soit propofé d'intégrer $\frac{dx}{x\,lx}$, je fais $lx = y$, donc $\frac{dx}{x} = dy$: donc la propofée devient $\frac{dy}{y}$, dont l'intégrale eft (Art. CXVII.) ly : remettant pour y fa valeur, on a $l \cdot lx$ pour l'intégrale cherchée.

On fuppofe ici & dans la fuite la fous-tangente de la logarithmique $= 1$.

CCLXXVIII.

Second exemple.

De même pour intégrer $m \cdot (lx)^{m-1} \frac{dx}{x}$, je ferai $lx = y$; cette fuppofition me donne $\frac{dx}{x} = dy$, $(lx)^{m-1} = y^{m-1}$; donc $m(lx)^{m-1} \frac{dx}{x} = my^{m-1} dy$; or l'intégrale de ce fecond membre eft, comme on fçait, y^m ; donc l'intégrale cherchée eft $(lx)^m$.

CCLXXIX.

Troifieme exemple.

Soit demandée l'intégrale de $m \cdot (l \cdot lx)^{m-1} \frac{dx}{x\,lx}$: je fuppofe $lx = y$, d'où je tire $\frac{dx}{x} = dy$, $l \cdot lx = ly$: on a donc la transformée fuivante $m \cdot (ly)^{m-1} \frac{dy}{y}$, dont l'intégrale eft (Article précédent) $(ly)^m$. Remettant pour ly sa valeur, on a $\int m .(l.lx)^{m-1} \frac{dx}{x\,l\,x} = (l.lx)^m$.

CCLXXX.

Si la proposée étoit $nm.(lx^m)^{n-1} \frac{dx}{x}$, je ferois $x^m = y$, d'où je tire $dx = \frac{dy}{mx^{m-1}}$; $lx^m = ly$, & après ces substitutions j'ai la transformée $nm.(ly)^{n-1} \frac{dy}{mx^m} = n.(ly)^{n-1} \frac{dy}{y}$, dont l'intégrale est, comme nous venons de le voir $(ly)^n$. Remettant pour y sa valeur en x, on trouvera $(lx^m)^n$ pour l'intégrale cherchée.

Quatrieme exemple.

CCLXXXI.

Soit enfin proposé d'intégrer $nm \left\{ l.(lx)^m \right\}^{n-1} \frac{dx}{x\,l\,x}$, je supposerai $lx = y$; donc $\frac{dx}{x} = dy$; $(lx)^m = y^m$: donc on a la transformée suivante $nm.(ly^m)^{n-1} \frac{dy}{y}$, dont nous avons vu (Art. CCLXXX.) que l'intégrale est $(ly^m)^n$. Donc $\int nm \left\{ l.(lx)^m \right\}^{n-1} \frac{dx}{x\,l\,x} = \left\{ l.(lx)^m \right\}^n$.

Cinquieme exemple.

CCLXXXII.

A l'égard des différentielles exponentielles, l'inverse de la regle que nous avons donnée pour les différentier servira pour les intégrer. Ainsi *l'intégrale d'une différentielle exponentielle est cette quantité même divisée par la différence de son logarithme.*

1°. Intégration des différentielles exponentielles.

Regle générale.

N n ij

En effet de ce que la différence de c^x est $c^x\,dx$, il s'enfuit que l'intégrale de $c^x\,dx$ est c^x. De même fi on demande l'intégrale de $x^y\,dy\,lx + x^{y-1}\,y\,dx$, la regle précédente nous apprend qu'elle est x^y. Car la différence du logarithme de x^y est $dy\,lx + \frac{y\,dx}{x}$. Divifant

$$x^y\,dy\,lx + x^{y-1}\,y\,dx = x^y\,dy\,lx + \frac{x^y\,y\,dx}{x} \quad \text{par } dy\,lx$$

$+ \frac{y\,dx}{x}$, on aura au quotient x^y. Donc, &c.

CCLXXXIII.

S'il s'agiffoit de trouver l'intégrale de $x^{y^z}y^z\,x^{-1}\,dx$

$+ x^{y^z}y^z\,dz\,lx\,.\,ly + x^{y^z}y^{z-1}\,z\,dy\,lx$, la regle générale nous donneroit x^{y^z}. En effet le logarithme de x^{y^z} est $y^z\,lx$, dont la différence est $y^z\,\frac{dx}{x} + y^z\,dz\,lx\,.\,ly + y^{z-1}\,z\,dy\,lx$. Divifant la propofée par cette quantité, le quotient de la divifion fera x^{y^z}.

CCLXXXIV.

On peut encore prendre les intégrales des différentielles exponentielles par le moyen des fubftitutions. Soit, par exemple, demandée l'intégrale de $c^x\,dx$; je fuppofe $c^x = y$, ce qui me donne en prenant les logarithmes de part & d'autre $x\,lc = ly$, ou $x = ly$ ($lc = 1$). Donc $dx = \frac{dy}{y}$. Subftituant il me vient $\frac{y\,dy}{y} = dy$, dont l'intégrale est, comme on fait, y. Donc $\int c^x\,dx = c^x$.

CCLXXXV.

De même si on avoit $x^y \, dy \, lx + \dfrac{x^y y \, dx}{x}$, on feroit
$x^y = z$, d'où l'on tire l'équation logarithmique $y \, lx = lz$,
& différentiant $\dfrac{y \, dx}{x} + dy \, lx = \dfrac{dz}{z}$. Après les fubftitutions on a pour transformée dz. Donc l'intégrale cher-
chée eft x^y, telle que nous l'avons trouvée par la regle
générale.

Second
exemple.

CCLXXXVI.

Soit enfin cherchée l'intégrale de $x^{y^z} \times (y^z x^{-1} \, dx$
$+ y^z \, dz \, lx \cdot ly + z \, dy \, lx)$: on fuppofera comme ci-
deffus $x^{y^z} = u$; d'où l'on tire $y^z lx = lu$, & $y^z x^{-1} \, dx$
$+ y^z \, dz \, lx \, ly + y^{z-1} z \, dy \, lx = \dfrac{du}{u}$. Après les fubftitutions la propofée devient $\int du = u$; donc l'intégrale
cherchée eft x^{y^z}. Il en fera ainfi des autres.

Troifieme
exemple.

CCLXXXVII.

Il y a encore une autre méthode générale pour trouver
l'intégrale des différentielles, tant logarithmiques qu'exponentielles, de quelque degré qu'elles foient. Cette
méthode confifte à prendre l'intégrale par parties, c'eft-
à-dire, terme à terme. —— ——

Autre mé-
thode pour
trouver les in-
tégrales des
différentielles
logarithmi-
ques & expo-
nentielles.

En quoi elle
confifte.

CCLXXXVIII.

Mais avant d'expliquer cette méthode, & d'en faire
ufage, il eft néceffaire de mettre devant les yeux, par

Notion
préparatoire.

anticipation , la regle fuivante qui eſt fort ſimple.

La différentielle de xy eſt, comme on ſait, $x\,dy + y\,dx$: celle de xyz eſt $xy\,dz + xz\,dy + yz\,dx$; & ainſi des autres.

Il ſuit de là évidemment que l'intégrale de $x\,dy$ eſt $xy - \int y\,dx$. Par la même raiſon celle de $xy\,dz + xz\,dy$ eſt $xyz - \int yz\,dx$. Cette propoſition eſt claire, & la preuve en eſt fort aiſée, en différentiant ces dernieres quantités. Cette notion ſuffit pour entendre ce que nous allons dire.

CCLXXXIX.

Application de la méthode de prendre l'intégrale par parties.

1°. Aux différentielles logarithmiques.

Soit demandée l'intégrale de $x\,dx \cdot lx$, je raiſonne ainſi. Si lx étoit une conſtante, l'intégrale demandée ſeroit $\frac{x^2}{2}$, multipliée par cette conſtante. Mais lx eſt une variable ; il manque donc un terme à la différentielle propoſée , pour qu'elle ſoit complette, ſavoir la différence de lx multipliée par $\frac{x^2}{2}$, l'intégrale de $x\,dx \cdot lx$ eſt donc $\frac{x^2}{2} lx - \int \frac{x\,dx}{2}$. Mais $\int \frac{x\,dx}{2} = \frac{x^2}{4}$, donc $\int x\,dx\,lx = \frac{x^2}{2} lx - \frac{xx}{4}$. Pour s'en convaincre il n'y a qu'à différentier cette intégrale , & l'on retrouvera la différentielle propoſée.

En faiſant le même raiſonnement , on trouvera que

$$\int x^m\, lx \times dx = \frac{x^{m+1}}{m+1} \cdot lx - \int \frac{x^m\,dx}{m+1} : \text{ or } \int \frac{x^m\,dx}{m+1}$$

$$= \frac{x^{m+1}}{(m+1)^2} ; \text{ donc } \int x^m\,dx \cdot lx = \frac{x^{m+1}\,lx}{m+1} - \frac{x^{m+1}}{(m+1)^2}.$$

CCXC.

Enfin si la proposée étoit $x^m \, dx \cdot (lx)^n$, on trouveroit par la méthode précédente pour premier terme de l'intégrale $\dfrac{x^{m+1}}{m+1} \cdot (lx)^n - \int \dfrac{n x^m \, dx}{m+1} \cdot (lx)^{n-1}$: mais

$$-\int \frac{n x^m \, dx}{m+1} \cdot (lx)^{n-1} = \frac{-n x^{m+1}}{(m+1)^2} \cdot (lx)^{n-1} +$$
$$\int \frac{n \cdot (n-1) x^m}{(m+1)^2} \times (lx)^{n-2} \, dx.$$

J'opere sur le dernier terme, son intégrale est $\dfrac{n \cdot (n-1) \cdot x^{m+1}}{(m+1)^3} \cdot (lx)^{n-1} -$

$$\int \frac{n \cdot (n-1) \cdot (n-2) \cdot x^m}{(m+1)^3} \cdot (lx)^{n-3} \, dx.$$

On trouvera ainsi de suite tant de termes qu'on voudra de cette intégrale : m & n représentent les nombres entiers qui peuvent être les exposans de x, & de la puissance de lx. Il est évident que quand n est un nombre entier positif, la suite précédente sera finie, & contiendra autant de termes plus un, qu'il y aura d'unités dans l'exposant n. Alors le dernier terme ne contient plus de logarithme, mais seulement x élevé à une certaine puissance.

CCXCI.

Ce dernier exemple peut servir de formule pour trouver les intégrales des différentielles logarithmiques lx à quelque degré qu'elles soient élevées. Car en suivant la méthode précédente, on trouve qu'en général $\int x^m \, dx \cdot$

$$(lx)^n = \frac{x^{m+1}}{m+1} \times \left\{ (lx)^n - \frac{n (lx)^{n-1}}{m+1} + \frac{n \cdot (n-1)}{(m+1)^2} \right.$$

Formule pour l'intégration des différentielles logarithmiques représentées par $x^m \, dx \cdot (lx)^n$.

$$\times (lx)^{n-2} - \frac{n.(n-1).(n-2)}{(m+1)^3} (lx)^{n-3} +$$
$$\frac{n.(n-1).(n-2).(n-3)}{(m+1)^4} (lx)^{n-4} - \frac{n.(n-1).(n-2).(n-3).(n-4).(lx)^{n-5}}{(m+1)^5} + \&c.\Big\}.$$

CCXCII.

2°. Application de la même méthode aux différentielles exponentielles.

Appliquons maintenant cette même méthode aux différentielles exponentielles. Soit proposé d'intégrer $c^{gz} dz lc$, ou $c^{gz} dz$ (c étant supposé représenter un nombre dont le logarithme est l'unité), on trouvera par la regle de l'Art. CCLXXXII. $\int c^{gz} dz = \dfrac{c^{gz}}{g}$.

CCXCIII.

Si on demande maintenant l'intégrale de $z c^{gz} dz$, cette intégrale se prendra par parties. $\int z c^{gz} dz = \dfrac{z c^{gz}}{g} - \int \dfrac{c^{gz} dz}{g}$, c'est-à-dire $\dfrac{z c^{gz}}{g} - \dfrac{c^{gz}}{gg}$. De même $\int z^2 c^{gz} dz = \dfrac{z^2 c^{gz}}{g} - \int \dfrac{2 z c^{gz} dz}{g}$. Or l'intégrale de ce dernier membre est $- \dfrac{2 z c^{gz}}{gg} + \int \dfrac{2 c^{gz} dz}{gg} = \dfrac{2 c^{gz}}{g^3}$; l'intégrale entiere de $\int z^2 c^{gz} dz$ est donc $\dfrac{z^2 c^{gz}}{g} - \dfrac{2 z c^{gz}}{gg} + \dfrac{2 c^{gz}}{g^3}$.

CCXCIV.

En général si on demandoit l'intégrale de $z^m c^{gz} dz lc$, ou simplement $z^m c^{gz} dz$ (lc étant toujours $= 1$), on

la

la prendroit par parties de la façon fuivante , $\int z^m c^{gz} dz$

$$= \frac{z^m c^{gz}}{g} - \int \frac{m z^{m-1} c^{gz} dz}{g} ;$$ voilà déja le premier terme de l'intégrale cherchée : pour trouver le fecond , j'opere fur le membre affecté du figne $\int$. Or $- \int \frac{m z^{m-1} c^{gz} . dz}{g}$

$$= - \frac{m z^{m-1} c^{gz}}{gg} + \int \frac{m.(m-1) z^{m-1} c^{gz} . dz}{gg} .$$ Or

$$\int \frac{m.(m-1) z^{m-2} c^{gz} dz}{gg} = \frac{m.(m-1) z^{m-2} c^{gz}}{g^3} -$$

$$\int \frac{m.(m-1).(m-2) z^{m-3} . c^{gz} dz}{g^3} = - \frac{m.(m-1).(m-2). z^{m-3} . c^{gz}}{g^4}$$

$$+ \int \frac{m.(m-1).(m-2).(m-3) z^{m-4} . c^{gz} dz}{g^4} =$$

$$\frac{m.(m-1).(m-2).(m-3). z^{m-4} c^{gz}}{g^5} -$$

$$\int \frac{m.(m-1).(m-2).(m-3).(m-4). z^{m-5} c^{gz} dz}{g^5} .$$

Donc $\int z^m c^{gz} dz = c^{gz} \times \left\{ \frac{z^m}{g} - \frac{m z^{m-1}}{gg} + \frac{m(m-1) z^{m-2}}{g^3} \right.$

$$- \frac{m.(m-1).(m-2) z^{m-3}}{g^4} + \frac{m.(m-1).(m-2).(m-3). z^{m-4}}{g^5}$$

$$\left. - \frac{m.(m-1).(m-2).(m-3).(m-4). z^{m-5}}{g^6} + \&c. \right\} .$$

Ces termes fuffifent pour montrer la loi que fuivent dans cette formule les expofans & les coefficiens de z. On pourra continuer la ferie tant qu'on voudra. Lorfque *m* exprimera un nombre entier pofitif, alors la fuite fera finie, & l'intégrale de la propofée contiendra autant de termes plus un , qu'il y aura d'unités dans l'expofant *m*.

C C X C V.

On peut encore employer cette méthode pour trouver

l'intégrale des différentielles qui contiennent des logarithmes de logarithmes, comme $x^m dx . l . l x$, $x^m dx .$ $(l . l x)^n$ &c. & aussi les intégrales de différentielles exponentielles plus composées que les précédentes ; mais comme ces cas arrivent très-rarement, nous ne nous y arrêterons pas.

<h3 style="text-align:center">CCXCVI.</h3>

On pourroit encore prendre l'intégrale des différentielles logarithmiques & exponentielles par approximation, en se servant des suites infinies dans lesquelles il n'entre ni quantité logarithmique, ni exponentielle ; quoique cette méthode soit longue, pénible & de peu d'usage, nous donnerons plus bas la maniere de s'en servir.

CHAPITRE XXI.

Des différentielles affectées de plusieurs signes d'intégration.

<h3 style="text-align:center">CCXCVII.</h3>

Observation essentielle sur l'expression de ces sortes de différentielles.

Lorsqu'on a des quantités différentielles affectées de plusieurs signes d'intégration, il faut bien être en garde contre l'équivoque que peut faire naître leur expression . $\int dx \int u dx$, veut dire ou bien l'intégrale de $dx \int u dx$, ce que nous marquerons dorénavant ainsi $\int (dx \int u dx)$; ou bien l'intégrale de dx multipliée par l'intégrale

de $u\,dx$, ce que nous marquerons de la façon suivante Deux cas différens pour ces différen-tielles.
$(\int dx)$. $(\int u\,dx)$. Ces deux cas font fort différens; il faut éviter de les confondre.

Mais avant de chercher les moyens de les intégrer, il eft bon de fe rappeller la regle que nous avons indi-quée (Art. CCLXXXVIII.) elle eft néceffaire pour entendre ce que nous allons dire.

CCXCVIII.

P r e m i e r C a s.

Le premier cas eft celui dans lequel on demande l'in- Expofition du premier cas.
tégrale des différentielles telles que $dx\int u\,dx$. On inte-gre dans ce premier cas, lorfque la différentielle fous le premier figne eft une différentielle exacte. Soit par exem- Procédé qu'il faut fui-vre pour inté-grer.
ple $\int\left\{ dx\int \dfrac{r\,dx}{\sqrt{2rx-xx}}\right\}$. Je fuppofe $\dfrac{r}{\sqrt{2rx-xx}} = u$;
ce qui me donne $\int\left\{ dx\int \dfrac{r\,dx}{\sqrt{2rx-xx}}\right\} = \int(dx\int u\,dx)$.
L'intégrale de cette derniere quantité eft, fuivant ce que nous avons dit (Art. CCLXXXVIII.), $x\int u\,dx - \int u\,x\,dx$;
& en remettant pour u fa valeur, $x\int \dfrac{r\,dx}{\sqrt{2rx-xx}} - \int \dfrac{x\,r\,dx}{\sqrt{2rx-xx}}$. La premiere partie de cette intégrale eft le produit de x, par un arc de cercle dont x eft le finus verfe. La feconde partie s'integre aifément. Je l'écris ainfi $\dfrac{r\,x\,dx - r\,r\,dx}{\sqrt{2rx-xx}} + \dfrac{r\,r\,dx}{\sqrt{2rx-xx}}$, dont l'intégrale eft

$-r\sqrt{2rx-xx} + \int \dfrac{r\,r\,dx}{\sqrt{2rx-xx}}$. Or $\dfrac{r\,r\,dx}{\sqrt{2rx-xx}}$ eft, comme

O o ij

on fait, l'élément d'un fecteur de cercle, l'origine des coordonnées étant au fommet de l'axe.

Si l'on avoit $\int(dx . \int dx . \int u\,dx)$, alors c'eft comme fi on avoit $\int(dx . x(\int x \int u\,dx - \int u x\,dx))$, c'eft-à-dire, $\int(x\,dx . \int u\,dx) - \int(dx . \int u x\,dx) = \frac{xx}{2} \int u\,dx - \int \frac{uxx}{2} dx - x\int u x\,dx - \int u x x\,dx$, où l'on voit qu'il n'y a plus qu'un figne $\int$ à chaque membre.

CCXCIX.

Transformation qui fimplifie l'expreffion dans ce même cas. En général fi l'on avoit $\int(r\,dx \int u\,dx)$, on fimplifieroit l'expreffion en faifant $r\,dx = dz$. Car alors on auroit $\int(dz \int \frac{u\,dz}{r}) = z\int \frac{u\,dz}{r} - \int \frac{z u\,dz}{r}$, qui ne contient plus qu'un feul figne d'intégration à chaque membre.

CCC.

SECOND CAS.

Examen du fecond cas.
Comment on trouve l'intégrale. Ce fecond cas eft, comme nous l'avons dit, celui dans lequel des intégrales font multipliées les unes par les autres. Soit, par exemple, la propofée de la forme fuivante $(\int dx) \times \left\{ \int \frac{r\,dx}{\sqrt{2rx-xx}} \right\}^3$, alors l'intégrale fe prend par parties.

Différentielle qui fert d'exemple $u^3 dx$. Je fuppofe $\int \frac{r\,dx}{\sqrt{2rx-xx}} = u$, j'aurai $\frac{r\,dx}{\sqrt{2rx-xx}} = du$, & $\left\{ \int \frac{r\,dx}{\sqrt{2rx-xx}} \right\}^3 = u^3$. La quantité que je dois intégrer eft donc $u^3 dx$. Or fi on fe rappelle ce que nous avons dit Art. CCLXXXVIII., on voit que $\int u^3 dx = u^3 x - \int 3 u u x\,du$, c'eft-à-dire, en mettant pour du fa valeur,

$= u^3 x - \int \dfrac{3 u u r x d x}{\sqrt{2 r x - x x}}$, $u^3 x$ eſt une intégrale, & eſt le premier terme. de l'intégrale cherchée. J'opere ſur le ſecond membre . $- \int \dfrac{3 u u r x d x}{\sqrt{2 r x - x x}}$. Il eſt égal à $- \int 3 u u r$ $\left\{ \dfrac{x d x - r d x}{\sqrt{2 r x - x x}} + \dfrac{r d x}{\sqrt{2 r x - x x}} \right\} = - \int 3 u u r \left\{ - d \left(\sqrt{2 r x - x x} \right) + d u \right\} = \int - 3 u u r d u + 3 u u r d \left(\sqrt{2 r x - x^2} \right)$, dont l'intégrale eſt $- u^3 r + 3 u u r \sqrt{2 r x - x x} - \int 6 r u d u \sqrt{2 r x - x x}$. Je prends ce dernier terme qui n'eſt pas intégré. Je le mets ſous la forme ſuivante $- \int 6 r u \times \dfrac{r d x}{\sqrt{2 r x - x x}} \times \sqrt{2 r x - x x}$ $= - \int 6 r r u d x$; or l'intégrale de $- 6 r r u d x$ eſt $- 6 r r u x + \int 6 r r x d u$. Il me reſte donc encore un terme avec le ſigne $\int$. Je mets dans ce terme pour $d u$ ſa valeur, ce qui donne $\int 6 r r x d u = \int 6 r r x \times \dfrac{r d x}{\sqrt{2 r x - x x}} = \int 6 r^3 \left\{ \dfrac{x d x - r d x + r d x}{\sqrt{2 r x - x x}} \right\} = - 6 r^3 \sqrt{2 r x - x x} + 6 r^3 u$. Il ne me reſte plus de quantités différentielles ; j'ai donc l'intégrale entiere de $u^3 d x$; cette intégrale eſt

$$u^3 x + 3 r u^2 \sqrt{2 r x - x x} - r u^3 - 6 r^2 u x - 6 r^3 \sqrt{2 r x - x x} + 6 r^3 u \pm C.$$

Intégrale de la différentielle propoſée.

Il eſt aiſé de ſe convaincre de la bonté de nos opérations : en différentiant cette intégrale, mettant pour $d u$ ſa valeur, $\dfrac{r d x}{\sqrt{2 r x - x x}}$ & effaçant ce qui ſe détruit, on retrouvera $u^3 d x$. Il en ſera de même des autres différentielles ſemblables.

C C C I.

Autre méthode pour avoir l'intégrale de la même différentielle.

Il y a encore une autre méthode pour intégrer les

différentielles de la définition précédente. Cette méthode
consiste à se servir des sinus & cosinus exprimés par les
quantités exponentielles. Comme cette méthode est fort
utile dans certains cas, nous allons la développer ici en
l'appliquant à la différentielle qui nous a servi de dernier
exemple.

Par le moyen
des quantités
exponentiel-
les.

C C C II.

Soit proposée $(\int dx) \times \left\{ \int \dfrac{r\,dx}{\sqrt{2rx-xx}} \right\}^3$; $\int \dfrac{r\,dx}{\sqrt{2rx-xx}}$ est
l'expression d'un arc de cercle & par conséquent d'un an-
gle, dont x est le sinus verse & r le rayon. Je nomme
cet angle z, & je suppose le sinus total $= 1$; on aura
$\int \dfrac{r\,dx}{\sqrt{2rx-xx}} = zr$, donc $\left\{ \int \dfrac{r\,dx}{\sqrt{2rx-xx}} \right\}^3 = z^3 r^3$, &
$(\int dx) \times \left\{ \int \dfrac{r\,dx}{\sqrt{2rx-xx}} \right\}^3 = \int z^3 r^3\, dx$. Soit cos. $rz = y$,
on aura cos. $z = \dfrac{y}{r}$; x qui est le sinus verse $= r - y$,
donc $x = r - r$ cos. z or : cos. $z = ($ Introd. Art. XLVI.$)$
$\dfrac{c^{z\sqrt{-1}} + c^{-z\sqrt{-1}}}{2}$; la différence de $\dfrac{c^{z\sqrt{-1}} + c^{-z\sqrt{-1}}}{2}$
est (Introd. Art. XXXIV.) $dz\sqrt{-1} \cdot \left\{ \dfrac{c^{z\sqrt{-1}} - c^{-z\sqrt{-1}}}{2} \right\}$,
ou $dz \cdot \left\{ \dfrac{- c^{z\sqrt{-1}} + c^{-z\sqrt{-1}}}{2\sqrt{-1}} \right\}$; donc $dx = r\,dz \cdot$
$\left\{ \dfrac{c^{z\sqrt{-1}} - c^{-z\sqrt{-1}}}{2\sqrt{-1}} \right\}$, donc $\int z^3 r^3 dx = \int \dfrac{r^4 z^3 dz\, c^{z\sqrt{-1}}}{2\sqrt{-1}} -$
$\dfrac{r^4 z^3 dz\, c^{-z\sqrt{-1}}}{2\sqrt{-1}} = \int \dfrac{r^4}{2\sqrt{-1}} \times \left\{ z^3 dz\, c^{z\sqrt{-1}} - z^3 dz\, c^{-z\sqrt{-1}} \right\}$.
Pour avoir l'intégrale de cette quantité, je la compare
avec la formule $\int z^3 c^{gz}\, dz$ de l'Article CCXCIV. Cette

comparaison me donne pour le premier terme $g = \sqrt{-1}$, & pour le second, $g = -\sqrt{-1}$. L'intégrale est donc

$$\int z^3 r^3 \, dx = \frac{r^4}{2\sqrt{-1}} \times$$

$$\left\{ \begin{array}{l} \dfrac{z^3 c^{z\sqrt{-1}}}{\sqrt{-1}} + \dfrac{3\,z\,z\,c^{z\sqrt{-1}}}{1} + \dfrac{6\,z\,c^{z\sqrt{-1}}}{-1\sqrt{-1}} - \dfrac{6\,c^{z\sqrt{-1}}}{1} \\[2ex] + \dfrac{z^3 c^{-z\sqrt{-1}}}{\sqrt{-1}} - \dfrac{3\,z\,z\,c^{-z\sqrt{-1}}}{1} - \dfrac{6\,z\,c^{-z\sqrt{-1}}}{1\sqrt{-1}} + \dfrac{6\,c^{-z\sqrt{-1}}}{1} \end{array} \right\},$$

& en réunissant chaques deux termes qui forment des sinus & des cosinus, on a

$$\int z^3 r^3 \, dx = -\, r^4 z^3 \times$$

$$\left\{ \frac{c^{z\sqrt{-1}} + c^{-z\sqrt{-1}}}{2} \right\} + 3\,r^4 z^2 \left\{ \frac{c^{z\sqrt{-1}} - c^{-z\sqrt{-1}}}{2\sqrt{-1}} \right\}$$

$$+\, 6r^4 z \left\{ \frac{c^{z\sqrt{-1}} + c^{-z\sqrt{-1}}}{2} \right\} - 6r^4 \left\{ \frac{c^{z\sqrt{-1}} - c^{-z\sqrt{-1}}}{2\sqrt{-1}} \right\}$$

$$= -\, r^4 z^3 \cos. z + 3\,r^4 zz \sin. z + 6r^4 z \cos. z - 6r^4 \sin. z.$$

CCCIII.

Mais si nos opérations sont exactes, cette intégrale doit être la même que celle que nous avons trouvée pour la différentielle proposée (Art. ccc.). Pour réduire la derniere à celle-là, je remarque que $\cos. z = 1 - \frac{x}{r}$, & $\sin. z = \frac{1}{r}\sqrt{(2rx - xx)}$. Je mets dans l'intégrale trouvée ces valeurs de cos. & sin. z ce qui me donne

$$-\, r^4 z^3 + r^3 z^2 x + 3\,r^3 z^2 \sqrt{(2rx - xx)} + 6r^4 z - 6\,r^3 z x$$

$$-\, 6r^3 \sqrt{(2rx - xx)}.$$

Mais en comparant cette intégrale avec celle de l'Art. ccc. on trouve que $zr = u$. Donc enfin on a

$$\int r^3 z^3 \, dx = -\, ru^3 + u^3 x + 3\,ru^2 \sqrt{(2rx - xx)} + 6r^3 u - 6r^2 ux - 6r^3 \sqrt{(2rx - xx)} + C,$$

la même précisément que celle que nous a donnée l'autre méthode.

CCCIV.

Autre usage de la même méthode.

Si l'on avoit à intégrer $\int dz \cdot \mathrm{cof.}\, pz \cdot \mathrm{fin.}\, qz$, on se serviroit de la même méthode des quantités exponentielles. On auroit ici

$$\int dz \times \left\{ \frac{c^{pz\sqrt{-1}} + c^{-pz\sqrt{-1}}}{2} \right\} \times \left\{ \frac{c^{qz\sqrt{-1}} - c^{-qz\sqrt{-1}}}{2\sqrt{-1}} \right\}$$

$$= \frac{c^{(p+q)z\sqrt{-1}} - c^{(-p-q)z\sqrt{-1}} - c^{(p-q)z\sqrt{-1}} + c^{(q-p)z\sqrt{-1}}}{4\sqrt{-1}},$$

ce qui réduit la proposée à l'intégration de $\int dz \cdot c^{gz}$ Article CCXCII.

Ce seroit la même méthode qu'il faudroit suivre, si on avoit $\int dz \cdot \mathrm{fin.}\, kz \cdot \mathrm{cof.}\, rz \cdot \mathrm{cof.}\, qz \cdot \mathrm{fin.}\, sz$ &c. On voit par-là qu'elle est fort étendue & très-commode dans beaucoup de cas.

CCCV.

De même par le moyen des exponentielles imaginaires on intégreroit $z^{n} dz \cdot \mathrm{fin.}\, qz^{m}$, $\mathrm{cof.}\, pz^{k}$ &c. pourvu que n, m & k soient entiers & positifs.

On pourroit encore au lieu de $\int dz \times (\mathrm{fin.}\, qz \cdot \mathrm{cof.}\, pz)$ écrire (Art. XLVII. Introd.) $\int dz \times \left\{ \mathrm{fin.}\, \frac{(q+p)z}{2} + \mathrm{fin.}\, \frac{(q-p)z}{2} \right\}$. Or toutes ces différentielles sont faciles à intégrer, en considérant que $\int dz\, \mathrm{fin.}\, \alpha z = - \frac{\mathrm{cof.}\, \alpha z}{\alpha} + A$, & que $\int dz\, \mathrm{cof.}\, \alpha z = \frac{\mathrm{fin.}\, \alpha z}{\alpha} + A$, A étant une constante quelconque. Par-là on intégrera en général $dz\, \frac{\mathrm{fin.}}{\mathrm{cof.}}\, qz\, \frac{\mathrm{cof.}}{\mathrm{fin.}}\, pz\, \frac{\mathrm{cof.}}{\mathrm{fin.}}\, rz$, &c.

CCCVI.

CCCVI.

REMARQUE I. Quelques-unes des différentielles que nous venons de traiter, s'intégreront encore dans certains cas par une méthode particuliére. Nous allons donner ici un essai de cette méthode, à cause de l'utilité dont elle peut être en beaucoup d'occasions. Que l'on ait à intégrer $\int \frac{q\,dq\,\sqrt{(1-xx)}}{\sqrt{(1-qq)}}$, $\frac{dq}{\sqrt{(1-qq)}}$ représentant la différence d'un angle dont q est le sinus & étant $= -\frac{a\,dx}{\sqrt{(1-xx)}}$, a étant une constante quelconque & $\frac{dx}{\sqrt{(1-xx)}}$ la différence d'un angle dont x est le sinus.

1°. Au lieu de $\int \frac{q\,dq\,\sqrt{(1-xx)}}{\sqrt{(1-qq)}}$ je puis écrire $\int \left\{ \frac{x\,dx\,\sqrt{(1-qq)}}{\sqrt{(1-xx)}} + \frac{q\,dq\,\sqrt{(1-xx)}}{\sqrt{(1-qq)}} - \frac{x\,dx\,\sqrt{(1-qq)}}{\sqrt{(1-xx)}} \right\}$, dont l'intégrale est $-\sqrt{(1-xx)} \cdot \sqrt{(1-qq)} - \int \frac{x\,dx\,\sqrt{(1-qq)}}{\sqrt{(1-xx)}}$; premiere forme que peut avoir l'intégrale cherchée.

2°. Au lieu de $\int \frac{q\,dq\,\sqrt{(1-xx)}}{\sqrt{(1-qq)}}$, nous pouvons, en mettant pour $\frac{dq}{\sqrt{(1-qq)}}$ son égale $-\frac{a\,dx}{\sqrt{(1-xx)}}$, écrire $\int -aq\,dx$, dont l'intégrale est (Art. CCLXXXVIII.) $-aqx + \int ax\,dq = \left\{$ en mettant pour dq sa valeur $-\frac{a\,dx\,\sqrt{(1-qq)}}{\sqrt{(1-xx)}} \right\}$ $-aqx - \int \frac{a^2\,x\,dx\,\sqrt{(1-qq)}}{\sqrt{(1-xx)}}$; seconde forme que peut avoir l'intégrale cherchée.

J'ajoute à ces deux expressions des constantes convenables, je les compare ensuite l'une avec l'autre : cette comparaison me donnera, comme il est évident, la valeur de $\int \frac{x\,dx\,\sqrt{(1-qq)}}{\sqrt{(1-xx)}}$: je substituerai cette valeur dans l'une ou l'autre des deux expressions précédentes, & j'aurai l'intégrale complette de la proposée.

Méthode particuliere utile dans certains cas.

CCCVII.

REMARQUE 2. A l'occasion des exponentielles imaginaires dont nous nous sommes servis dans ce Chapitre, qu'il nous soit permis de rapporter ici une remarque que nous aurions dû placer dans le Chapitre troisieme de l'introduction. Nous avons vu dans ce Chapitre que la différentielle d'un angle z dont x est le sinus $= \frac{dx}{\sqrt{(1-xx)}}$; On a donc $dz = \frac{dx}{\sqrt{(1-xx)}}$: ou si au lieu de $\frac{dx}{\sqrt{(1-xx)}}$ on met ici $\frac{dx\sqrt{-1}}{\sqrt{(xx-1)}}$ qui lui est égale, on trouvera $x = \frac{c^{z\sqrt{-1}} - c^{-z\sqrt{-1}}}{2\sqrt{-1}}$; & si au lieu de $\frac{dx}{\sqrt{(1-xx)}}$ on écrit $\frac{dx}{\sqrt{-1} \cdot \sqrt{(xx-1)}}$ qui lui est encore égale, on trouvera $x = \frac{-c^{z\sqrt{-1}} + c^{-z\sqrt{-1}}}{2\sqrt{-1}}$ quantité de signe contraire. Nous allons d'abord prouver cette proposition en faisant tout au long le calcul qui pourroit embarrasser à cause du changement des signes, ensuite nous leverons la difficulté que présente cette double expression du même sinus.

1°. $dz = \frac{dx\sqrt{-1}}{\sqrt{(xx-1)}}$ donne $z = \sqrt{-1} \times l(x + \sqrt{xx-1})$, ou $\sqrt{-1} \times l\left\{\frac{x + \sqrt{(xx-1)}}{\sqrt{-1}}\right\}$ en ajoutant la constante que donne la supposition de $x = 0$. Donc $\frac{z}{\sqrt{-1}} = l\left\{\frac{x + \sqrt{(xx-1)}}{\sqrt{-1}}\right\}$, ou $-z\sqrt{-1} = l\left\{\frac{x + \sqrt{(xx-1)}}{\sqrt{-1}}\right\}$: donc $c^{-z\sqrt{-1}}\sqrt{-1} - x = \sqrt{(xx-1)}$, & en quarrant les deux membres, $-c^{-2z\sqrt{-1}} - 2xc^{-z\sqrt{-1}}$

$\sqrt{-1} = -1$; donc $1 - c^{-2z\sqrt{-1}} = 2xc^{-z\sqrt{-1}}$

$\sqrt{-1}$, & $x = \dfrac{1 - c^{-2z\sqrt{-1}}}{2c^{-z\sqrt{-1}}\sqrt{-1}}$; donc enfin $x =$

$$\frac{c^{z\sqrt{-1}} - c^{-z\sqrt{-1}}}{2\sqrt{-1}}.$$

2°. J'écris maintenant $dz = \dfrac{dx}{\sqrt{-1}.\sqrt{(xx-1)}}$ ce qui me donne $dz\sqrt{-1} = \dfrac{dx}{\sqrt{(xx-1)}}$; $z\sqrt{-1} = l\left\{\dfrac{x+\sqrt{(xx-1)}}{\sqrt{-1}}\right\}$; $c^{z\sqrt{-1}}\sqrt{-1} - x = \sqrt{(xx-1)}$; $- c^{2z\sqrt{-1}}$

$-2xc^{z\sqrt{-1}}\sqrt{-1} + 1 = 0$; $\dfrac{-c^{2z\sqrt{-1}}+1}{2c^{z\sqrt{-1}}\sqrt{-1}} = x$

& enfin $x = \dfrac{-c^{z\sqrt{-1}}+c^{-z\sqrt{-1}}}{2\sqrt{-1}}.$

Voilà donc deux quantités de signes différens qui au premier coup d'œil semblent repréfenter également le finus x de l'angle z. Cependant une feule de ces deux quantités peut être la vraie valeur de ce finus, & il eft facile de voir que cette quantité eft la premiere $\dfrac{c^{z\sqrt{-1}} - c^{-z\sqrt{-1}}}{2\sqrt{-1}}$. Car lorfque z eft très-petite & pofitive, cette premiere quantité eft pofitive, comme elle le doit être, & la feconde $\dfrac{-c^{z\sqrt{-1}} + c^{-z\sqrt{-1}}}{2\sqrt{-1}}$ eft négative. En effet $c^{z\sqrt{-1}} = 1 + z\sqrt{-1}$, & $c^{-z\sqrt{-1}} = 1 - z\sqrt{-1}$; donc $\dfrac{c^{z\sqrt{-1}} - c^{-z\sqrt{-1}}}{2\sqrt{-1}} = \dfrac{1 + z\sqrt{-1} - 1 + z\sqrt{-1}}{2\sqrt{-1}} = z$; au lieu que $\dfrac{-c^{z\sqrt{-1}} + c^{-z\sqrt{-1}}}{2\sqrt{-1}} = \dfrac{-1 - z\sqrt{-1} + 1 - z\sqrt{-1}}{2\sqrt{-1}} = -z.$

Afin de concevoir maintenant pourquoi l'on trouve

deux valeurs à x, quoiqu'il n'y en ait qu'une qui soit la véritable, on remarquera que dans l'équation $dz = \frac{dx}{\sqrt{(1 - xx)}}$, le dénominateur $\sqrt{(1 - xx)}$ est supposé positif; cependant comme $\sqrt{(1 - xx)}$ a deux valeurs égales & de signes contraires $+ \sqrt{(1 - xx)}$ & $- \sqrt{(1 - xx)}$, l'équation $dz = \frac{dx}{\sqrt{(1-xx)}}$ représente les deux suivantes $dz = \frac{dx}{+\sqrt{(1 - xx)}}$ qui est la vraie équation entre l'angle z & son sinus x, & $dz = \frac{dx}{-\sqrt{(1 - xx)}}$ qui n'est pas la vraie équation entre cet angle & son sinus. La premiere de ces deux équations nous donne $x = \frac{c^{z\sqrt{-1}} - c^{-z\sqrt{-1}}}{2\sqrt{-1}}$, vraie valeur du sinus, qui substituée dans l'équation $dz = \frac{dx}{+\sqrt{(1 - xx)}}$ rendra $dz = dz$, comme cela doit être; la seconde des deux équations donne $x = \frac{c^{-z\sqrt{-1}} - c^{z\sqrt{-1}}}{2\sqrt{-1}}$, qui n'est pas la valeur du sinus, mais qui substituée dans $dz = \frac{dx}{-\sqrt{(1 - xx)}}$ rendra aussi $dz = dz$: ainsi les deux valeurs de x satisfont également à l'équation $dz = \frac{dx}{\sqrt{(1 - xx)}}$, quoiqu'une seule de ces valeurs représente réellement le sinus.

C'est par cette même raison de l'équivoque des signes $+$ & $-$ qui affectent les quantités radicales, qu'on a $\frac{dx}{\sqrt{(1 - xx)}} = \frac{dx\sqrt{-1}}{\sqrt{(xx - 1)}}$ & $= \frac{dx}{\sqrt{-1} \cdot \sqrt{(xx - 1)}}$, quoique $\sqrt{-1}$ ne semble pas égale à $\frac{1}{\sqrt{-1}}$. Mais $\sqrt{-1}$ a les deux valeurs $\pm\sqrt{-1}$ & on trouvera $\sqrt{-1} = \frac{1}{\sqrt{-1}}$, si on observe de prendre $\pm\sqrt{-1} = \frac{1}{\mp\sqrt{-1}}$.

Nous avons tiré cette remarque fort utile pour la théorie des quantités exponentielles & imaginaires, de l'Article ᴄᴄʟxᴠɪɪɪ. du Traité fur différens points importans du fyftême du monde.

CCCVIII.

Nous finirons cette premiere Partie qui contient à peu près tout ce que les Géometres ont trouvé fur l'intégration des différentielles à une changeante, par indiquer la méthode de leur appliquer les fuites ou feries infinies. Cette méthode nous donne par approximation l'intégrale de certaines différentielles qui ne font pas intégrables algébriquement.

CHAPITRE XXII.

Des différentielles qui s'integrent par le moyen des feries ou fuites infinies.

Nous diviferons ce Chapitre en deux parties. Dans la premiere nous donnerons une idée abrégée de la théorie des feries ou fuites infinies ; la feconde contiendra leurs ufages pour le Calcul intégral.

§. I.

Théorie des Suites.

CCCIX.

Définition
des Suites.

DÉFINITION. On entend par *serie infinie* une suite de termes disposés suivant un certain ordre, qui vont en augmentant ou en décroissant jusqu'à l'infini.

CCCX.

Leur division
en conver-
gentes & di-
vergentes.

On distingue donc deux sortes de *series.* On nomme les unes *series convergentes*, & les autres *series divergentes.*

Les *series convergentes* sont celles dont les termes vont en diminuant à l'infini. Nous prouverons plus bas que ces series sont les seules vraies.

Les *series divergentes* sont celles dont les termes vont en augmentant à l'infini.

Application
des Suites.

Les series servent à trouver des diviseurs approchés des quantités qu'on ne peut diviser exactement; elles donnent aussi par approximation les racines des quantités qui n'en ont point d'exactes.

CCCXI.

Aux divisions
infinies.

PROBLEME I. Etant donnée la fraction $\frac{a\,a}{b \pm x}$ (dans laquelle a & b sont des quantités déterminées, & x une indéterminée) qui n'est pas divisible exactement par son dénominateur binome, la réduire en suite infinie.

SOLUTION. Je fais la division suivant les regles ordinaires de l'Algebre, de la maniere suivante.

Dividende.   Diviseur.

$$a\,a \;:\; b \pm x \left\{ \begin{array}{l} \dfrac{a\,a}{b} \mp \dfrac{a\,a\,x}{b\,b} + \dfrac{a^2 x^2}{b^3} \mp \dfrac{a^2 x^3}{b^4} + \dfrac{a^2 x^4}{b^5} \mp \dfrac{a^2 x^5}{b^6} + \dfrac{a^2 x^6}{b^7} \mp \dfrac{a^2 x^7}{b^8} \\ + \&c. \end{array} \right.$$

$$- a\,a \mp \dfrac{a\,a\,x}{b}$$

$$\overline{0 \mp \dfrac{a\,a\,x}{b}}$$

$$\pm \dfrac{a\,a\,x}{b} + \dfrac{a^2 x^2}{b^2}$$

$$\overline{0 + \dfrac{a^2 x^2}{b^2}}$$

$$- \dfrac{a^2 x^2}{b^2} \mp \dfrac{a^2 x^3}{b^3}$$

$$\overline{0 \mp \dfrac{a^2 x^3}{b^3}}$$

$$\pm \dfrac{a^2 x^3}{b^3} + \dfrac{a^2 x^4}{b^4}$$

$$\overline{0 + \dfrac{a^2 x^4}{b^4}}$$

$$- \dfrac{a^2 x^4}{b^4} \mp \dfrac{a^2 x^5}{b^5}$$

$$\overline{0 \mp \dfrac{a^2 x^5}{b^5}}$$

$$\pm \dfrac{a^2 x^5}{b^5} + \dfrac{a^2 x^6}{b^6}$$

$$\overline{0 + \dfrac{a^2 x^6}{b^6}}$$

$$- \dfrac{a^2 x^6}{b^6} \mp \dfrac{a^2 x^7}{b^7}$$

$$\overline{0 \mp \dfrac{a^2 x^7}{b^7}}$$

$$+ \dfrac{a^2 x^7}{b^7} + \dfrac{a^2 x^8}{b^8}$$

$$\overline{0 + \dfrac{a^2 x^8}{b^8}}$$

$$\&c.$$

Le quotient eſt donc la ſerie ſuivante $(A)\ \frac{aa}{b} \mp \frac{a^2 x}{b^2}$ $+ \frac{a^2 x^2}{b^3} \mp \frac{a^2 x^3}{b^4} + \frac{a^2 x^4}{b^5} \mp \frac{a^2 x^5}{b^6} + \frac{a^2 x^6}{b^7} \mp \frac{a^2 x^7}{b^8} +$ &c. qui peut ſe continuer autant qu'on voudra.

CCCXII.

Si x eſt le premier terme du diviſeur, enſorte que la fraction donnée ſoit $\frac{aa}{x \pm b}$, alors le quotient de la diviſion ſera la ſuite infinie $(B)\ \frac{aa}{x} \mp \frac{aab}{x^2} + \frac{aab^2}{x^3} \mp$ $\frac{a^2 b^3}{x^4} + \frac{a^2 b^4}{x^5} \mp \frac{a^2 b^5}{x^6} + \frac{a^2 b^6}{x^7} \mp \frac{a^2 b^7}{x^8} +$ &c. Cette ſerie ſe trouve de la même maniere que la précédente.

CCCXIII.

Pour qu'une ſerie ſoit convergente & vraie, le plus grand terme doit être le premier en diviſeur.

THÉORÈME 1. Si dans la ſerie A dans laquelle les expoſans de x vont en croiſſant, x eſt fort petite en comparaiſon de b, enſorte que $\frac{x}{b}$ ſoit une fraction moindre que l'unité, cette ſerie ſera convergente & vraie, c'eſt-à-dire $= \frac{aa}{b \pm x}$.

DÉMONSTRATION. 1°. Cette ſuite ſera convergente. Car dans l'hypotheſe de $x < b$, les puiſſances $\frac{x}{b}$, $\frac{xx}{bb}$, $\frac{x^4}{b^4}$ &c. de la fraction $\frac{x}{b}$ forment une progreſſion géométrique qui décroît à l'infini d'autant plus rapidement que $\frac{x}{b}$ eſt plus petite. Donc en faiſant enſorte que les termes de la ſerie A ſe reglent ſur les puiſſances de $\frac{x}{b}$, ce qui eſt facile en lui donnant la forme ſuivante $\left\{ \frac{aa}{b} \mp \frac{aax}{bb} \right\} \times \left\{ 1 + \frac{x^2}{b^2} + \frac{x^4}{b^4} + \frac{x^6}{b^6} +$ &c. $\right\}$, on voit que chaque terme ſera beaucoup moindre que celui

qui

qui le précede, & qu'ils décroîtront à l'infini. Donc (Art. cccx.) la ferie fera convergente.

2°. Je dis que cette fuite A fera vraie, c'eſt-à dire, qu'elle nous redonnera la fraction $\frac{aa}{b \pm x}$ dont elle a pris naiſſance. Car, comme nous venons de le voir, la fuite

$$A = \left\{ \frac{aa}{b} \mp \frac{aax}{b^2} \right\} \times (F) \left\{ 1 + \frac{x^2}{b^2} + \frac{x^4}{b^4} + \frac{x^6}{b^6} + \&c. \right\};$$

or F a tous fes termes en progreſſion géométrique décroiſſante à l'infini, puiſque par l'hypotheſe $x < b$. Donc fa fomme $= \frac{bb}{bb - xx}$ *; on a donc $A = \left\{ \frac{aa}{b} \mp \frac{aax}{b^2} \right\}$

$$\times \frac{bb}{bb - xx} = \frac{aab}{bb - xx} \mp \frac{aax}{bb - xx} = aa \times \frac{b \mp x}{(b + x) \cdot (b - x)} = \frac{aa \times 1}{b \pm x}.$$

$C. Q. F. P.$

<hr>

* *Nota.* Les regles des proportions connues fans doute par tous nos Lecteurs, nous apprennent qu'il eſt aifé d'avoir la fomme d'une progreſſion géométrique quelconque décroiſſante à l'infini. On peut la trouver par deux proportions ; la premiere eſt que *la différence des deux premiers termes eſt au premier terme, comme la différence du premier terme au dernier eſt à la fomme de tous les termes qui précedent le dernier.* Or dans une progreſſion géométrique décroiſſante à l'infini le dernier terme fera infiniment petit, & ne fera par conféquent point comparable aux deux premiers termes ; le premier terme pourra donc être pris pour la différence du premier terme au dernier, & la fomme de tous les termes qui précedent le dernier pourra auſſi être priſe pour la fomme de tous les termes. La proportion précédente deviendra donc celle-ci : *La différence des deux premiers termes eſt au premier terme, comme le premier terme eſt à la fomme de tous les termes.* La feconde proportion eſt celle-ci : *La fomme des antécédens eſt à la fomme des conféquens, comme un feul antécédent eſt* à fon conféquent. Or tous les termes font antécédens hors le dernier, & tous les termes font conféquens hors le premier. Mais la progreſſion géométrique étant décroiſſante à l'infini, fon dernier terme fera infiniment petit, & par conféquent pourra être regardé comme nul par rapport aux autres. On aura donc: *La fomme de tous les termes eſt à la fomme de tous les termes moins le premier, comme un feul antécédens eſt à fon conféquent.*

Appliquons ces deux proportions à la progreſſion préfente ; en nommant $\int$ la fomme de tous les termes, on aura

1°. $1 - \frac{x^2}{b^2} : 1 :: 1 : \int = \dfrac{1}{1 - \frac{x^2}{b^2}}.$

Donc $\int = \frac{b^2}{b^2 - x^2}$. 2°. On aura $\int$:

$\int - 1 :: 1 : \frac{x^2}{b^2}$. Donc $(\int - 1) \times 1 = \int \times \frac{x^2}{b^2}$; donc $\int \times 1 - \int \times \frac{x^2}{b^2} = 1$;

donc $\int = \dfrac{1}{1 - \frac{x^2}{b^2}} = \frac{b^2}{b^2 - x^2}.$

CCCXIV.

THÉORÈME 2. Dans la serie (B) $\frac{aa}{x} \mp \frac{aab}{x^2} + \frac{aab^2}{x^3}$ $\mp \frac{aab^3}{x^4} + \frac{aab^4}{x^5} \mp \frac{aab^5}{x^6} + \frac{aab^6}{x^7} \mp \frac{aab^7}{x^8}$ $+$ &c. dans laquelle les exposans de x vont en décroissant, puisqu'elle est la même que la suivante $aax^{-1} \mp aabx^{-2} + aab^2x^{-3} \mp aab^3x^{-4} +$ &c., si x est plus grande que b, ensorte que la fraction $\frac{b}{x}$ soit moindre que l'unité, cette serie sera convergente, & donnera la vraie valeur de $\frac{aa}{x \pm b}$.

DÉMONSTRATION. 1°. Cette serie B sera convergente. Car en lui donnant la somme suivante $\left\{ \frac{aa}{x} \mp \frac{aab}{x^2} \right\} \times$ $\left\{ 1 + \frac{b^2}{x^2} + \frac{b^4}{x^4} + \frac{b^6}{x^6} + \text{&c.} \right\}$ ses termes sont ordonnés par rapport à la progression géométrique, 1, $\frac{b^2}{x^2}$, $\frac{b^4}{x^4}$ &c. laquelle décroît d'autant plus vîte que la fraction $\frac{b}{x}$ est plus petite. Donc cette serie alors sera convergente, & d'autant plus convergente que x sera plus grande par rapport à b.

2°. La suite (B) sera vraie, c'est-à-dire $= \frac{aa}{x \pm b}$ dans le cas de $x > b$. Car on a, comme nous venons de le voir, $B = \left\{ \frac{aa}{x} \mp \frac{aab}{xx} \right\} \times (G) \left\{ 1 + \frac{b^2}{x^2} + \frac{b^4}{x^4} + \frac{b^6}{b^6} + \text{&c.} \right\}$ Or dans cette suite b étant $< x$, G forme une progression géométrique décroissante à l'infini. Donc (N². Art. CCCXIII.) sa somme $= \frac{xx}{xx - bb}$. Donc $B = \left\{ \frac{aa}{x} \mp \frac{aab}{xx} \right\} \times$ $\frac{xx}{xx - bb} = \frac{aax}{xx - bb} \mp \frac{aab}{xx - bb} = aa \times \frac{(x \mp b)}{(x - b) \cdot (x + b)} =$ $\frac{aa \times 1}{x \pm b}$. *C. Q. F. P.*

CCCXV.

Corollaire 1. Il faut conclure des deux Théorêmes précédens, que fi dans la ferie A, x étoit plus grande que b, & fi dans la ferie B, x étoit plus petite que b, ces feries feroient divergentes ; auquel cas on prouveroit aifément que la ferie A provenant de la fraction $\frac{aa}{b \pm x}$, & la ferie B qui vient de $\frac{aa}{x \pm b}$, feroient d'une valeur infinie, au lieu que les fractions $\frac{aa}{b \pm x}$, $\frac{aa}{x \pm b}$ font finies. Donc ces fuites A & B donneroient faux. La raifon en eft fimple & évidente. Car la vraie valeur d'une fraction eft le quotient de la divifion, plus le refte divifé par le divifeur. Or il eft aifé de voir que dans les feries convergentes ce refte va toujours en diminuant, d'autant plus que la ferie eft plus convergente, enforte qu'il devient fi petit qu'on peut le regarder comme nul. Par exemple, dans la ferie (A) (Art. CCCXI.) qui fera d'autant plus convergente, comme nous venons de le démontrer (Art. CCCXIII.), que x fera plus petite par rapport à b, fuppofons $x = 1$, $b = 10$, $a = 1$, fi on s'en tient au fixieme terme du quotient $\frac{a^2 x^6}{b^7}$, on aura pour refte $\overline{+} \frac{a^2 x^7}{b^7}$ divifé par $b \pm x$; c'eft-à-dire $\overline{+} \frac{1}{10000000 \times (10 \pm 1)}$, fraction qu'on voit bien être déja fort petite. Si on prend encore un terme au quotient $\overline{+} \frac{a^2 x^7}{b^8}$, le refte fera $+ \frac{1}{100000000 . (10 \pm 1)}$, qui eft beaucoup plus petit que le refte précédent, & toujours ainfi de fuite. Si au lieu de fuppofer $b = 10$, on le fuppofe $= 100$, alors les reftes, comme on le voit, décroîtront beaucoup plus rapidement; enforte qu'après avoir pris un certain nombre de termes, on pourra regarder ces reftes comme nuls, & le quotient comme la valeur exacte de la fraction. C'eft le contraire dans les feries divergentes ; plus elles font divergentes, plus le refte eft grand : il va toujours en augmentant à mefure qu'on prend plus de termes au quotient. Suppofons dans la ferie A, qui dans ce cas fera divergente, $b = 1$, $a = 1$, $x = 10$: fi on s'arrête au quatrieme terme $\mp \frac{a^2 x^3}{b^4}$, on aura pour refte $+ \frac{a^2 x^4}{b^4}$ divifé par $b \pm x$, c'eft-à-dire $+ \frac{10000}{1 \times (1 \pm 10)}$ qu'on voit bien être déja fort grand. Si on prend un cinquieme terme, le réfte fera $\mp \frac{100000}{1 \times (1 \pm 10)}$, qui eft plus grand que le précédent ; & ainfi de fuite.

Donc dans les feries divergentes plus on prend de termes, plus on s'éloigne de la vraie valeur de la propofée. Donc les feries convergentes font feules bonnes.

CCCXVI.

COROLLAIRE 2. Il faut diftinguer deux fortes de feries convergentes. Les unes font d'autant plus convergentes, que leur indéterminée eft plus petite; & dans ces premieres qu'on nomme feries *croiffantes* ou *afcendantes* les expofans de cette indéterminée vont en croiffant. Telle eft la ferie A (Art. CCCXI.). Les autres convergent d'autant plus que leur indéterminée eft plus grande. Dans celles-là les expofans de l'indéterminée vont en décroiffant, & elles fe nomment feries *décroiffantes* ou *descendantes.* La suite B (Art. CCCXII.) eſt de cette ſeconde eſpece. Il ne faut pas confondre ces deux genres de ſuites : car on les employe à des uſages fort différens & quelque-fois même oppoſés.

CCCXVII.

Corollaire général. Il ſuit évidemment de ce que nous venons de dire, que lorſqu'on veut par des diviſions continues, réduire des fractions dont les dénominateurs ſont compoſés de termes inégaux, en ſeries infinies de valeurs égales à ces fractions, il faut que le plus grand terme du dénominateur ſoit le premier en diviſeur ; autrement les ſuites provenantes de ces diviſions ſeroient divergentes, & par conſéquent fauſſes.

CCCXVIII.

Scholie i. Si dans la propoſée $\frac{aa}{b + x}$, b étoit $= x$, alors elle deviendroit $\frac{aa}{b \pm b}$; & en faiſant la diviſion on auroit la ſerie ſuivante $\frac{aa}{b} \mp \frac{aa}{b} + \frac{aa}{b} \mp \frac{aa}{b} + \frac{aa}{b}$ &c. Embarras dans le cas où le dénominateur a ſes termes égaux.

$$= \left\{ \frac{aa}{b} \mp \frac{aa}{b} \right\} \times (1 + 1 + 1 + 1 + 1 + \&c.)$$

$$= \frac{aa}{b} \times (1 \mp 1 + 1 \mp 1 + 1 \mp \&c.)$$

Donc en ſuppoſant qu'on ait 1°. $\frac{aa}{b - b}$, cette ſerie devient $\frac{aa}{b} \times (1 + 1 + 1 + 1 + 1 + 1 + \&c.)$ d'une valeur infinie ; ce qui ne nous apprend rien de nouveau ; puiſque nous ſavons déja que $\frac{aa}{b - b} = \frac{aa}{0} = \infty$.

2°. Si on a $\frac{aa}{b + b}$, alors la ſerie réſultante de la diviſion eft $\frac{aa}{b} \times (1 - 1 + 1 - 1 + 1 - 1 + 1 - 1 + 1 - 1 +$ &c. $)$ $= \frac{aa}{b} \times (0 + 0 + 0 + 0 + 0 +$ &c. $) = 0$; donc on auroit $\frac{aa}{b+b} = 0$, ce qui eft faux.

Donc en général dans le cas de $b = x$, la divifion infinie de la fraction $\frac{aa}{b+b}$ ne nous donnera qu'un infini que nous connoiffions déja dans $\frac{aa}{b-x}$; & nous donnera toujours faux dans $\frac{aa}{b+x}$.

Donc toute fraction dont le dénominateur binome a fes deux termes égaux, ne pourra dans l'état où elle eft alors, fe réduire en fuite infinie.

CCCXIX.

SCHOLIE 2. Cependant il eft une préparation par le moyen de laquelle on peut appliquer avec fuccès la méthode des fuites aux fractions, dont le dénominateur binome fera compofé de deux termes égaux; en fuppofant toutesfois qu'il eft la fomme de ces deux termes : car s'il en étoit la différence, alors le dénominateur étant zéro, la fraction feroit vifiblement infinie. Cette préparation confifte à partager la fomme des deux parties du dénominateur en deux autres parties inégales, dont la plus grande foit la premiere en divifeur. Car alors faifant la divifion, on aura (Art. CCCXVII.) une ferie convergente.

Par exemple dans la propofée $\frac{aa}{b+b}$, on fuppofera $c = 2b + x$; & alors la fraction devient $\frac{aa}{c-x}$, dont on voit bien que le dénominateur $c - x = 2b + x - x$, eft le même que $b + b$. La ferie qui proviendra de la divifion

de cette derniere fraction fera toujours (Art. cccxiii. N°.2.)
$= \frac{aa}{b+b}$; & elle fe pourra varier en autant de vraies feries
qu'on donnera de valeurs différentes à x.

Si l'on prend $c = 2b - x$, la fraction $\frac{aa}{b+b}$ devient
$\frac{aa}{c+x}$, dont la ferie faite par divifion infinie fera toujours
égale à $\frac{aa}{b+b}$. Elle fe peut encore varier en autant de feries
convergentes qu'on donnera de valeurs à x moindres que
$2b - x$.

CCCXX.

Appliquons cette regle à un exemple numérique. Soit
propofée la fraction $\frac{1}{2} = \frac{1}{1+1}$ dont on voit que le dénominateur a fes deux termes égaux. Si je divife cette
fraction dans l'état où elle eft, je trouve pour quotient
$1 - 1 + 1 - 1 + 1 - 1 + 1 - 1 + 1 - 1 +$ &c.
$= 0 + 0 + 0 + 0 + 0 +$ &c. ferie de laquelle le
R. P. Grandi conclut que $\frac{1}{2} = 0 + 0 + 0 +$ &c. d'où il
tire une démonftration de la création. Cependant il ne lui
étoit pas difficile de voir que la valeur de la fraction $\frac{1}{1+1}$
n'eft pas feulement le quotient $0 + 0 + 0 + 0 + 0 +$ &c.,
mais encore le refte $\frac{+1}{1+1} = + \frac{1}{2}$, ce qui ne nous apprend rien de nouveau.

Si donc l'on veut avoir une fuite convergente de même
valeur que la fraction $\frac{1}{1+1}$, il faut la mettre fous la forme
fuivante $\frac{1}{3-1}$ qui lui eft égale. La divifion de cette
fraction continuée à l'infini donne la fuite $\frac{1}{3} + \frac{1}{9} + \frac{1}{27}$
$+ \frac{1}{81} + \frac{1}{243} +$ &c. dont les termes, comme on le voit,

Second exemple.

forment une progreſſion géométrique décroiſſante à l'infini.
Sa ſomme (Nª. de l'Art. CCCXIII.) eſt donc $= \dfrac{\frac{1}{9}}{\frac{1}{3} - \frac{1}{3}}$
$= \dfrac{\frac{1}{9}}{\frac{1}{9} - \frac{1}{9}} = \dfrac{1}{3 - 1} = \dfrac{1}{1 + 1}$.

On pourra encore trouver une infinité d'autres ſuites
toutes égales entre elles & égales à la fraction $\frac{1}{2}$, en
prenant ſucceſſivement pour ſon dénominateur $4 - 2$,
$5 - 3$, $6 - 4$, &c. dont la ſomme $= 2$, & en obſervant
que le plus grand terme ſoit le premier en diviſeur.

CCCXXI.

REMARQUE GÉNÉRALE. Ce que nous venons de dire ſur
les fractions qui ont un binome pour dénominateur, doit
s'entendre auſſi des fractions dont le dénominateur eſt un
trinome, un quatrinome & en général une grandeur quelconque; puiſque, comme on fait, toute grandeur peut
être réduite en binome, en regardant une partie de ſes
termes, comme le premier terme du binome, & l'autre
partie, comme le ſecond terme.

CCCXXII.

PROBLEME 2. Etant donnée la grandeur ſourde ou
irrationelle $\sqrt{(aa + xx)}$, la débarraſſer de ſon radical en
la réduiſant en ſuite infinie.

SOLUTION. Je fais l'extraction de la racine quarrée
ſuivant la maniere ordinaire enſeignée dans tous les Livres
d'Algebre, & comme on le voit ici.

$$aa + xx$$

$$aa \pm xx \left\{ \begin{array}{l} 2a \pm \dfrac{xx}{a} - \dfrac{x^4}{4a^3} \pm \dfrac{x^6}{8a^5} - \dfrac{5x^8}{64a^7} \pm \dfrac{7x^{10}}{128a^9} - \&c. \\[1.2em] \hline \\[-0.6em] a \pm \dfrac{xx}{2a} - \dfrac{x^4}{8a^3} \pm \dfrac{x^6}{16a^5} - \dfrac{5x^8}{128a^7} \pm \dfrac{7x^{10}}{256a^9} - \dfrac{21x^{12}}{1024a^{11}} \pm \&c. \end{array} \right.$$

$$\begin{array}{l} -\dfrac{aa \pm xx}{0 \pm xx} \\[1.2em] \mp xx - \dfrac{x^4}{4aa} \\[1em] \hline \\[-0.6em] 0 - \dfrac{x^4}{4aa} \\[1em] +\dfrac{x^4}{4aa} \pm \dfrac{x^6}{8a^4} - \dfrac{x^8}{64a^6} \\[1em] \hline \\[-0.6em] 0 \pm \dfrac{x^6}{8a^4} - \dfrac{x^8}{64a^6} \\[1em] \mp \dfrac{x^6}{8a^4} - \dfrac{x^8}{16a^6} \pm \dfrac{x^{10}}{64a^8} - \dfrac{x^{12}}{256a^{10}} \\[1em] \hline \\[-0.6em] 0 - \dfrac{5x^8}{64a^6} \pm \dfrac{x^{10}}{64a^8} - \dfrac{x^{12}}{256a^{10}} \\[1em] +\dfrac{5x^8}{64a^6} \pm \dfrac{5x^{10}}{128a^8} - \dfrac{5x^{12}}{512a^{10}} \pm \dfrac{5x^{14}}{1024a^{12}} \\[1em] \hline \\[-0.6em] 0 \pm \dfrac{7x^{10}}{128a^8} - \dfrac{7x^{12}}{512a^{10}} \pm \dfrac{5x^{14}}{1024a^{12}} \\[1em] \pm \dfrac{7x^{10}}{128a^8} - \dfrac{7x^{12}}{256a^{10}} \pm \dfrac{7x^{14}}{1024a^{12}} - \dfrac{7x^{16}}{2048a^{14}} \pm \dfrac{12x^{18}}{16384a^{16}} - \dfrac{49x^{20}}{64536a^{18}} \\[1em] \hline \\[-0.6em] 0 - \dfrac{21x^{12}}{512a^{10}} \pm \dfrac{12x^{14}}{1024a^{12}} - \dfrac{7x^{16}}{2048a^{14}} \pm \dfrac{12x^{18}}{16384a^{16}} - \dfrac{49x^{20}}{64536a^{18}} \end{array}$$

&c.

Je prends la racine quarrée de aa qui est a. Je l'écris à droite de $aa \pm xx$ avec une barre entre deux. Je quarre a, son quarré est aa que je souftrais de $aa \pm xx$, il reste $\pm xx$. Je divise $\pm xx$ par $2a$, double du premier terme de la racine. J'ai pour second terme de cette racine $\pm \frac{xx}{2a}$. Je l'écris à côté du premier. Je multiplie $\pm \frac{xx}{2a}$ par $2a \pm \frac{xx}{2a}$, & j'en souftrais le produit $\pm xx \pm \frac{x^4}{4aa}$ de $\pm xx$, ce qui se fait en l'écrivant avec des lignes contraires; le reste est $- \frac{x^4}{4aa}$. Je le divise par le double des termes qui sont déja à la racine, il me vient $- \frac{x^4}{8 a^3}$ qui est le troisieme terme de la suite. Continuant ainsi l'opération, j'aurai autant de termes de la racine que je voudrai. Supposé que j'eusse résolu de finir ma suite à $- \frac{21 x^{12}}{1024 a^{11}}$: j'aurois pu négliger dans l'opération tous les termes tels que $\frac{5 x^{14}}{1024 a^{11}}$, &c. dans lesquels l'exposant de la puissance de x est plus grand que 12.

CCCXXIII.

Si la proposée est $\sqrt{(x x \pm a a)}$, en faisant les mêmes opérations que ci-dessus on trouvera pour racine la serie suivante $x \pm \frac{a a}{2 x} - \frac{a^4}{8 x^3} \pm \frac{a^6}{16 x^5} - \frac{5 a^8}{128 x^7} \pm \frac{7 a^{10}}{256 x^9} - \frac{21 a^{12}}{1024 x^{11}} \pm$ &c.

CCCXXIV.

Pour que la serie soit vraie le plus grand terme doit être le premier.

REMARQUE 1. Si dans la grandeur sourde $\sqrt{(a a \pm x x)}$, $a a$ est le plus grand terme, il faudra se servir de la premiere suite qui dans ce cas sera convergente, vraie, & approchera d'aussi près que l'on voudra de la racine cherchée. Mais si $x x$ est plus grand que $a a$, alors il faudra se servir de la seconde suite infinie.

On extraira de même par le moyen de suites infinies les racines cubiques, quatriemes, cinquiemes &c. des quantités qui n'en ont point de finies.

CCCXXV.

Moyen d'abréger les opérations précédentes.

REMARQUE 2. Il y a un moyen d'abréger les opérations précédentes ; c'est de se servir du fameux Théorème de

M. Newton, pour élever un binome $p \pm q$ à une puissance quelconque m. Telle est, comme on fait, la formule de ce Théorême $p^m \pm mp^{m-1} q^1 + \dfrac{m.(m-1)p^{m-2}q^2}{1.2} \pm$ en se servant du Théorême de M. Newton pour l'élévation d'un binome à une puissance quelconque.

$$\dfrac{m.(m-1).(m-2)p^{m-3}q^3}{1.2.3} \pm \dfrac{m.(m-1).(m-2).(m-3)p^{m-4}q^4}{1.2.3.4}$$

$$\pm \dfrac{m.(m-1).(m-2).(m-3).(m-4)p^{m-5}q^5}{1.2.3.4.5} \pm$$

$$\dfrac{m.(m-1).(m-2).(m-3).(m-4).(m-5)p^{m-6}q^6}{1.2.3.4.5.6} \pm \&c.$$

Si c'est une racine quarrée, ou cubique, ou quatrieme &c. qu'on veut prendre, alors on fera $m = \frac{1}{2}$, ou $\frac{1}{3}$, ou $\frac{1}{4}$; & si la proposée est un quarré exact, ou un cube exact, &c. la suite s'arrêtera d'elle-même, le numérateur d'un des termes devenant zéro; sinon on la peut pousser aussi loin qu'on veut.

CCCXXVI.

Pour faire mieux sentir l'usage de cette formule, appliquons-la à l'exemple que nous avons traité (Art. cccxxii.) $\sqrt{(aa \pm xx)}$. Comparant avec la formule, on a

$$p = aa$$
$$q = xx$$
$$m = \tfrac{1}{2}$$

mettant ces valeurs dans tous les termes de la formule, elle devient $a \pm \frac{1}{2} a^{-1} xx - \frac{1}{8} a^{-3} x^4 \pm \frac{1}{16} a^{-5} x^6 - \frac{5}{128} a^{-7} x^8 \pm \frac{7}{256} a^{-9} x^{10} - \frac{21}{1024} a^{-11} x^{12} \pm \&c.$ qui est précisément la même quantité que nous avions trouvée (Art. cccxxii.) par une autre méthode.

R r ij

CCCXXVII.

Par le moyen de cette même formule, on éleve auſſi un binome à une puiſſance négative entiere ou rompue. Mais il faut toujours obſerver que le plus grand des deux termes ſoit le premier dans l'opération : autrement l'on auroit des ſeries fauſſes.

CCCXXVIII.

On réduit encore par le moyen de ce théorême, des nombres en ſuites infinies. Si j'ai, par exemple, à extraire la racine quarrée de $2 =$ (Art. cccxx.) $3 - 1$, c'eſt-à-dire, à élever $3 - 1$ à la puiſſance $\frac{1}{2}$, je vois que $p = 3$, $q = -1$, $m = \frac{1}{2}$. Subſtituant donc ces valeurs dans la formule, elle devient

$$3^{\frac{1}{2}} - \tfrac{1}{2}\, 3^{\frac{1}{2}-1}\, 1^{1} + \frac{\tfrac{1}{2}\cdot(\tfrac{1}{2}-1)\, 3^{\frac{1}{2}-2}\, 1^{2}}{1\cdot 2} - \frac{\tfrac{1}{2}\cdot(\tfrac{1}{2}-1)\cdot(\tfrac{1}{2}-2)\, 3^{\frac{1}{2}-3}\, 1^{3}}{1\cdot 2\cdot 3}$$

$$+ \frac{\tfrac{1}{2}\cdot(\tfrac{1}{2}-1)\cdot(\tfrac{1}{2}-2)\cdot(\tfrac{1}{2}-3)\, 3^{\frac{1}{2}-4}\, 1^{4}}{1\cdot 2\cdot 3\cdot 4} - \&c.$$

En réduiſant cette ſerie, on aura la racine approchée de 2; & ainſi des autres.

On ſent bien que la formule s'étend aux trinomes, quatrinomes, toute quantité pouvant être regardée comme un binome (Art. cccxxi.)

CCCXXIX.

Remarque 3. On fait ſur les ſuites infinies les mêmes opérations que ſur les quantités finies ; elles ſont ſuſceptibles entre elles & avec des grandeurs finies d'addition, de ſouſtraction, de multiplication & de diviſion. On les éleve à des puiſſances quelconques dont l'expoſant eſt entier, ou fractionaire, poſitif ou négatif. Une des plus importantes opérations qu'on faſſe ſur les ſeries, c'eſt de les ſommer. Cette opération demande beaucoup d'adreſſe & de ſagacité; mais on ne peut l'aſſujettir à aucune regle générale, & d'ailleurs cette matiere n'eſt point de notre ſujet. Si l'on veut en voir quelques exemples, il n'y a qu'à conſulter les Mémoires de l'Académie des Sciences, pluſieurs entre autres de M. Nicole dans leſquels cet illuſtre Analyſte fait uſage de ſeries qu'il parvient à ſommer avec le plus heureux ſuccès. On peut auſſi conſulter l'excellent & curieux Ouvrage de M. Jacques Bernoulli, qui a pour titre : *Tractatus de Seriebus infinitis, earumque ſummâ finitâ*, &c.

Je paſſe à l'application des ſuites au Calcul intégral.

§. I I.

Uſage des ſuites pour le Calcul intégral.

C C C X X X.

PROBLEME I. Trouver par le moyen des ſuites l'intégrale des différentielles compriſes ſous la forme ſuivante $g x^m dx \cdot (a + b x^n)^p$, dans laquelle p eſt un nombre quelconque, & dans laquelle a eſt plus grand que $b x^n$.

SOLUTION. Je réduis en ſuite infinie $(a + b x^n)^p$;

1°. Pour les différentielles binomescompriſes dans la formule

$$g x^m dx \times (a + b x^n)^p.$$

ce que je fais par le moyen de la formule de M. Newton. Comparant avec cette formule, je trouve $p = a$; $q = bx^n$; $m = p$: la suite est donc ici

$$a^p + p a^{p-1} b^1 x^{1n} + \frac{p \cdot (p-1) a^{p-2} b^2 x^{2n}}{1 \cdot 2} + \frac{p \cdot (p-1) \cdot (p-2) \cdot a^{p-3} b^3 x^{3n}}{1 \cdot 2 \cdot 3} + \frac{p \cdot (p-1) \cdot (p-2) \cdot (p-3) a^{p-4} b^4 x^{4n}}{1 \cdot 2 \cdot 3 \cdot 4} + \frac{p \cdot (p-1) \cdot (p-2) \cdot (p-3) \cdot (p-4) a^{p-5} b^5 x^{5n}}{1 \cdot 2 \cdot 4 \cdot 5} + \&c.$$

Je multiplie chacun des termes de cette suite par $g x^m dx$, elle devient

$$g a^p x^m dx + p g a^{p-1} b x^{m+n} dx + \frac{p \cdot (p-1)}{1 \cdot 2} \cdot g a^{p-2} b^2 x^{m+2n} dx + \frac{p \cdot (p-1) \cdot (p-2)}{1 \cdot 2 \cdot 3} g a^{p-3} b^3 x^{m+3n} dx + \frac{p \cdot (p-1) \cdot (p-2) \cdot (p-3)}{1 \cdot 2 \cdot 3 \cdot 4} \cdot g a^{p-4} b^4 x^{m+4n} dx + \frac{p \cdot (p-1) \cdot (p-2) \cdot (p-3) \cdot (p-4)}{1 \cdot 2 \cdot 3 \cdot 4 \cdot 5} g a^{p-5} b^5 x^{m+5n} dx.$$

Je prends (Art. 11.) l'intégrale de chaque terme en particulier, j'ai

$$\frac{g a^p x^{m+1}}{m+1} + \frac{p g a^{p-1} b x^{m+n+1}}{m+n+1} + \frac{p \cdot (p-1) \cdot g a^{p-2} b^2 x^{m+2n+1}}{1 \cdot 2 \cdot (m+2n+1)} + \frac{p \cdot (p-1) \cdot (p-2) g a^{p-3} b^3 x^{m+3n+1}}{1 \cdot 2 \cdot 3 \cdot (m+3n+1)} + \frac{p \cdot (p-1) \cdot (p-2) \cdot (p-3) g a^{p-4} b^4 x^{m+4n+1}}{1 \cdot 2 \cdot 3 \cdot 4 (m+4n+1)} + \frac{p \cdot (p-1) \cdot (p-2) \cdot (p-3) \cdot (p-4) g a^{p-5} b^5 x^{m+5n+1}}{1 \cdot 2 \cdot 3 \cdot 4 \cdot 5 \cdot (m+5n+1)} + \&c.$$

Si on divise chaque terme par $g a^p x^{m+1}$, & qu'on multiplie toute la suite par cette même grandeur, elle devient

$$g a^p x^{m+1} \times \left\{ \frac{b^0 x^{0n}}{m+1} + \frac{p \cdot a^{-1} b x^n}{m+1+n} + \frac{p \cdot (p-1)}{1 \cdot 2 \cdot (m+1+2n)} a^{-2} b^2 x^{2n} + \frac{p \cdot (p-1) \cdot (p-2)}{1 \cdot 2 \cdot 3 \cdot (m+1+3n)} a^{-3} b^3 x^{3n} + \frac{p \cdot (p-1) \cdot (p-2) \cdot (p-3)}{1 \cdot 2 \cdot 3 \cdot 4 \cdot (m+1+4n)} a^{-4} b^4 x^{4n} + \right.$$

$$\left. \frac{p \cdot (p-1) \cdot (p-2) \cdot (p-3) \cdot (p-4)}{1 \cdot 2 \cdot 3 \cdot 4 \cdot 5 \cdot (m+1+5n)} a^{-5} b^5 x^{5n} + \&c. \right\}$$
$$= \int g x^m \, dx \cdot (a + bx^n)^{p}.$$

CCCXXXI.

Si bx^n est $> a$, alors il faut mettre bx^n le premier terme du binome qui devient pour lors $(bx^n + a)^p$. Je le réduis en serie qui est $b^p x^{np} + p b^{p-1} x^{np-1n} a^1 +$

$\frac{p \cdot (p-1)}{1 \cdot 2} b^{p-2} x^{np-2n} a^2 + \frac{p \cdot (p-1) \cdot (p-2)}{1 \cdot 2 \cdot 3} b^{p-3} x^{np-3n} a^3$

$+ \frac{p \cdot (p-1) \cdot (p-2) \cdot (p-3)}{1 \cdot 2 \cdot 3 \cdot 4} b^{p-4} x^{np-4n} a^4 +$

$\frac{p \cdot (p-1) \cdot (p-2) \cdot (p-3) \cdot (p-4)}{1 \cdot 2 \cdot 3 \cdot 4 \cdot 5} b^{p-5} x^{np-5n} a^5 + \&c.$

Je multiplie, comme ci-dessus, chaque terme de la suite par $g x^m \, dx$, elle devient $g b^p x^{m+np} \, dx +$ $p g b^{p-1} x^{m+np-n} a^1 \, dx + \frac{p \cdot (p-1)}{1 \cdot 2} g b^{p-2} x^{m+np-2n} a^2 \, dx$

$+ \frac{p \cdot (p-1) \cdot (p-2)}{1 \cdot 2 \cdot 3} g b^{p-3} x^{m+np-3n} a^3 \, dx +$

$\frac{p \cdot (p-1) \cdot (p-2) \cdot (p-3)}{1 \cdot 2 \cdot 3 \cdot 4} g b^{p-4} x^{m+np-4n} a^4 \, dx +$

$\frac{p \cdot (p-1) \cdot (p-2) \cdot (p-3) \cdot (p-4)}{1 \cdot 2 \cdot 3 \cdot 4 \cdot 5} g b^{p-5} x^{m+np-5n} a^5 \, dx +$

$\&c.$

Je prends l'intégrale de chaque terme en particulier ; cette opération me donne $\frac{g b^p x^{m+np+1}}{m+np+1} +$

$\frac{p g b^{p-1} x^{m+np-n+1} a^1}{m+np-n+1} + \frac{p \cdot (p-1) g b^{p-2} x^{m+np-2n+1} a^2}{1 \cdot 2 \cdot (m+np-2n+1)}$

$+ \frac{p \cdot (p-1) \cdot (p-2) g b^{p-3} x^{m+np-3n+1} a^3}{1 \cdot 2 \cdot 3 \cdot (m+np-3n+1)} +$

$\frac{p \cdot (p-1) \cdot (p-2) \cdot (p-3) g b^{p-4} x^{m+np-4n+1} a^4}{1 \cdot 2 \cdot 3 \cdot 4 \cdot (m+np-4n+1)} +$

$$\frac{p.(p-1).(p-2).(p-3).(p-4)\, g b^{p-5} x^{m+np-5n+1} a^{5}}{1.2.3.4.5.(m+np-5n+1)} + \&c.$$

Divisant chaque terme de la suite par $g b^{p} x^{m+np+1}$ & la multipliant toute entiere par cette même grandeur, on a enfin

$$g b^{p} x^{m+np+1} \times \left\{ \frac{b^{-0} x^{-0n}}{m+np+1} + \frac{p b^{-1} x^{-na_1}}{m+np-n+1} + \right.$$

$$\frac{p.(p-1) b^{-2} x^{-2n} a^{2}}{1.2.(m+np-2n+1)} + \frac{p.(p-1).(p-2).b^{-3} x^{-3n} a^{3}}{1.2.3.(m+np-3n+1)}$$

$$+ \frac{p.(p-1).(p-2).(p-3) b^{-4} x^{-4n} a^{4}}{1.2.3.4.(m+np-4n+1)} +$$

$$\left. \frac{p.(p-1).(p-2).(p-3).(p-4) b^{-5} x^{-5n} a^{5}}{1.2.3.4.5 (m+np-5n+1)} + \&c. \right\}$$

$$= \int g.x^{m} dx (b x^{n} + a)^{p}.$$

CCCXXXII.

2°. Pour les différentielles trinomes, quatrinomes, &c.

COROLLAIRE 1. Cette méthode s'étend aussi aux différentielles trinomes, quatrinomes, &c. Soit, par exemple, proposé d'intégrer $g x^{m} dx . (a + b x^{n} + c x^{2n})^{p}$; je regarde $a + b x^{n} + c x^{2n}$ comme un binome dont le premier terme est a, & le second $b x^{n} + c x^{2n}$. Réduisant en serie on a $a^{p} + p a^{p-1} . (b x^{n} + c x^{2n})^{1} + \frac{p.(p-1)}{1.2} a^{p-2} . (b x^{n} + c x^{2n})^{2} + \frac{p.(p-1).(p-2)}{1.2.3} a^{p-3} (b x^{n} + c x^{2n})^{3} + \frac{p.(p-1).(p-2).(p-3)}{1.2.3.4} a^{p-4} (b x^{n} + c x^{2n})^{4} + \frac{p.(p-1).(p-2).(p-3).(p-4)}{1.2.3.4.5} a^{p-5} (b x^{n} + c x^{2n})^{5} + \&c.$ Je multiplie chaque terme de cette suite par $g x^{m} dx$, elle devient $g a^{p} x^{m} dx + p g a^{p-1} x^{m} dx . (b x^{n} + c x^{2n})^{1} + \frac{p.(p-1)}{1.2} . g a^{p-2} x^{m} dx .$

$$(b x^{n} +$$

$$(bx^n + cx^{2n})^2 + \frac{p \cdot (p-1) \cdot (p-2)}{1 \cdot 2 \cdot 3} \cdot g\, a^{p-3} x^m\, dx.$$

$$(bx^n + cx^{2n})^3 + \frac{p \cdot (p-1) \cdot (p-2) \cdot (p-3)}{1 \cdot 2 \cdot 3 \cdot 4} \cdot g\, a^{p-4} x^m\, dx.$$

$$(bx^n + cx^{2n})^4 + \frac{p \cdot (p-1) \cdot (p-2) \cdot (p-3) \cdot (p-4)}{1 \cdot 2 \cdot 3 \cdot 4 \cdot 5} \cdot g\, a^{p-5} x^m\, dx.$$

$(bx^n + cx^{2n})^5 +$ &c. Or comme dans cette ſerie la quantité $bx^n + cx^{2n}$ eſt toujours élevée à une puiſſance dont l'expoſant eſt un nombre entier, il eſt évident (Art. x.) qu'on pourra prendre l'intégrale de chaque terme en particulier. Cette opération nous donnera une ſuite infinie, qui étant ſommée ſera l'intégrale de $g\, x^m dx$.

$$(a + bx^n + cx^{2n})^p.$$

CCCXXXIII.

Ce ſera le même procedé ſi on a un quatrinome, en un mot une grandeur compoſée d'un nombre quelconque de termes. Car regardant un des termes de cette grandeur comme le premier membre du binome, & tous ſes autres termes comme le ſecond membre, on la reduira en une ſuite infinie, dont on pourra toujours prendre l'intégrale terme à terme.

CCCXXXIV.

COROLLAIRE 2. Il ſuit de là que la quadrature d'un eſpace quelconque, & la rectification d'une courbe quelconque, peuvent toujours être repréſentées par des ſuites formées ſuivant les regles précédentes. Nous nous

S ſ

contenterons d'appliquer ce principe à la quadrature du cercle & aux logarithmes.

CCCXXXV.

PROBLEME 2. Trouver l'expreſſion de la rectification ou de la quadrature du cercle en ſuites infinies.

SOLUTION. Soit la portion de cercle AFH dont le diametre $= 2a$, $AB = x$, BC ou $FK = dx$; on aura $BF = \sqrt{(2ax - xx)}$. Soit l'arc AF dont l'élément eſt FH : on trouvera par la formule de l'Art. XCI. FH, élément de cet arc AF, $= \frac{a\,dx}{\sqrt{(2ax - xx)}}$.

Pour intégrer cette différentielle, je la réduis en ſuite, en multipliant $a\,dx$ par $(2ax - xx)$ élevé à la puiſſance $-\frac{1}{2}$ par le moyen de la formule de M. Newton expliquée (Art. CCCXXV.). Comparant la propoſée $(2ax - xx)^{-\frac{1}{2}}$ avec la formule $(p+q)^{m}$, on trouve

$$p = 2ax$$
$$q = -xx$$
$$m = -\frac{1}{2}$$

J'ai donc

$$\frac{a\,dx}{\sqrt{(2ax - xx)}} = \overline{2ax}^{-\frac{1}{2}} . a\,dx + \frac{x^{\frac{1}{2}}\,dx}{2.2.\overline{2a}^{\frac{3}{2}}}$$
$$+ \frac{3x^{\frac{3}{2}}\,dx}{2.4.\overline{2a}^{\frac{3}{2}}} + \frac{15x^{\frac{5}{2}}\,dx}{2.8.\overline{2a}^{\frac{5}{2}}} + \frac{105x^{\frac{7}{2}}\,dx}{2.16.\overline{2a}^{\frac{7}{2}}} + \text{\&c.}$$

L'intégrale de cette ſuite priſe terme à terme eſt $\overline{2ax}^{\frac{1}{2}}$

$$+ \frac{x^{\frac{3}{2}}}{2.3.\overline{2a}^{\frac{1}{2}}} + \frac{3x^{\frac{5}{2}}}{4.5.\overline{2a}^{\frac{3}{2}}} + \frac{15x^{\frac{7}{2}}}{7.8.\overline{2a}^{\frac{5}{2}}} + \frac{105x^{\frac{9}{2}}}{9.16.\overline{2a}^{\frac{7}{2}}} +$$

\&c. Cette ſuite ſera d'autant plus convergente (Art. CCCXIII.) que x ſera plus petite par rapport à $2a$. Par

exemple, elle le fera fuffifamment, fi $x = \frac{a}{2}$, c'eft-à-dire,
fi l'arc AF eft de 60 degrés ; & alors après avoir pris l'intégrale, il faudroit la multiplier par 6 pour avoir la circonférence entiere.

CCCXXXVI.

Voici une autre maniere de trouver par les feries la
rectification du cercle. Soit la tangente AB de l'arc AD,
que je fuppofe de 30 degrés ; cherchons la valeur de fon
élement Dd. Soit le rayon $= 1$, $AB = x$, $Bb = dx$:
CB fera $= \sqrt{(1 + xx)}$. On trouvera (Art. XLIII. Introduction) que $Dd = \frac{dx}{1 + xx}$.

Fig. 9.
Introduction.

Je réduis cette différentielle en fuite par une divifion
infinie. La fuite que me donne cette opération eft
$$\frac{x^0 dx}{1} - \frac{x^2 dx}{1} + \frac{x^4 dx}{1} - \frac{x^6 dx}{1} + \frac{x^8 dx}{1} - \frac{x^{10} dx}{1} + \&c.$$

Prenant l'intégrale terme à terme, j'ai $x - \frac{1}{3} x^3 + \frac{1}{5} x^5$
$- \frac{1}{7} x^7 + \frac{1}{9} x^9 - \frac{1}{11} x^{11} + \&c.$

Lorfque l'arc devient de 45 degrés, alors la tangente
eft égale au rayon : donc $x = 1$; la ferie eft donc $1 - \frac{1}{3}$
$+ \frac{1}{5} - \frac{1}{7} + \frac{1}{9} - \frac{1}{11} + \&c.$; & en la multipliant par 8
elle exprimera la valeur de la circonférence.

CCCXXXVII.

On trouveroit de même l'expreffion en fuite de la
quadrature du cercle, en intégrant par cette méthode
$dx \sqrt{(2ax - xx)}$; $dx \sqrt{(aa - xx)}$, &c. nous ne nous
arrêterons pas à ce détail. Il nous fuffit d'avoir montré
la voie qu'il faut fuivre. Je paffe aux logarithmes.

S f ij

CCCXXXVIII.

4°. Application de la même méthode aux Logarithmes.

PROBLEME 3. Trouver par le moyen des fuites le logarithme d'une quantité quelconque.

SOLUTION. L'équation de la logarithmique eft comme nous l'avons vû (Art. XVIII. Introduction). $\frac{dx}{1} = \frac{dy}{y}$, c'eft-à-dire, que la différence du logarithme d'une grandeur quelconque y, eft $\frac{dy}{y}$: donc le logarithme de cette grandeur $y = \int \frac{dy}{y}$. Une fuite égale à $\int \frac{dy}{y}$ fera donc le logarithme cherché de y.

Je vois bien que je ne puis réduire en fuite $\frac{dy}{y}$ fous cette forme. Je lui en donne une autre en faifant $y = 1 + z$; je fuppofe ici que y eft un nombre plus grand que l'unité. J'ai $dy = dz$, & $\frac{dy}{y} = \frac{dz}{1+z}$, que je puis réduire en ferie par une divifion infinie. Cette fuite eft $\frac{dz}{1} - \frac{z\,dz}{1} + \frac{z^2\,dz}{1} - \frac{z^3\,dz}{1} + \frac{z^4\,dz}{1} - \frac{z^5\,dz}{1} + \&c.$; dont l'intégrale eft $z - \frac{1}{2}z^2 + \frac{1}{3}z^3 - \frac{1}{4}z^4 + \frac{1}{5}z^5 - \frac{1}{6}z^6 + \&c.$ C'eft la formule pour trouver le logarithme d'un nombre plus grand que l'unité.

Lorfque le nombre reprefenté par y fera moindre que l'unité, alors on fuppofera $y = 1 - z$; & on aura $\frac{dy}{y} = \frac{-dz}{1-z}$, dont l'intégrale en fuite eft $-z - \frac{1}{2}zz - \frac{1}{3}z^3 - \frac{1}{4}z^4 - \frac{1}{5}z^5 - \frac{1}{6}z^6 - \&c.$ C'eft la formule pour trouver le logarithme d'un nombre moindre que l'unité.

CCCXXXIX.

Lorfqu'on demandera le logarithme d'un nombre plus

grand que l'unité, de 9 par exemple, on pourroit se servir de la premiere formule, en faisant $z = 8$; ce qui donne $1 + z = 1 + 8 = 9$. Mais comme les termes de cette formule vont en augmentant, il vaut mieux se servir de la seconde formule dont les termes iront en décroissant très-rapidement.

Pour cela il faut se rappeller ce que nous avons dit (Art. IV.) que $l\,x = l\,1 - l\,\frac{1}{x} = 0 - l\,\frac{1}{x} = - l\,\frac{1}{x}$; on aura $l\,9 = - l\,\frac{1}{9}$. Donc en faisant $z = \frac{8}{9}$, on aura $1 - z = 1 - \frac{8}{9} = \frac{9}{9} - \frac{8}{9} = \frac{1}{9}$; & en changeant les signes de la seconde formule, on aura le logarithme cherché de 9.

Il est donc aisé d'avoir par la formule précédente le logarithme de tout nombre, soit plus grand, soit plus petit que 10.

CCCXL.

REMARQUE I. On voit bien que les fractions rationelles qu'on ne pourra intégrer algébriquement par les regles exposées dans le Chapitre X., s'intégreront par approximation en les réduisant en suites par des divisions infinies, & en prenant terme à terme l'intégrale de ces suites : nous n'entrerons point ici dans ce détail, qui n'a d'autre difficulté que la longueur du calcul.

CCCXLI.

REMARQUE 2. GÉNERALE. De ce que la methode des suites ne donne l'intégrale des différentielles auxquelles on l'applique, que par approximation, il s'enfuit qu'on ne doit s'en fervir que lorfque les méthodes d'intégrer exactement nous manquent; encore faut-il avoir grand foin que les fuites foient le plus convergentes qu'il fera poffible. Par ce moyen l'approximation différera infiniment peu de la vraie valeur cherchée.

FIN DE LA PREMIERE PARTIE.

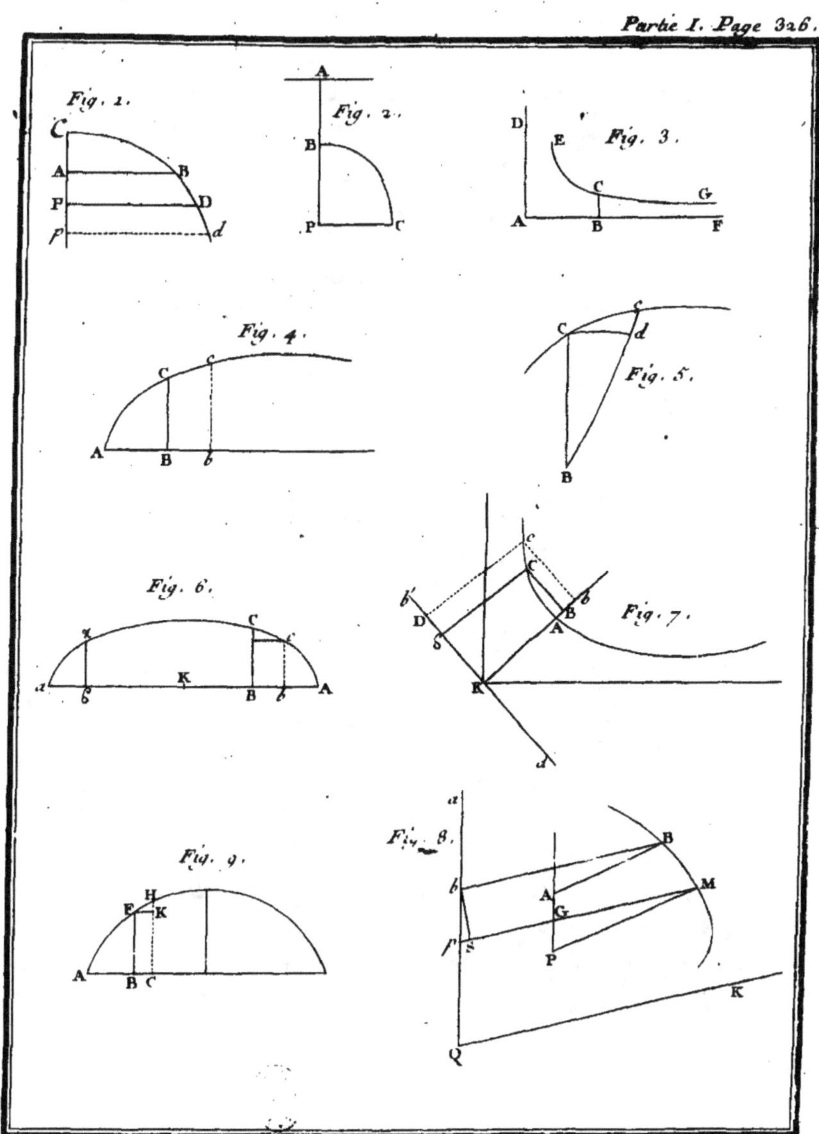
Fig. 1.
C
A B
P D
p d
Fig. 2.
A
B
P C
Fig. 3.
D
E
C G
A B F
Fig. 4.
C c
A B b
Fig. 5.
C c
d
B
Fig. 6.
C
K
a b B b A
Fig. 7.
c
C
b' B
D A
b
K
d
Fig. 9.
H
F K
A B C
Fig. 8.
a
B
b A M
G
l s
P
Q K

TABLE

DES MATIERES

Contenues dans l'Introduction.

CHAPITRE I.

Définition du sujet, Division de l'Ouvrage, & Explication de quelques Signes dont on se servira dans la suite.

CHAPITRE II.

Calcul différentiel des Quantités logarithmiques.

CHAPITRE III.

Calcul différentiel des Quantités exponentielles.

CHAPITRE IV.

Propofitions fur les Sinus, Cofinus, Tangentes, & Secantes.

CHAPITRE V.

Sur les Imaginaires.

CHAPITRE VI.

Démonftration de quelques propofitions fuppofées plus haut, & d'autres néceffaires dans ce Traité.

Fin de la Table des Matieres contenues dans l'Introduction.

TABLE

TABLE
DES MATIERES
Contenues dans la Premiere Partie.

CHAPITRE I.

Expofition & application de la regle fondamentale de tout le Calcul intégral.

CHAPITRE II.

Méthode pour faciliter l'intégration d'un grand nombre de différentielles par le moyen de différentes transformations.

T t

TABLE

CHAPITRE III.

De l'addition des constantes, pour rendre les intégrales complettes.

CHAPITRE IV.

Définitions & notions préparatoires à l'intégration des différentielles binomes, trinomes, &c.

CHAPITRE V.

Premiere partie de la méthode pour intégrer les différentielles binomes compriſes dans la formule

$$g x^m \, dx . (a + b x^n)^P, \quad ou \quad g x^{m+np} \, dx . (b + a x^{-n})^P,$$

dans laquelle p eſt un nombre quelconque.

CHAPITRE VI.

Observations sur les deux formules d'intégration (↓) & (ω) de la premiere partie de la méthode des binomes.

CHAPITRE VII.

Seconde partie de la méthode des différentielles binomes comprises dans la formule

$$g\, x^{m}\, dx \cdot (a + b\, x^{n})^{p}.$$

CHAPITRE VIII.

Examen des différentielles qui, suivant la seconde partie de la méthode des binomes, dépendent de la quadrature ou de la rectification du cercle.

CHAPITRE IX.

Application de la Méthode des Binomes aux différentielles trinomes représentées par la formule

$$g\, x^m\, dx . (a + b\, x^n + c\, x^{2n})^P,\ ou$$

$$g\, x^{m+2np}\, dx . (c + b\, x^{-n} + c\, x^{-2n})^P.$$

CHAPITRE X.

Regles du Calcul intégral des fractions rationelles.

CHAPITRE XI.

Examen des cas où le dénominateur est $bx^{2m} + gx^m + f$, *ou* $x^n + a^n$, *dans lesquels on abrege la méthode générale.*

CHAPITRE XII.

Maniere de trouver algébriquement dans certains cas les facteurs de $x^n + a^n$ *& de* $x^{2m} + px^m + q$.

CHAPITRE

CHAPITRE XVI.

Suite des deux Chapitres précédens sur les différentielles dont l'intégration dépend de la rectification des sections coniques.

CHAPITRE XVII.

Des différentielles dont l'intégration dépend de la quadrature des courbes du troisieme ordre.

CHAPITRE XVIII.

De la quadrature des courbes dont les équations ont trois termes.

CHAPITRE XIX.

De la quadrature des courbes dont les équations ont quatre termes.

CHAPITRE XX.

Des différentielles qui renferment des logarithmes & des exponentielles.

DES MATIERES.

CHAPITRE XXI.

Des différentielles affectées de plusieurs signes d'intégration.

CHAPITRE XXII.

Des différentielles qui s'integrent par le moyen des series ou suites infinies.

§. I. Théorie des Suites.

§. II. Usage des Suites pour le Calcul intégral.

Fin de la Table des Matieres contenues dans la Premiere Partie.

www.ingramcontent.com/pod-product-compliance
Lightning Source LLC
LaVergne TN
LVHW050140030726

842520LV00002B/265